图 2-7　meter 元素

图 2-10　mark、time 和 wbr 元素的效果

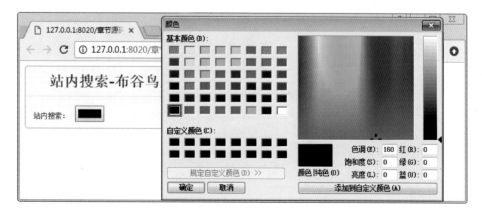

图 3-10　color 类型的输入框

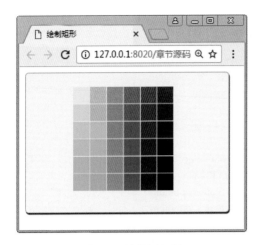
图 4-6　简单调色板

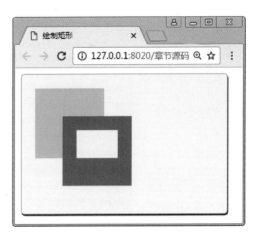
图 4-7　画布擦除

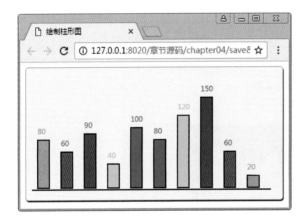
图 4-26　柱形图

图 4-27　遮罩效果

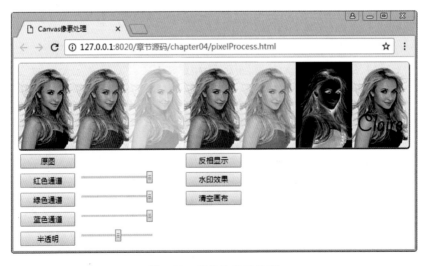
图 4-31　图像的像素处理

图 4-35　globalAlpha 透明度

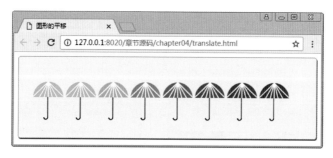

图 4-37　图形的平移

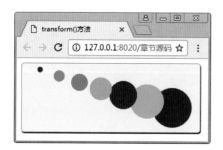

图 4-41　transform 图形变换

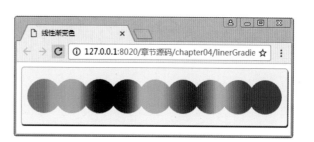

图 4-42　线性渐变色

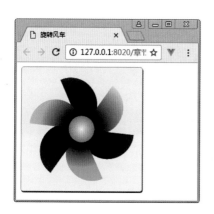

图 4-43　旋转的风车

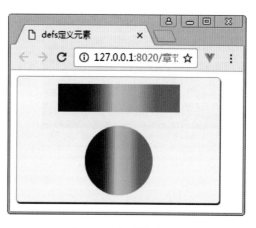

图 5-4　defs 预定义元素

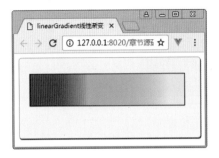
图 5-16　linearGradient 线性渐变

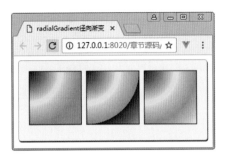
图 5-17　radialGradient 径向渐变

图 6-1　video 元素

图 6-2　audio 元素

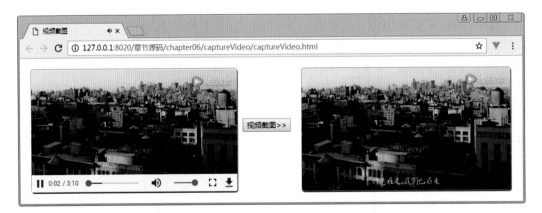
图 6-6　视频截图

21世纪高等学校计算机类课程创新规划教材·微课版

HTML 5 高级应用与开发
微课版

◎ 杨斐　赵克玲　编著

清华大学出版社
北京

内 容 简 介

本书针对 HTML 5 技术进行深入剖析和全面讲解，内容涵盖 HTML 5 语义特性、HTML 5 Form 表单、Canvas 和 SVG 绘图、多媒体 API、本地存储、文件 API、Server-Sent Events、WebSocket 和 Notification 通信、离线应用、XMLHttpRequest Level 2、Web Worker 多线程、Geolocation 位置定位等技术。

由于 HTML 5 中的部分技术需要使用服务端来运行，故推荐 HBuilder 工具进行编码。在 HBuilder 工具中内置一个小型服务器，在浏览页面时服务器将自动启动，操作简单、易用。关于 Server-Sent Events、WebSocket、离线应用和 XMLHttpRequest Level 2 等技术需要与服务端进行交互，本书应用案例中分别使用 Java Web 和 Node.js 作为服务端技术来实现客户端和服务端之间的数据交互。

本书重点突出、强调动手操作能力，以案例驱动（共给出 180 个案例），使读者能够快速理解并掌握各项重点知识，全面提高分析问题、解决问题以及动手编码的能力。

本书可作为高等学校计算机科学与技术、软件外包、计算机软件、计算机网络、电子商务等专业相关课程的教材，也可作为培训机构的教材。

本书封面贴有清华大学出版社防伪标签，无标签者不得销售。
版权所有，侵权必究。侵权举报电话：010-62782989　13701121933

图书在版编目(CIP)数据

HTML 5 高级应用与开发：微课版/杨斐，赵克玲编著．—北京：清华大学出版社，2018
（21 世纪高等学校计算机类课程创新规划教材·微课版）
ISBN 978-7-302-49579-6

Ⅰ.①H…　Ⅱ.①杨…②赵…　Ⅲ.①超文本标记语言－程序设计－高等学校－教材　Ⅳ.①TP312.8

中国版本图书馆 CIP 数据核字(2018)第 027445 号

责任编辑：刘　星
封面设计：刘　键
责任校对：焦丽丽
责任印制：董　瑾

出版发行：清华大学出版社
　　　网　　址：http://www.tup.com.cn, http://www.wqbook.com
　　　地　　址：北京清华大学学研大厦 A 座　　　　邮　　编：100084
　　　社 总 机：010-62770175　　　　　　　　　　邮　　购：010-62786544
　　　投稿与读者服务：010-62776969, c-service@tup.tsinghua.edu.cn
　　　质量反馈：010-62772015, zhiliang@tup.tsinghua.edu.cn
　　　课件下载：http://www.tup.com.cn,010-62795954
印 装 者：北京嘉实印刷有限公司
经　　销：全国新华书店
开　　本：185mm×260mm　　印　张：21.25　　彩　插：2　　字　数：522 千字
版　　次：2018 年 7 月第 1 版　　　　　　　　　　　印　次：2018 年 7 月第 1 次印刷
印　　数：1～1500
定　　价：69.00 元

产品编号：077689-01

随着 HTML 5 规范和 ECMAScript 8 标准的正式发布，大量的前端业务逻辑极大地增加了前端的代码量，前端代码的模块化、按需加载和依赖管理势在必行，因此 Web 前端开发技术越来越被人们重视。HTML 5 作为 Web 前端开发的基石，是前端和后端开发者必备的技能，目前绝大部分前端框架都是基于 HTML 5 技术。

本书在 HTML、CSS 和 JavaScript 语言基础上，重点阐述 HTML 5 语义特性、HTML 5 Form 表单、Canvas 和 SVG 绘图、多媒体 API、本地存储、文件 API、Server-Sent Events、WebSocket 和 Notification 通信、离线应用、XMLHttpRequest Level 2、Web Worker 多线程、Geolocation 位置定位等技术。

本书不再是知识点的铺陈，而是致力于将知识点融入案例中，在案例设计上力求贴合实际需求。本书特色是结构清晰，针对知识点从【语法】、【示例】、【案例】三个层次进行递进式学习，能够从初学者角度出发，对每个知识点深入分析并阶梯式层层强化，让读者对知识点从入门到精通，Step-By-Step 脚踏实地学习编程技术。除此之外，每章配有本章目标、本章总结和本章练习，目标明确，便于及时总结和复习。通过本书的学习，读者能够快速理解并掌握各项重点知识，全面提高分析问题、解决问题以及动手编码的能力。

本书既可作为高等院校本、专科计算机相关专业的教材，也可作为社会培训教材，是一本适合初学者学习和参考的读物。

本书免费提供以下配套资源：
➢ 教学 PPT
➢ 课后练习答案
➢ 教学大纲
➢ 考试大纲
➢ 案例源代码
➢ 重点案例视频讲解

注意：案例源代码和重点案例视频讲解请先扫描封底刮刮卡中的二维码进行注册，再扫描书中二维码获取。

作者团队均具有十年以上的项目开发和教学经历，拥有丰富的教学经验和实践经验，曾先后研发和出版"高等院校软件专业方向"系列教材和"在实践中成长"系列教材，编写并出版了教材产品 26 种、实训教学产品 7 种，涉及 HTML 5、Java、Android、.NET、大数据多个领域。

由于时间有限，书中难免有疏漏和不足之处，恳请广大读者及专家不吝赐教，欢迎发送邮件到 workemail6@163.com。

编 者

2018 年 3 月

目 录

第 1 章 HTML 5 入门 ... 1

1.1 HTML 5 概述 ... 1
- 1.1.1 HTML 5 发展历程 ... 1
- 1.1.2 HTML 5 八大特性 ... 2

1.2 HTML 5 现状 ... 3
- 1.2.1 浏览器对 HTML 5 的支持情况 ... 3
- 1.2.2 检查浏览器支持情况 ... 4

1.3 HTML 5 的变化 ... 6
- 1.3.1 HTML 5 标记方式的改进 ... 6
- 1.3.2 HTML 5 废弃的元素 ... 9
- 1.3.3 HTML 5 新增的元素 ... 9

1.4 HTML 5 全局属性 ... 9

本章总结 ... 14

本章练习 ... 14

第 2 章 HTML 5 文档结构 ... 16

2.1 HTML 5 文档结构元素 ... 16
- 2.1.1 article 元素 ... 16
- 2.1.2 section 元素 ... 17
- 2.1.3 nav 元素 ... 17
- 2.1.4 header 和 hgroup 元素 ... 18
- 2.1.5 aside 元素 ... 18
- 2.1.6 footer 元素 ... 19

2.2 HTML 5 其他新增元素 ... 19

2.3 改良后的标签 ... 26

2.4 HTML 5 拖放 API ... 30

本章总结 ... 34

本章练习 ... 35

第 3 章 HTML 5 表单 ... 37

3.1 HTML 5 表单概述 ... 37

3.2 HTML 5 表单的改良 ... 37

		3.2.1 HTML 5 表单控件 ··· 40

      3.2.1　HTML 5 表单控件 ··· 40
      3.2.2　HTML 5 表单属性 ··· 48
      3.2.3　HTML 5 表单控件属性 ··· 50
      3.2.4　HTML 5 表单验证 ··· 53
  本章总结 ·· 55
  本章练习 ·· 55

第 4 章　Canvas 绘图 ·· 57

  4.1　Canvas 元素 ·· 57
      4.1.1　HTMLCanvasElement ·· 58
      4.1.2　CanvasRenderingContext2D ··· 60
      4.1.3　Canvas 坐标系 ·· 62
  4.2　绘制矩形 ··· 63
  4.3　绘制文本 ··· 66
  4.4　绘制路径 ··· 70
  4.5　绘制图像 ··· 86
      4.5.1　图像加载 ·· 87
      4.5.2　像素处理 ·· 89
      4.5.3　图像平铺 ·· 93
  4.6　图形合成 ··· 95
  4.7　图形变换 ··· 98
  4.8　图形渐变 ··· 104
  本章总结 ·· 107
  本章练习 ·· 108

第 5 章　SVG 绘图 ·· 110

  5.1　SVG 概述 ··· 110
      5.1.1　SVG 发展历程 ··· 110
      5.1.2　SVG 特点 ··· 111
      5.1.3　SVG 的使用 ·· 112
  5.2　SVG 基本数据类型 ·· 115
  5.3　SVG 框架元素 ·· 116
  5.4　SVG 形状元素 ·· 119
  5.5　SVG 路径 ··· 125
  5.6　SVG 样式 ··· 126
      5.6.1　SVG 元素使用样式 ·· 128
      5.6.2　SVG 文件引用样式 ·· 129
  5.7　文本内容 ··· 131
  5.8　渐变填充 ··· 133

5.9 滤镜元素 ……………………………………………………………… 136
5.10 动画与事件响应 ……………………………………………………… 138
本章总结 …………………………………………………………………… 141
本章练习 …………………………………………………………………… 142

第 6 章 多媒体 API …………………………………………………………… 143

6.1 多媒体概述 ……………………………………………………………… 143
  6.1.1 多媒体格式 ……………………………………………………… 143
  6.1.2 HTML 5 对多媒体的支持 ……………………………………… 144
6.2 HTML 5 多媒体元素 …………………………………………………… 145
6.3 多媒体 API 的使用 ……………………………………………………… 148
6.4 摄像头的捕获 …………………………………………………………… 152
6.5 视频截图 ………………………………………………………………… 155
本章总结 …………………………………………………………………… 156
本章练习 …………………………………………………………………… 156

第 7 章 本地存储 ……………………………………………………………… 158

7.1 Cookie 技术 ……………………………………………………………… 158
7.2 Web Storage ……………………………………………………………… 161
  7.2.1 Session Storage ………………………………………………… 162
  7.2.2 Local Storage …………………………………………………… 165
  7.2.3 Storage Event …………………………………………………… 168
7.3 Indexed Database ………………………………………………………… 170
  7.3.1 IndexedDB API ………………………………………………… 171
  7.3.2 Indexed 数据操作 ……………………………………………… 180
  7.3.3 Indexed 检索 …………………………………………………… 186
本章总结 …………………………………………………………………… 190
本章练习 …………………………………………………………………… 191

第 8 章 文件 API ……………………………………………………………… 193

8.1 文件 API 概述 …………………………………………………………… 193
8.2 File API …………………………………………………………………… 194
  8.2.1 Blob 接口 ………………………………………………………… 194
  8.2.2 File 接口 ………………………………………………………… 195
  8.2.3 FileList 接口 ……………………………………………………… 197
  8.2.4 FileReader 接口 ………………………………………………… 199
  8.2.5 URL 接口 ………………………………………………………… 201
8.3 FileWriter API …………………………………………………………… 203
8.4 FileSystem API …………………………………………………………… 205

          8.4.1　申请磁盘配额 205
          8.4.2　请求访问系统 207
          8.4.3　文件操作 209
          8.4.4　目录操作 218
    本章总结 226
    本章练习 226

第 9 章　Server-Sent Events 228

  9.1　Server-Sent Events 概述 228
          9.1.1　MessageEvent 接口 230
          9.1.2　EventSource 接口 230
  9.2　基于 Servlet 的动态图形报表 232
          9.2.1　服务端的实现 232
          9.2.2　客户端的实现 236
  9.3　基于 Node.js 的动态图形报表 241
          9.3.1　服务端的实现 241
          9.3.2　客户端的实现 244
    本章总结 245
    本章练习 246

第 10 章　WebSocket 和 Notification 247

  10.1　WebSocket 概述 247
          10.1.1　WebSocket 接口 247
          10.1.2　基于 Java 的 WebSocket 示例 249
          10.1.3　基于 Node.js 的 WebSocket 示例 251
  10.2　Notification 概述 254
  10.3　网络聊天室 257
          10.3.1　聊天室客户端公共模块 258
          10.3.2　基于 Java 的网络聊天室 260
          10.3.3　基于 Node.js 的网络聊天室 267
    本章总结 275
    本章练习 275

第 11 章　离线应用和 XHR 2 276

  11.1　离线应用 276
          11.1.1　manifest 文件 276
          11.1.2　applicationCache 对象 278
          11.1.3　Browser State 279
          11.1.4　Web 应用的交互过程 280

11.2 XMLHttpRequest ·················· 284
    11.2.1 XMLHttpRequest Level 1 ·········· 284
    11.2.2 XMLHttpRequest Level 2 ·········· 288
    11.2.3 基于 Java 的拍照上传 ············ 293
    11.2.4 基于 Node.js 的拍照上传 ·········· 301
本章总结 ······························ 304
本章练习 ······························ 304

第 12 章 Web Worker 和地理位置 ················ 305

12.1 Web Worker 概述 ··················· 305
    12.1.1 Worker 接口 ················ 305
    12.1.2 Worker 线程嵌套 ·············· 308
    12.1.3 SharedWorker 接口 ············· 311
12.2 地理位置 ······················ 314
12.3 百度地图 API ···················· 316
本章总结 ······························ 322
本章练习 ······························ 322

附录 A　HTML 5 新增和弃用标签 ················ 324

附录 B　NPM 工具 ···················· 326

第1章 HTML 5入门

本章目标

- 了解 HTML 5 发展历程及新特性。
- 了解浏览器对 HTML 5 的支持情况。
- 掌握 HTML 5 标记方式的改进。
- 熟悉 HTML 5 的新增元素。
- 熟悉 HTML 5 全局属性。

案例源代码下载

1.1 HTML 5 概述

自 20 世纪 90 年代 HTML(Hypertext Markup Language,超文本标记语言)诞生以来,先后经历了数个版本。当用户访问服务器中的文本、图片、声音、视频等内容时,通过浏览器客户端对服务器返回的 HTML 内容进行解析,并以友好的形式呈现给用户。

由于浏览器的标准不统一,导致浏览器兼容性问题尤为突出,即使同一浏览器的多个版本之间也存在较大差异,如 Internet Explorer(后简称 IE)6、7、8 等版本。为了解决浏览器的兼容性问题,HTML 5 应运而生,它的出现对 Web 应用来说意义重大,HTML 5 的目标是成为一个更加强大的 HTML 规范标准。

1.1.1 HTML 5 发展历程

在 HTML 4.01 版本时,业界普遍认为 HTML 已经穷途末路,Web 标准的焦点也从 HTML 转移到了 XML 和 XHTML 上,HTML 逐渐处于次要位置,W3C(World Wide Web Consortium,万维网联盟)组织专注于 XHTML 2.0 标准的研究与制定。

为了推动 HTML 5 标准,2004 年由 Opera、Apple、Google 和 Mozilla 等浏览器厂商共同成立了 WHATWG 组织(Web Hypertext Application Technology Working Group),该组织致力于 Web Form 和 Web Application API 的开发,并为浏览器厂商提供开放式合作。

2006 年 W3C 决定停止 XHTML 方面的工作,开始与 WHATWG 进行合作,创建了一个新的 HTML 版本,并于 2008 年发布 HTML 5.0 工作草案。

HTML 5.0 于 2010 年正式推出,立即受到全球各大浏览器厂商的热烈欢迎与支持,并以惊人的速度被推广与使用。同年 1 月,YouTube 开始提供 HTML 5 视频播放器;4 月,苹果公司创始人乔布斯公开宣布全面弃用 Flash,使得更多公司开始关注 HTML 5。到目前为止,世界排名前 100 的网站中 90% 以上已采用 HTML 5 技术进行改版。

2016 年 10 月,W3C 正式发布 HTML 5.1 版本,并于 2017 年底完成 HTML 5.2 版本的修订。

 万维网联盟(World Wide Web Consortium,W3C),又称 W3C 理事会,于 1994 年 10 月在麻省理工学院(MIT)计算机科学实验室成立,其创建者是万维网的发明者 Tim Berners-Lee。W3C 是 Web 技术领域最具权威和影响力的国际中立性技术标准机构,该机构制定了一系列标准并督促 Web 应用开发者和内容提供者遵循这些标准。

1.1.2 HTML 5 八大特性

HTML 5 不仅是 HTML 规范的最新版本,而且是一系列用于页面设计的相关技术的总称,主要包含 HTML 5 核心规范、CSS(Cascading Styles Sheets)层叠样式表和 JavaScript 脚本技术。

HTML 5 核心规范用于定义标记内容的元素,并明确其含义。CSS 用于控制标记内容的呈现形式。JavaScript 则用来操作 HTML 文档内容,以及用户的事件响应处理。除此之外,HTML 5 新增的部分元素具有编程设计特性,需要通过 JavaScript 来实现。

HTML 5 的出现,对于 Web 的发展意义重大,其新技术特征主要表现在语义特性、离线存储特性、设备访问特性、通信特性、多媒体特性、三维及图形特性、性能与集成特性、CSS 3 特性等方面,在 W3C 官方网站中(https://www.w3.org/html/logo/)提供了各种技术对应的图标,如图 1-1 所示。

图 1-1 HTML 5 八大特性对应的图标

HTML 5 中所支持的八大特性具体如下。

1)语义特性(Semantics)

HTML 5 通过一组丰富的页面标签(如 article、section、aside 等),更好地实现了 HTML 的结构化和语义化,以便于搜索引擎的抓取。

2)离线存储特性(Offline Storage)

HTML 5 AppCache、Web Storage、Indexed DB 和 File API 等离线存储技术,使得 Web 应用程序启动时间更短、加载速度更快,并具有离线操作等能力。

3)设备访问特性(Device Access)

从 Geolocation API 文档公开以来,HTML 5 为网页应用开发者提供了更友好的功能选择,具有更多体验功能的优势。HTML 5 中的设备感知能力有所增强,使得 Web 程序也可以实现传统应用的功能,如使用 Orientation API 来访问重力感应。Web 应用可以直接与浏览器内部的数据相连,如在音频、视频方面可直接与 MicroPhones、摄像头相连。

4）通信特性（Connectivity）

通信能力的增强使得基于页面程序的实时性更高、游戏体验更加流畅。HTML 5 拥有更有效的服务器推送技术 Server-Sent Events 和 Web Socket，使得客户端和服务器之间的通信效率达到了前所未有的高度。

5）多媒体特性（Multimedia）

HTML 5 中新增了对 Audio 和 Video 原生态多媒体的支持，浏览器允许直接播放音频和视频文件，无须借助第三方视频插件（如 Flash 插件等）播放视频。

6）三维及图形特性（3D Graphics & Effects）

基于 SVG、Canvas、WebGL 及 CSS 3 中的 3D 功能，使得图像渲染变得高效方便，并呈现惊人视觉效果，在图表、2D/3D 游戏方面应用比较广泛。

7）性能与集成特性（Performance & Integration）

Web Worker 技术使得浏览器支持多线程和后台任务处理，而 XMLHttpRequest (Level 2) 技术使得跨域请求与表单操作更加简单。

8）CSS 3 特性（Cascading Stylesheet Level 3）

在保证性能和语义结构的前提下，CSS 3 提供了更多的样式风格和更强的视觉效果。CSS 3 中提供了圆角、半透明、阴影、渐变、多背景等特效，具有 CSS 3 强大的选择器、变形动画等新特征，可轻松实现页面中的各种特效。

1.2 HTML 5 现状

目前 HTML 5 核心标准仍在完善之中，这意味着某些新特性可能在将来的 HTML 5.X 版本中得到支持。目前大部分浏览器都能较好地对 HTML 5 进行支持，但并不是所有浏览器都完全支持 HTML 5 新特性。在实际项目中使用某个特性时，应该先检查一下浏览器对该特性的支持情况。有些浏览器（如 Chrome 和 Firefox）会持续更新，每次更新都会加入新特性或修补点纰漏。鉴于 Chrome 和 Firefox 能够较好地支持 HTML 5，本书所有案例可使用 Chrome 或 Firefox 浏览器查看效果。

HTML 5 对屏幕的适配性较好，通过一套代码和资源适配多种设备屏幕，并对屏幕旋转等效果提供较好的处理。HTML 5 能够简单地嵌入视频、音频等多媒体资源，2010 年 4 月苹果公司开始全面弃用 Flash 插件，转而通过 HTML 5 解决视频播放问题。

HTML 5 在地理定位方面，充分发挥移动设备定位的优势，通过综合使用 BDS、GPS、WiFi 等技术使得手机定位更加准确，推动 LBS 应用服务的发展。

1.2.1 浏览器对 HTML 5 的支持情况

针对 IE、Chrome、Firefox、Opera、Safari 等主流 Web 浏览器的发展策略调查，目前各大浏览器厂商在 HTML 5 支持方面都采取了相应的措施。

谷歌在 2010 年 2 月 19 日宣布将放弃对 Gears 浏览器插件项目的支持，进而转向 HTML 5 项目；2017 年 1 月谷歌网络和 DoubleClick 数字营销产品完全弃用 Flash，所有广告全部使用 HTML 5 格式。微软也于 2010 年 3 月 16 日在拉斯维加斯市举行的 MIX 10 大会上宣布 IE 9 将更多地支持 CSS 3、SVG 等 HTML 5 互联网通用标准。目前 Edge 版本对

HTML 5 的支持度达到 490 项(共计 555 项),其他浏览器的支持情况见表 1-1。

表 1-1　各浏览器对 HTML 5 的支持程度

浏览器及版本	所支持的项数
Chrome 52	492
Firefox 48	480
Microsoft Edge 14	490
Safari 10.0	383
Opera 37	489
IE 11	312
IE 10	265
IE 9	113

自 2000 年开始,微软、谷歌、苹果、Mozilla 等主流浏览器厂商对 HTML 5 的支持度逐年提升,如图 1-2 所示。

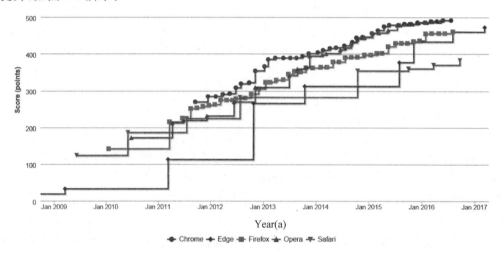

图 1-2　浏览器对 HTML 5 的支持情况

1.2.2　检查浏览器支持情况

目前大部分浏览器都能较好地支持 HTML 5,但不是所有的浏览器都完全支持 HTML 5 的新特性。在实际项目中使用某个特性时,应该先检查一下浏览器对该特性的支持情况。在开发过程中,通常使用以下几种形式来检查浏览器对 HTML 5 的支持情况。

1. 检测浏览器对某个 HTML 5 元素的支持情况

通过 http://caniuse.com 网站来检查对 HTML 5 元素的支持情况,在搜索栏中输入需要检查的 HTML 5 元素,将会列出各主流浏览器对该元素的支持情况。例如,输入 SQLite 时,检查结果如图 1-3 所示。

2. 检测某浏览器对 HTML 5 的支持情况

通过 http://html5test.com/网站来检测某浏览器对 HTML 5 的支持情况。打开 html5test 网站时,将会检测当前浏览器对 HTML 5 支持程度的得分情况以及各项支持详情列表，即哪些项在浏览器中得到支持，哪些项还未得到支持。例如，使用 Chrome 浏览器打开 html5test 网站时，所给出的评估指标如图 1-4 所示。

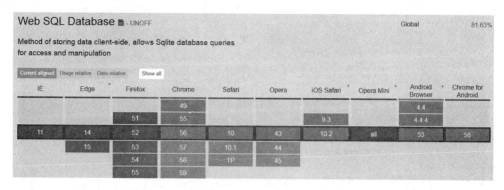

图 1-3　浏览器对 SQLite 的支持情况

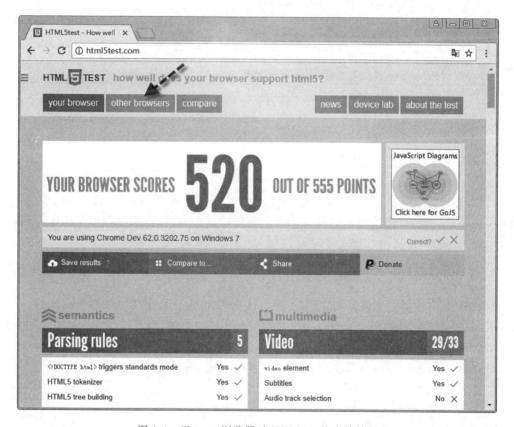

图 1-4　Chrome 浏览器对 HTML 5 的支持情况

在 other browsers 项中，分别列出了 desktop browsers、tablets 和 mobiles 等设备对常规浏览器各个版本的支持情况。

3．检查 HTML 5 内容是否完全符合 HTML 5 规范

通过 https://validator.w3.org/ 网站来检测网络中的页面、本地页面或 HTML 代码段是否符合 HTML 5 规范。W3C 网站提供了 Validate by URI、Validate by File Upload 和

Validate by Direct Input 三种检查形式。当在检验框输入 HTML 代码段时,检查结果如图 1-5 所示。

图 1-5　检查 HTML 代码段

1.3　HTML 5 的变化

HTML 5 规范遵循"HTML 设计原则",本身并不是革命式的发展,没有完全放弃之前版本中的规范,而是在之前版本的基础上提供向前的最大兼容,以保障现有互联网页面能够正常浏览,使得 Web 页面能够平稳地过渡到 HTML 5 时代。

1.3.1　HTML 5 标记方式的改进

HTML 5 语法是为了保证与之前的 HTML 语法达到最大程度的兼容而设计的。虽然 HTML 5 进行了一定的改进,但是其内容类型和文件扩展名仍然保持不变,文件类型 (ContentType)为 text/html,文件的扩展名为.htm 或.html。

HTML 5 的语法相对于 XHTML 进行了一些改进,其规范相对更加宽松,可最大限度兼容之前各版本的 HTML 页面。

1. DOCTYPE 声明

通常 DOCTYPE 声明位于文档的第一行,用于指明当前文档使用的 HTML 或 XHTML 版本,例如,当网页使用 HTML 4.01 Strict 版本时,DOCTYPE 声明方式如下。

【示例】HTML 4.01 Strict 文档类型声明

```
<!DOCTYPE html PUBLIC "-//W3C//DTD HTML 4.01//EN"
    "http://www.w3.org/TR/html4/strict.dtd">
```

当网页使用 XHTML 1.0 Strict 版本时,DOCTYPE 声明方式如下。

【示例】 XHTML 1.0 Strict 文档类型声明

```
<!DOCTYPEhtmlPUBLIC "-//W3C//DTD XHTML 1.0 Strict//EN"
    "http://www./TR/xhtml1/DTD/xhtml1-strict.dtd">
```

HTML 5 规范相对比较宽松，主要是对以往版本进行兼容；在 DOCTYPE 声明中，没有刻意声明具体的版本号，而是作为通用版本适用于所有的 HTML 版本。

【示例】 HTML 5 文档类型声明

```
<!DOCTYPE html>
```

2. 字符编码的指定

在 HTML 中，通过<meta>标签来指定页面的字符编码格式。

【示例】 指定 HTML 网页的编码格式

```
<meta http-equiv="Content-Type" content="text/html;charset=utf-8" />
```

在 HTML 5 中，使用<meta>标签的 charset 属性更加简单地指定页面的字符编码格式。

【示例】 HTML 5 文档编码格式的指定

```
<meta charset="utf-8">
```

3. 标签不区分大小写

XHTML 规范要求比较严格，标签名必须用小写字母。而 HTML 5 中相对比较宽松，允许开始标签与结束标签的大小写不匹配。

【示例】 HTML 5 标签不区分大小写

```
<span>前后标签允许大小写不一致</Span>
<span>前后标签允许大小写不一致</SPAN>
```

4. 可以省略的标签

在 HTML 5 中，标签分为"不允许写结束标签""可以省略结束标签"和"开始标签和结束标签均可省略"三种类型。

不允许写结束部分的标签是指不允许使用"<标签></标签>"形式，只能使用"<标签/>"单标签形式，常见的标签有 area、base、br、col、hr、img、input、link、meta、param、embed、keygen、track、source 等。

【示例】 不允许写结束部分的标签

```
<meta charset="UTF-8">
<link rel="stylesheet" type="text/css" href="theme.css" />
<img src="img.jpg" />
<br />
```

可以省略结束部分的标签有 dt、dd、li、p、rt、rp、option、optiongroup、colgroup、thead、tbody、tfoot、tr、td、th 等。

【示例】 可以省略结束部分的标签

```
<ul>
    <li>技术类型</li>
    <li>娱乐类型</li>
    <li>游戏类型</li>
</ul>
```

开始标签和结束标签均可省略的有 html、head、body、tbody、thead、colgroup 等。

【示例】 开始标签和结束标签均可省略的标签

```
<table border="1">
    <thead>
        <th>表格头部</th>
    </thead>
    <tbody>
        <td>表格内容部分</td>
    </tbody>
</table>
```

5. boolean 属性的设置

在 HTML 5 中，boolean 类型的属性有 checked、selected、multiple、readonly 和 disabled 等；当只写属性而不指定属性值时，属性值默认为 true；当属性值与属性名相同或属性值为空字符串时，该属性值也为 true；当需要将属性值设为 false 时，省略不写该属性即可。

【示例】 boolean 类型的属性

```
<!-- 只写属性不写属性值时,该属性为 true,文本框处于禁用状态 -->
<input type="text" value="文本框" disabled/>
<!-- 属性值与属性名相同时,该属性为 true,文本框处于禁用状态 -->
<input type="text" value="文本框" disabled="disabled"/>
<!-- 属性值为空字符串时,该属性为 true,文本框处于禁用状态 -->
<input type="text" value="文本框" disabled=""/>
<!-- 不提供该属性时,该属性为 false,文本框处于可用状态 -->
<input type="text" value="文本框"/>
```

6. 属性引号

XHTML 按照 XML 的严格规范,要求属性值必须使用单引号(')或双引号(")括起来。而 HTML 5 在此基础上进行了改进,当属性不包含一些特殊字符(如空字符串、<、>、=、单引号、双引号等)时,引号可以省略。

【示例】 属性引号的使用

```
<img src=broadcast_live.jpg alt=直播图片>
<img src="broadcast live" alt="broadcast live图片">
```

```
< img src = 'broadcast live' alt = 'broadcast live 图片' >
<!—以下写法错误 -->
< img src = broadcast live.jpg >
```

1.3.2 HTML 5 废弃的元素

由于各种原因，HTML 5 废弃了许多元素，在页面设计时可以通过其他方式来实现。

1. 使用 CSS 替代的元素

HTML 中的 basefont、big、center、font、strike、s、tt、u 等元素主要用于对页面风格进行修饰，而 HTML 5 倡导使用 CSS 样式代替以上元素实现页面修饰，使得数据与样式分离更加彻底、HTML 元素嵌套更少，更加符合网页设计原则。

2. 不再使用 frame 框架

使用 frameset、frame 和 noframes 元素能够对页面进行分割，通过 frame 方式来加载公共资源可方便代码后期维护。但由于 frame 框架不便于搜索引擎的抓取与优化，故 HTML 5 中不再支持 frame 框架，只支持 iframe 框架。

> 虽然在 HTML 5 中不再支持 frame 框架，但在服务器端（如 JSP、PHP 或 .NET）开发时，可以通过 include 方式来加载公共资源；在前端框架（如 VueJS、AngularJS 或 ReactJS 等）开发过程中多采用模块化模式进行开发，也可以非常方便地实现公共资源的加载。

3. 只有部分浏览器支持的元素

由于 bgsound 和 marquee 元素只有 IE 浏览器支持，而 applet 元素需要 Java 环境支持，事先安装配置相对比较烦琐，故它们在 HTML 5 中被废除。applet 元素可由 embed 或 object 元素代替，bgsound 元素可由 audio 元素代替，marquee 元素可由 JavaScript 编程来实现。

1.3.3 HTML 5 新增的元素

针对语义特性，HTML 5 规范新增了 article、section、aside、header、footer、nav 和 figure 等结构元素。除了结构元素外，HTML 5 规范还增加了一些其他元素。例如，video 元素用于定义视频，audio 元素用于定义音频，embed 元素用于插入各种多媒体，mark 元素用于突出显示或高亮显示文字，progress 表示运行中的进程，time 元素表示时间或日期，canvas 元素用于绘制图形等，具体请参见本书附录 A。

1.4 HTML 5 全局属性

在 HTML 5 规范中新增了"全局属性"概念，是指在页面中所有的元素均可使用的属性，如 contenteditable、contextmenu、spellcheck、data-* 和 draggable 等属性。

1. contenteditable 属性

contenteditable 属性的功能是允许用户编辑元素中的内容，当单击元素时向用户提供一个插入符号,提示用户可以对该元素的内容进行编辑。contenteditable 属性最初由微软开发,后来得到大部分浏览器的支持,并被 HTML 5 规范所采用。

contenteditable 属性具有一个隐藏的继承(inherit)状态,当属性为 true 时表示元素处于可编辑状态,当属性为 false 时表示元素处于不可编辑状态;当元素未指定 contenteditable 属性时,元素的状态由 inherit 来决定,即父元素可编辑时子元素也可编辑。

【案例 1-1】 contenteditable.html

```html
<!DOCTYPE html>
<html>
    <head>
        <meta charset="UTF-8">
        <title>contenteditable 属性</title>
    </head>
    <body>
        <div id="container" contenteditable="true">
            <p>这是一个可编辑的段落.</p>
            <div>contenteditable 属性用于规定元素内容是否可编辑.</div>
            <div id="containerStatus"></div>
        </div><hr/>
        <div>
            <input type="button" value="可编辑" onclick="editable()">
            <input type="button" value="不可编辑" onclick="uneditable()">
        </div>
        <script type="text/javascript">
            function editable(){
                document.getElementById("container")
                    .setAttribute("contenteditable","true");
                document.getElementById("containerStatus").innerHTML
                    = "container 容器的编辑状态为:" + container.isContentEditable;
            }
            function uneditable(){
                document.getElementById("container")
                    .setAttribute("contenteditable","false");
                document.getElementById("containerStatus").innerHTML
                    = "container 容器的编辑状态为:" + container.isContentEditable;
            }
        </script>
    </body>
</html>
```

案例视频讲解

上述代码中,单击"可编辑"按钮,container 容器处于可编辑状态;单击"不可编辑"按钮,container 容器处于不可编辑状态。

2. contextmenu 属性

contextmenu 属性是 HTML 5 新增的属性,用于为指定的元素提供上下文菜单;在元素上右击时会弹出上下文菜单。目前只有 Firefox 浏览器支持 contextmenu 属性,其他浏览器暂不支持。

通过 menu 元素实现上下文菜单,其中 label 属性用于指定菜单的可见内容,type 属性用于指定菜单的类型。菜单项是通过 menuitem 元素来实现的,其中 label 属性用于指定菜单项的可见内容,icon 属性用于指定菜单项的图标。

【案例 1-2】 contextmenu.html

```html
<!DOCTYPE html>
<html>
    <head>
        <meta charset="UTF-8">
        <title>contenteditable 属性</title>
    </head>
    <style type="text/css">
        #container{
            width:300px;
            height:200px;
            border:2px solid saddlebrown;
            background:lightgray;
        }
    </style>
    <body>
        <div id="container" contextmenu="mymenu"></div>
        <menu type="context" id="mymenu">
            <menuitem label="娱乐频道" onclick="alert('娱乐频道');"
                icon="images/entertainment.png"></menuitem>
            <menuitem label="游戏频道" onclick="alert('游戏频道');"
                icon="images/game.png"></menuitem>
            <menu label="技术专场">
                <menuitem label="Web 前端技术" icon="images/technology.png">
                </menuitem>
                <menu label="大数据">
                    <menuitem label="Hadoop 专场" icon="images/hadoop.png"
                        onclick="alert('Hadoop 专场');"></menuitem>
                    <menuitem label="Spark 专场" icon="images/spark.png"
                        onclick="alert('Spark 专场');"></menuitem>
                </menu>
            </menu>
        </menu>
    </body>
</html>
```

在 Fivefox 浏览器中运行上述代码,效果如图 1-6 所示;在 div 元素上右击时,会弹出一个三级菜单;单击某个菜单项,弹出相应的提示信息。

3. data-* 属性

data-* 属性用于存储页面或应用程序的自定义数据,为所有 HTML 元素提供携带 data 数据的能力。通过 JavaScript 来获取元素的 data 数据并进行处理,有效地避免了 Ajax 调用和服务端的数据库查询,提高了用户的体验感。

当使用 data-* 属性时,属性名中不能包含任何大写字母,且在"data-"前缀之后至少有一个字符;当浏览器解析 HTML 代码时,完全忽略带有前缀"data-"的自定义属性。当通过

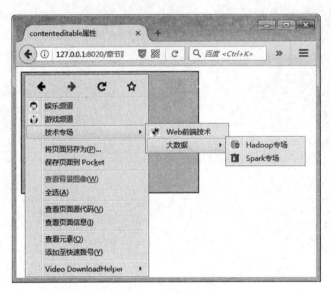

图 1-6 contextmenu 菜单

JavaScript 获取数据时，可以使用 getAttribute()方法或 dataset 属性来获得 data 数据；在使用 dataset 获取数据时，忽略前缀"data-"部分，如通过 dataset.title 形式来获得 data-title 属性中的 data 数据。

【案例 1-3】 data-attribute.html

```
<div id="container">
    <p class="plot" data-title="密谋场景" data-src="conspire.jpg">密谋场景</p>
    <p class="plot" data-title="搞笑场景" data-src="amuse.jpg">搞笑场景</p>
</div>
<hr />
<div id="photoWall">
    <div id="phone"></div>
    <div id="description"></div>
</div>
<script>
    var plots = document.getElementsByTagName("p");
    for(var i in plots){
        plots[i].onclick = function showImage(){
            var photoWall = document.getElementById("phone");
            var description = document.getElementById("description");
            //phone.innerHTML = "<img src='images/"
            //    + this.getAttribute("data-src") + "'/>";
            //description.innerHTML = "<h2>"
            //    + this.getAttribute("data-title") + "</h2>";
            phone.innerHTML = "<img src='images/" + this.dataset.src + "'/>";
            description.innerHTML = "<h2>" + this.dataset.title + "</h2>";
        }
        plots[i].onmouseover = function(){
```

```
            this.style.backgroundPosition = 'left - 36px';
        }
        plots[i].onmouseout = function(){
            this.style.backgroundPosition = 'left top';
        }.
    }
</script>
```

上述代码运行结果如图 1-7 所示,当鼠标移入或移出"密谋场景"或"搞笑场景"时,文本的背景图片将会发生改变;当单击"密谋场景"或"搞笑场景"文本时,使用 JavaScript 读取文本标签对应的 data-* 属性,获取附加数据后进行数据处理,将 data-src 属性中所提供的图片路径信息显示出来。

图 1-7 data-* 属性

4. spellcheck 属性

spellcheck 属性用于指定是否对元素(如文本框、可编辑元素等)进行拼写检查和语法检查。当该属性为 true 时表示对元素进行拼写和语法检查;当属性为 false 时不对元素进行检查。

【案例 1-4】 spellcheck.html

```
<div contenteditable = "true" spellcheck = "true">
    jCuckoo is a good boy,Lucy is a girl.
    this is just a test~
</div><br />
<textarea spellcheck = "true">
    r u jerry?
</textarea>
```

上述代码运行结果如图 1-8 所示,浏览器对可编辑元素及文本域中的内容进行检查,对不符合要求的部分通过红色波浪线标识处理。

5. draggable 属性

draggable 属性是 HTML 5 对于拖放操作的支持,用于设置元素是否允许被拖放。有关元素的拖放将在 2.4 节进行介绍。

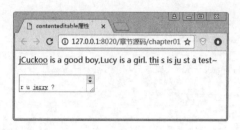

图 1-8 spellcheck 拼写和语法检查

本章总结

- HTML 5 是 HTML 规范的最新版本，主要包含 HTML 5 核心规范、CSS 层叠样式表和 JavaScript 脚本技术。
- HTML 5 的八大特性包括语义特性、离线存储特性、设备访问特性、通信特性、多媒体特性、三维及图形特性、性能与集成特性和 CSS 3 特性。
- XHTML 规范要求比较严格，标签名必须用小写字母；而 HTML 5 中相对比较宽松，允许开始标签与结束标签的大小写不匹配。
- HTML 5 的语法相对于 XHTML 进行了一些改进，其规范更加宽松，最大限度兼容之前各版本的 HTML 页面。
- HTML 5 针对语义特性新增了 article、section、aside、header、footer、nav 和 figure 等结构元素。
- 在 HTML 5 规范中新增了"全局属性"概念，是指对页面中的任意元素均可使用的属性，如 contenteditable、contextmenu、spellcheck、data-* 和 draggable 等属性。
- HTML 5 倡导使用 CSS 样式代替 basefont、big、center 等元素实现页面修饰，使得数据与样式分离更加彻底、HTML 元素嵌套更少，更加符合网页设计原则。
- data-* 属性用于存储页面或应用程序的自定义数据，为所有 HTML 元素提供携带 data 数据的能力。

本章练习

1. HTML 5 不仅是 HTML 规范的最新版本，而且是一系列用于页面设计的相关技术的总称，主要包含_____。
    A. HTML 5 核心规范
    B. CSS(Cascading Styles Sheets)层叠样式表
    C. XHTML 规范
    D. JavaScript 脚本技术
2. 下列选项中描述错误的是_____。
    A. HTML 5 核心规范定义用于标记内容的元素，并明确其含义
    B. CSS 用于控制标记内容的呈现形式

C. JavaScript 用来操作 HTML 文档内容，以及用户的事件响应处理

D. HTML 5 是对 HTML 标签的升级，自身与 JavaScript 关联不大

3. HTML 5 对 HTML 进行了一定的改进，文件名的后缀为_____。

  A. htm   B. html   C. html5   D. xhtml

4. HTML 5 文档类型声明为_____。

  A. <!DOCTYPE html PUBLIC "-//W3C//DTD HTML 5//EN"
    "http://www.w3.org/TR/html5/strict.dtd">

  B. <!DOCTYPE html5 PUBLIC "-//W3C//DTD HTML 5//EN"
    "http://www.w3.org/TR/html5/strict.dtd">

  C. <!DOCTYPE html5 >

  D. <!DOCTYPE html >

5. 在 HTML 5 的属性中，下列_____属性不是 boolean 类型。

  A. checked   B. selected   C. draggable   D. readonly

6. 关于 HTML 5，下列选项描述错误的是_____。

  A. 在 HTML 5 中提倡使用 CSS 样式代替 basefont、big、center 等元素实现页面修饰，使得数据与样式分离更加彻底

  B. 由于 frame 框架不便于搜索引擎的抓取与优化，故 HTML 5 中不再支持 frame 框架和 iframe 框架

  C. XHTML 规范要求比较严格，标签名必须用小写字母；而 HTML 5 中相对比较宽松，允许开始标签与结束标签的大小写不匹配

  D. 在 HTML 5 中使用<meta>标签的 charset 属性来指定页面的字符编码格式

7. 下列选项中，不属于 HTML 5 语义特性标签的是_____。

  A. video   B. article   C. section   D. aside

8. 关于 HTML 5 全局属性说法错误的是_____。

  A. contenteditable 属性的主要功能是允许用户编辑元素中的内容，当在元素上单击时向用户提供一个插入符号，提示用户可以对该元素的内容进行编辑

  B. draggable 在 HTML 5 中用于设置元素是否可被拖放，无须 JavaScript 脚本协助

  C. contextmenu 属性是 HTML 5 新增的属性，用于指定 div 元素的上下文菜单；当在 div 上右击时弹出上下文菜单

  D. data-*属性用于存储页面或应用程序的自定义数据，为所有 HTML 元素提供携带 data 数据的能力

第 2 章 HTML 5 文档结构

  本章目标

- 熟悉 HTML 5 文档结构元素。
- 熟练使用 article、section、aside 等语义标签实现页面布局。
- 了解双向隔离、描述与摘要、定义注释等元素。
- 掌握任务进度、表量尺及对话框等元素。
- 熟悉 HTML 5 中所改良的标签。

2.1 HTML 5 文档结构元素

在 HTML 5 规范中对语义特征方面进行了较大的改进,新增了许多文档结构元素,更好地表达了 HTML 文档的结构和语义,使得文档结构更加清晰。HTML 5 规范中新增了一组语义标签来描述元素的内容,如 article、section、nav、aside 等元素,这些元素的功能虽然可以使用 div 元素来代替,但在语义方面更加便于理解,有利于搜索引擎对页面的检索与抓取。

2.1.1 article 元素

article 元素可以代表一个文档、页面或应用程序中独立的、完整的、可以单独被外部引用的内容。article 可以表示一篇文章、一条新闻、一段评论或者其他任意独立的内容。

- article 元素中可以包含一个或多个标题,标题部分使用 head 元素来定义;
- article 元素中可以包含一个或多个段落,段落部分使用 section 元素来定义;
- article 元素中可以包含一个或多个脚注,脚注部分使用 footer 元素来定义;
- article 元素还允许嵌套多个 article 元素,如一条新闻后面可以有多条评论。

【案例 2-1】 article.html

```
<article>
    <header>取消漫游费为何还要等半年?</header>
    <section>业内分析人士指出,全国一体化资费推行过程中遇到的难点是历史遗留问题
    </section>
    <section>取消长途漫游费对运营商来说,意味着需要对全部现存套餐进行梳理和修改
    </section>
    <footer>青岛新闻网 2017 - 10 - 01</footer>
```

```
    <article>网友露西：关注民生才是大家认可的领导～</article>
    <article>网友王宝宝：漫游费取消盼了这么多年!</article>
</article>
```

2.1.2　section 元素

使用 section 元素对网站或应用程序中的内容进行分块，如页眉、页脚、文章的分块等。section 元素通常由标题和内容构成，在页面设计时一般不用 section 元素作为容器，如果需要赋予样式或通过 JavaScript 脚本来定义行为时，推荐使用 div 来代替 section 元素。

- section 元素中通常包含一个标题，可以是 h1～h6 中的任意标题；
- section 元素中可以包含多个 article 元素，表示该分块包含多篇文章；
- section 元素中也可以嵌套多个 section 元素，表示该分块中可以包含多个子分块。

【案例 2-2】　section.html

```
<section>
    <header><h3>中国今日直播列表</h3></header>
    <section>直播凭借其快速、分享、集中的社交本质,已经成为移动互联时代的主流载体
</section>
    <section>中国直播平台短短一年多,从不到 10 家猛增到 300 多家.</section>
    <article>
        <header>忙了一天,来陪陪你们 -- 心灵鸡汤直播间</header>
        <section>往事若能下酒,回忆便是一场宿醉.</section>
    </article>
    <article>VR 虚拟现实全景直播间 -- 科技直播间</article>
</section>
```

2.1.3　nav 元素

nav 元素通常用作页面导航的链接组，导航中的元素可以链接到当前页面的其他位置或者其他页面，从而实现页面的导航功能；在一个页面中可以拥有多个 nav 元素，作为页面不同位置的导航，常见的导航有顶部导航、底部导航、侧边栏导航和翻页导航等。

【案例 2-3】　nav.html

```
<article>
    <header><h1>布谷鸟游戏直播为大家提供了一个娱戏娱乐的平台</h1></header>
    <nav>
        <ul>
            <li><a href = "/warcraft">魔兽直播</a></li>
            <li><a href = "/hero">英雄联盟</a></li>
            <li><a href = "/crossFire">穿越火线</a></li>
            <li><a href = "/kingGlory">王者荣耀</a></li>
        </ul>
    </nav>
</article>
```

2.1.4　header 和 hgroup 元素

header 元素通常作为整个页面或页面内容区块的标题，标题中允许包含搜索表单或 logo 图片等内容。每个 header 元素中至少包含一个标题（h1～h6），其中还可以包含 hgroup、nav 等元素。

hgroup 元素用于将标题和子标题进行分组；当文章或内容区块只有一个主标题时，可以不使用 hgroup 元素。

【案例 2-4】　header.html

```html
<article>
    <header>
        <hgroup>
            <img src = "images/warcraft_logo.jpg" height = "40px"/>
            <h1>魔兽争霸 III：冰封王座</h1>
            <h3>——暗夜要塞的战斗正式打响!</h3>
        </hgroup>
    </header>
</article>
```

2.1.5　aside 元素

aside 元素用来表示当前页面或文章的附属信息，其内容可以是主体内容的相关引用、侧边栏、导航条或广告等有别于主体的内容。

- 当 aside 元素位于 article 元素之内时，通常作为文章的侧边栏，其中包含主体内容的附属信息部分，如参考资料、名词解释等；
- aside 元素位于 body 元素之内时，作为整个页面的侧边栏，其中包含当前页面或网站全局的附属信息部分，常见的应用方式有广告单元、友情链接、热门文章列表等。

【案例 2-5】　aside.html

```html
<article>
    <header>
        <h3>青蛙主播是来搞笑的 -- 娱乐直播间</h3>
    </header>
    <section>主播圈竞争越来越激烈了,普通的直播很难吸引住用户的眼球……</section>
    <aside>
        <span><a href = "/frog">青蛙</a></span>
        <span><a href = "/broadcast">直播</a></span>
        <span><a href = "/entertainment">娱乐</a></span>
    </aside>
</article>
<aside>
    <h4>友情链接</h4><hr />
    <ul>
        <li><a href = "https://www.douyu.com">斗鱼直播</a></li>
        <li><a href = "http://www.huya.com">虎牙直播</a></li>
```

```
            <li><a href = "http://www.longzhu.com">龙珠直播</a></li>
    </ul>
</aside>
```

2.1.6 footer 元素

footer 元素用于定义文档或节的页脚,通常包含文档的作者、版权信息、使用条款链接、联系信息等。一个文档中可以使用多个 footer 元素,在 footer 元素中的联系信息应位于 address 元素中。

【案例 2-6】 footer.html

```
<article>
    <header><h1>用眼神谈判——心灵鸡汤</h1></header>
    <section>快到飞往巴黎的航班的登机口时,我们从一路飞奔变为一溜小跑.飞机尚未起飞,
        但登机通道已经关闭."等等,我们还没登机!"我喘着气喊道……</section>
    <footer>来源:《沃顿商学院最受欢迎的谈判课》作者:〔美〕斯图尔特·戴蒙</footer>
</article>
<footer>
    布谷鸟直播平台 版权所有©青岛光聊服务有限公司<br /> 公司地址:
    <address>青岛市中科研发城 888 号</address>
</footer>
```

2.2 HTML 5 其他新增元素

HTML 5 规范除了新增的文档结构元素外,还提供了一些其他元素,如 bdi、details、summary、figure、figcaption、ruby、rp、rt、progress、meter、dialog、mark、time、wbr 等,目前并不是所有浏览器都能较好地支持这些元素,所以在使用时应先检查浏览器对元素的支持情况。

1. bdi 元素

bdi 元素用于实现双向隔离(bidirectional isolation),将指定的文本脱离其父元素所设置的文本方向。bdi 元素只有一个 dir 属性,用于指定元素内文本的方向,取值为 ltr(左向右)、rtl(右向左)或 auto(默认)。

【案例 2-7】 bdi.html

```
<!DOCTYPE html>
<html>
    <head>
        <meta charset = "UTF-8">
        <title>bdi 元素</title>
        <style>
            bdi>bdi{
                width:600px;
                background:lightblue;
            }
```

```
        </style>
    </head>
    <body>
        布谷鸟直播平台目前拥有 <bdi dir = "rtl">在线用户<bdi>60W</bdi></bdi>人<hr/>
        布谷鸟直播平台目前拥有 <bdi dir = "ltr">在线用户<bdi>60W</bdi></bdi>人
    </body>
</html>
```

在 rtl 修饰的容器中,bdi 元素的子元素将出现内容前置效果,代码运行结果如图 2-1 所示。rtl 所修饰的容器可以是 bdi 元素,也可以是 span、div 等元素。

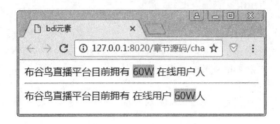

图 2-1 bdi 元素

2. details 和 summary 元素

details 元素用于描述文档或文档某个部分的细节。summary 元素通常作为 details 元素的标题部分。在 details 元素中标题部分是可见的,当单击标题时将会显示/隐藏 details 元素中的描述信息。

details 元素只有一个 open 属性,当元素提供 open 属性时表示 details 描述信息是可见的。

【案例 2-8】 details.html

```
<div class = "container">
    <img src = "images/broadcast.jpg" width = "150px"/>
    <header><h2>Web 前端技术直播课</h2></header>
    <details open = "open">
        <summary>显示/隐藏 直播详情<hr/></summary>
        <p>全面系统地介绍了 Web 前端开发所涉及知识,并对 Web 前端框架进行讲解.</p>
    </details>
</div>
```

在上述代码中,由于 details 元素带有 open 属性,所以在打开页面时 details 描述信息是可见的;当单击"显示/隐藏"时,将显示或隐藏直播的详情信息,代码运行结果如图 2-2 所示。

3. figure 和 figcaption 元素

figure 元素用于规定独立的流内容(如图像、图表、照片、代码等内容),是一种组合元素,可带有标题和描述信息。figcaption 元素用来定义 figure 元素的标题(caption)部分,一般位于元素的第一个或最后一个位置。

图 2-2 details 元素

【案例 2-9】 figure.html

```
<figure>
    <figcaption><h3>布谷鸟直播平台</h3></figcaption>
    <img src="images/broadcast.jpg" width="100"/>
    <p>Web前端技术直播,娱乐中学习成长.</p>
</figure>
```

上述代码中,将图片和文字使用 figure 元素封装成一幅插图,更加有利于搜索引擎对图片的检索。代码运行结果如图 2-3 所示。

图 2-3 figure 元素

4. ruby、rp 和 rt 元素

ruby 元素用于定义注释,如中文注音或其他东亚字符的发音。ruby 元素由解释文本和解释内容两部分构成。在 ruby 元素中,使用 rt 元素来提供解析内容;除此之外,rp 元素是可选的,当浏览器不支持 ruby 元素时,将显示 rp 元素中的内容,否则不显示。

【案例 2-10】 ruby.html

```
<ruby>布谷鸟<rp>(</rp><rt>cuckoo</rt><rp>)</rp></ruby>
<ruby>直<rp>(</rp><rt>zhi</rt><rp>)</rp></ruby>
<ruby>播<rp>(</rp><rt>bo</rt><rp>)</rp></ruby>
<ruby>平<rp>(</rp><rt>ping</rt><rp>)</rp>
    台<rp>(</rp><rt>tai</rt><rp>)</rp></ruby><br/>
<img src="images/cuckoo.jpg" width="150px"/>
```

案例视频讲解

运行上述代码,当浏览器支持 ruby 元素时,显示效果如图 2-4 所示;当浏览器不支持 ruby 元素时,显示效果如图 2-5 所示。

图 2-4 浏览器支持 ruby 元素的效果

图 2-5 浏览器不支持 ruby 元素的效果

5. progress 和 meter 元素

progress 元素用于表示任务的进度,进度条动态改变时需要通过 JavaScript 来实现。progress 元素具有 max 和 value 两个属性,其中 max 属性表示任务的总数,默认为 1;value 属性表示已完成任务的数量。下述代码演示了 progress 元素的用法。

【案例 2-11】 progress.html

```
<progress></progress>
<progress value="0.25"></progress>
<progress max="100" value="25"></progress>
<progress max="100" value="1" id="broadcastProgress"></progress>
<script>
    var broadcastProgress = document.getElementById("broadcastProgress");
    function broadcasting(){
        broadcastProgress.value
                = broadcastProgress.value<100?broadcastProgress.value+10:1;
        setTimeout("broadcasting()",1000);
    }
    broadcasting();
</script>
```

上述代码运行结果如图 2-6 所示。由于第一个进度条没有提供 max 和 value 属性,进度块一直处于左右自由滑动状态;第二个进度条没有提供 max 属性,默认为 1,而 value 属性为 0.25,说明当前进度是整体的 1/4;第三个进度条的 max 属性为 100,value 属性为 25,说明当前进度也是整体的 1/4,效果与第二个进度条完全相同;使用 JavaScript 脚本来控制第四个进度条,每秒增加 10 个单位,当 value 值超过 100 时重新从 1 开始计算,从而实现进度的变换效果。

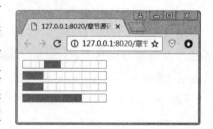

图 2-6 progress 进度条

meter 元素用来度量已知范围或分数值内的标量,也称为 gauge(尺度),如磁盘使用情况、查询结果等可以使用 meter 来度量。meter 元素的属性见表 2-1。

表 2-1 meter 元素的属性

属　　性	描　　述
value	设置或获取 meter 元素的当前值，必须要在 min 与 max 值的中间
max	设置 meter 元素的最大值，默认为 1
min	设置 meter 元素的最小值，默认为 0
high	设置过高的阈值，当 value 大于 high 并小于 max 时，显示过高的颜色
low	设置过低的阈值，当 value 小于 low 并大于 min 时，显示过低的颜色
optimum	设置最佳值

下述代码演示了 meter 元素的用法。

【案例 2-12】 meter.html

```
<meter></meter>没有属性的 meter<br/>
<meter value="0.5"></meter>只有 value 属性的 meter<br/>
<meter value="0.1" low="0.25"></meter> value < low<br/>
<meter value="0.5" high="0.8"></meter> low <= value <= high<br/>
<meter value="0.9" high="0.8"></meter> value > high<br/>
<meter low="0.25" optimum="0.15" high="0.75" value="0.5"></meter>
    optimum < low < value < high<br/>
<meter low="0.25" optimum="0.4" high="0.75" value="0.5"></meter>
    low < optimum 和 value < high<br/>
<meter low="0.25" optimum="0.85" high="0.75" value="0.5"></meter>
    low < value < high < optimum<br/>
<meter low="0.25" optimum="0.85" high="0.75" value="0.2"></meter>
    value < low < high < optimum<br/>
<meter low="0.25" optimum="0.2" high="0.75" value="0.8"></meter>
    optimum < low < high < value<br/>
```

上述代码在浏览器中预览的结果如图 2-7 所示。

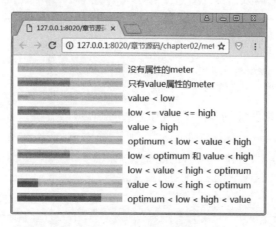

图 2-7 meter 元素（见彩插）

- 当 meter 元素没有设置任何属性时，默认只显示浅灰色的背景；
- 当 meter 元素只有 value 属性，且符合 0 < value < 1 条件时，将呈现绿色的颜色条；

- 当 meter 元素符合 low <= value <= high 条件时,将呈现绿色的颜色条;
- 当 meter 元素符合 value < low 或 value > high 时,将呈现黄色的颜色条;
- 当 meter 元素符合 value 在[low, high]、而 optimum 不在[low, high]时,将呈现黄色的颜色条;
- 当 meter 元素的 value 和 optimum 均在[low, high]时,将呈现绿色的颜色条;
- 当 meter 元素符合 value < low < high < optimum 或 optimum < low < high < value 时,将呈现红色的颜色条。

6. dialog 元素

dialog 元素用于定义一个对话框,该元素仅有一个 open 属性;当 dialog 元素提供 open 属性时,表示窗口初始化时默认是可见的。dialog 元素还提供了 show()和 showModal()两个方法,其中,show()方法用于显示对话框,并按照对话框所在 DOM 流的位置水平居中显示;而 showModal()方法用于以模态形式显示对话框,模态对话框默认位于页面的中心位置,且处于页面的最顶层,有效防止 z-index 属性的干扰。

【案例 2-13】 dialog.html

```
<dialog id="myDialog">
    <img src="images/entertainment.png"/><br/>
    <input type="button" value="用户连接失败,关闭窗口" onclick="closeDialog()"/>
</dialog><hr/>
<input type="button" onclick="showDialog()" value="显示窗口"/><br/>
<input type="button" onclick="showModalDialog()" value="模态窗口"/>
<script>
    var myDialog=document.getElementById("myDialog");
    function showDialog(){
        myDialog.show();
    }
    function showModalDialog(){
        myDialog.showModal();
    }
    function closeDialog(){
        myDialog.close();
    }
</script>
```

上述代码运行时,单击"显示窗口"按钮时,通过 show()方法以普通对话框形式显示,对话框的上边缘与水平线重合,如图 2-8 所示。单击"模态窗口"按钮时,通过 showModal()方法以模态对话框形式显示,且位于窗口的正中央,如图 2-9 所示。

目前只有 Chrome 和 Opera 浏览器支持 dialog 元素,其他浏览器暂不支持。

7. mark、time 和 wbr 元素

mark 元素用于定义带有标记的文本。time 元素用于定义公历的时间(24 小时制)或日期,需要注意的是:目前在任何浏览器中都不会有特殊效果,其功能主要是方便搜索引擎在检索时确定文章的发布时间。wbr 元素用于规定在文本的何处适合添加换行符;当浏览器

图 2-8　普通对话框　　　　　　　　　图 2-9　模态对话框

窗口或者父级元素的宽度足够宽时不进行换行,而宽度不够宽时,将会在 wbr 元素所处的位置进行换行;br 元素则表示此处必须换行。

【案例 2-14】　otherElement.html

```
<div>
    <img src = "images/working.jpg" width = "80px"/>
    <p>每天晚上<time>19:00</time>我都在直播写作业.</p>
    <p>更精彩的直播将在<time datetime = "2008 - 02 - 14">情人节</time>开始……</p>
</div>
<img src = "images/valentine.jpg" width = "300px"/>
<div>
    Another outdoors type of date that is very romantic <wbr/> for
    <mark>V - day</mark> is Horseback Riding.
</div>
```

上述代码运行结果如图 2-10 所示,time 元素在页面中没有任何效果;mark 标记的元素使用黄色底纹进行凸显;wbr 处并没有直接回车,而是根据外层容器的宽度,自动进行调整。

图 2-10　mark、time 和 wbr 元素的效果(见彩插)

2.3 改良后的标签

HTML 5 规范除提供了一些新元素外,还对一些原有的元素进行了改良,如 ol、dl、city、small 和 iframe 等元素。

1. ol 元素

HTML 5 对 ol 列表进行了改良,为其新增了 start 和 reversed 属性;其中,start 属性用于指定列表的开始编号,reversed 属性用于将列表反向进行编号。下述代码演示了改良后的 ol 元素的用法。

【案例 2-15】 ol.html

```
目前较火的直播平台有:<hr/>
<div>
    <ol start = "4" type = "1" reversed = "reversed">
        <li>斗鱼直播</li>
        <li>虎牙直播</li>
        <li>布谷鸟直播</li>
        <li>六间房直播</li>
    </ol>
</div>
<div class = "split"></div>
<div>
    <ol start = "4" type = "1">
        <li>战旗直播</li>
        <li>梦蝶直播</li>
        <li>熊猫直播</li>
        <li>龙珠直播</li>
    </ol>
</div>
```

上述代码运行结果如图 2-11 所示。在第一个列表中提供了 start 和 reversed 属性,表示列表的编号从 4 开始反向编号;第二个列表则从 4 开始正向编号。

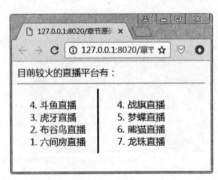

图 2-11 改良的 ol 元素

2. dl 元素

在 HTML 中，dl 元素是一个专门用来定义列表（definition list）的元素，由术语（dt）和定义（dd）两部分构成，且成对出现。

HTML 5 规范对 dl 元素重新进行定义，每个 dl 列表中可以包含 1～n 个术语（dt），而每个术语后紧跟 1～n 个定义（dd）。一个列表中不允许含有相同名字的术语，也不允许有重复的定义。

【案例 2-16】 dl.html

```html
<div class = "firstRow fl">
    <dl class = "fl">
        <dt><img src = "images/broadcast-fox.jpg"/></dt><dd>幽狐直播</dd>
    </dl>
    <dl class = "fl">
        <dt><img src = "images/broadcast-elephant.jpg"/></dt><dd>象牙直播</dd>
    </dl>
    <dl class = "fl">
        <dt><img src = "images/broadcast-girl.png"/></dt><dd>美女直播</dd>
    </dl>
</div>
<div class = "secondRow fl">
    <dl>
        <dt class = "fl"><img src = "images/b5.png"/></dt><dd>在线直播</dd>
        <div class = "clear plit"></div>
        <dt class = "fl"><img src = "images/b6.jpg"/></dt><dd>录像回放</dd>
        <div class = "clear plit"></div>
        <dt class = "fl"><img src = "images/b7.jpg"/></dt><dd>同步直播</dd>
    </dl>
</div>
```

上述代码运行结果如图 2-12 所示。在第一个 div 中包含三个 dl 元素，使用 dl 元素来实现上下结构的图文混排效果；在第二个 div 中，一个 dl 元素中包含三对 dt 和 dd 元素，形成左右结构的图文混排效果。

图 2-12 dl 列表元素

3. iframe 元素

在 HTML 5 规范中，iframe 元素新增了 sandbox 属性，在安全性方面进行了加强。通过 sandbox 属性来禁止被加载页面的表单提交、JavaScript 脚本的执行、在父窗口中加载链接的文档内容以及从 cookie 或 Storage 中读取数据等操作。sandbox 属性的取值情况见表 2-2。

表 2-2 sandbox 属性的取值

属 性 值	描 述
""	应用以下所有的限制
allow-forms	允许表单提交
allow-scripts	允许脚本执行
allow-top-navigation	允许在 iframe 父窗口中加载链接的文档内容
allow-same-origin	允许从 cookie 或 Storage 中读取数据

sandbox 属性的取值可以是一个或多个值，属性值之间使用空格隔开。下述代码创建了一个页面，在 iframe 框架中引用时使用。

【案例 2-17】 living.html

```html
<div>
    <a href="http://www.163.com" target="_parent">
      <img id="girl" src="images/live_girl3.jpg" width="110px" height="150px"/>
    </a>
    <form action="http://www.csdn.com" name="myform">
        <input type="text" id="flowerNum" value="1"/>
        <input type="button" class="btnClass" value="换人" onclick="change()"/>
        <input type="submit" class="btnClass" value="送花"/>
    </form>
</div>
<script>
    var i = 1;
    function change(){
        i = (i)%3+1;
        var flowerNum = document.getElementById("flowerNum").value;
        var girl = document.getElementById("girl");
        girl.src = "images/live_girl" + i + ".jpg";
    }
</script>
```

在 living.html 页面中，提供了超链接、JavaScript 脚本的调用、表单提交等功能，该页面将作为 iframe.html 页面的引用页面。下述代码演示了在 iframe 框架引用 living.html 页面时，使用 sandbox 属性对子页面的执行权限进行控制。

【案例 2-18】 iframe.html

```html
<div class="girlPosition">
    <iframe src="living.html" frameborder="no" border="0" scrolling="no"
        sandbox="allow-forms allow-scripts allow-top-navigation"></iframe>
</div>
```

案例视频讲解

上述代码中，使用 sandbox 属性对 iframe 元素进行设置，其中，allow-forms、allow-scripts 和 allow-top-navigation 分别表示允许所嵌入的页面进行表单提交、执行 JavaScript 脚本、在父窗口中加载链接的文档内容。代码运行结果如图 2-13 所示，单击"换人"按钮时，使用 JavaScript 脚本来更换图像；单击主播的图像时，将在父窗口打开目标链接；单击"送花"按钮时对页面表单进行提交。读者可以尝试将 sandbox 属性中的某个值去掉，然后进行测试，以查看 sandbox 属性中各项所产生的效果差异。

图 2-13　改良后的 iframe 元素

除此之外，HTML 5 还为 iframe 元素新增了 srcdoc 属性，用于指定所要加载的 HTML 代码片段。当 iframe 元素同时具有 srcdoc 和 src 属性时，优先使用 srcdoc 属性。

4．script 元素

在 HTML 5 之前，当浏览器初始化页面时，如果页面需要引用一个 JavaScript 外部脚本文件，则浏览器解析到 script 元素时将暂停页面的解析任务，进而向服务器请求所需要的 JavaScript 脚本文件，然后等待脚本文件的下载；当文件下载完毕后，继续执行页面的解析任务。此时，如果外部脚本文件过大，势必造成在页面加载时的性能瓶颈问题。

为了解决上述问题，在 HTML 5 规范中为 script 元素新增了 async 和 defer 属性，用于提高网页的加载速度，当页面需要加载外部 JavaScript 脚本文件时，可以通过异步方式来加载脚本文件，无须暂停浏览器对页面的解析过程。

async 属性和 defer 属性的区别：当使用 async 属性时，脚本文件下载完毕后立即执行 onload 事件处理函数；当使用 defer 属性时，脚本文件下载完毕后，并不立即执行 onload 事件处理函数，而是等待页面资源全部加载完毕后，再按照外部文件引用的顺序来执行的 onload 事件处理函数。

【示例】　async 属性的使用

```
< script async src = "boy.js" onload = "initBoy()"></script >
< script async src = "girl.js" onload = "initGirl()"></script >
```

上述代码中，尽管脚本文件的出现顺序是 boy.js 和 girl.js；但是在异步加载过程中，可能出现先将 girl.js 加载完毕并立即执行 onload 事件的 initGirl()处理函数的情况,所以当使用 async 属性时,脚本的出现顺序和执行顺序可能不同。

【示例】 defer 属性的使用

```
<script defer src="boy.js" onload="initBoy()"></script>
<script defer src="girl.js" onload="initGirl()"></script>
```

在上述代码中,当需要加载脚本文件时,向服务器发出加载文件的请求,文件加载完毕后,并不会立即执行 onload 事件的处理函数,而是等待页面所需的资源全部加载完毕后,再顺序执行 initBoy()和 initGirl()方法,执行的顺序与引用顺序一致。

2.4 HTML 5 拖放 API

拖放(draggable)API 是 HTML 5 规范中一个比较重要的 API,通过拖放 API 可以将页面中的元素变成可移动的元素,为页面中的元素提供拖放效果,使人机交互变得更加友好。draggable 属性的取值见表 2-3。

表 2-3 draggable 取值范围

属性值	描述
true	用于设置 draggable 元素可拖放
false	用于设置 draggable 元素不可拖放
auto	元素将使用浏览器的默认行为

在拖放过程中,将会产生一系列的鼠标事件,具体见表 2-4。

表 2-4 拖放时所产生的事件

事件名	事件源	说明
ondragstart	被拖动的页面元素	元素拖动时,触发该事件
ondrag	被拖动的页面元素	元素拖动过程中,触发该事件
ondragend	被拖动的页面元素	拖动结束时,触发该事件
ondragenter	拖动时鼠标经过的元素	当拖动元素进入目标元素的范围时触发该事件
ondragleave	拖动时鼠标经过的元素	当拖动元素离开目标元素的范围内时触发该事件
ondragover	拖动时鼠标经过的元素	目标元素范围之内,拖动目标元素时会不断地触发该事件
ondrop	拖动时鼠标经过的元素	目标元素范围之内,释放拖动元素时触发该事件

在拖放过程中,通过 event.dataTransfer 对象从拖动元素向目标元素传递数据。dataTransfer 对象中提供了许多实用的属性和方法,如用 dropEffect 与 effectAllowed 属性相结合来实现自定义拖放效果。有关 dataTransfer 对象的属性见表 2-5。

表 2-5 dataTransfer 对象的属性

属性	描述
dropEffect	用于设置或返回允许的操作类型,取值范围是 none、copy、link 或 move;如果操作的类型不是 effectAllowed 属性所允许的类型,则操作将会失败

续表

属性	描述
effectAllowed	用于设置或返回被拖放元素的操作效果，取值范围是 none、copy、copyLink、copyMove、link、linkMove、move、all 或 uninitialized
items	返回一个包含拖放数据的 dataTransferItemList 对象
types	返回一个 DOMStringList，包括存入 dataTransfer 对象中数据的所有类型
files	返回一个拖放文件的集合，如果没有拖放文件该属性为空

通过 dataTransfer 对象的 setData()和 getData()方法，将拖动元素的数据传给目标元素。dataTransfer 对象常见的方法见表 2-6。

表 2-6　dataTransfer 对象的方法

方法	描述
setData(format,data)	向 dataTransfer 对象中添加数据
getData(format)	从 dataTransfer 对象读取数据
clearData(format)	清除 dataTransfer 对象中指定格式的数据
setDragImage(icon,x,y)	设置拖放过程中的图标，参数 x、y 表示图标的相对坐标

在页面中实现拖放元素的效果至少需要以下几步。

(1) 为拖放元素提供 draggable 属性，并将该属性设为 true；此时元素允许拖放，但在拖放过程中不能携带任何数据。

【示例】　为元素提供 draggable 属性

```
< img id = "image1" src = "images/flower01.jpg" draggable = "true"/>
```

由于< img >标签和带有 href 属性的< a >标签默认是可拖放的。上述代码中的 draggable="true"属性可以省略。IE 9+、Firefox、Opera 12、Chrome 以及 Safari 5 浏览器对拖放 API 提供了较好的支持。

(2) 为拖放元素提供 ondragstart 事件监听，并在事件处理方法中提供所要携带的数据。

【示例】　设置 ondragstart 事件监听器

```
< img id = "image1" src = "images/flower01.jpg" draggable = "true"
       ondragstart = "drag(event)"/>
function drag(e){
    e.dataTransfer.effectAllowed = "link";
    //e.dataTransfer.setData("text",e.target.id);        //IE 兼容写法
    e.dataTransfer.setData("text/plain",e.target.id);    //标准写法
}
```

(3) 针对目标释放区，设置 ondrop 事件监听器，用于接收事件所携带的数据，并对数据进行处理。

【示例】 设置目标释放区

```
<div id="livingFlowers" ondrop="drop(event)" ondragover="allowDrop(event)">
    <h2>主播花篮</h2><hr/>
</div>
function drop(e){
    var data = e.dataTransfer.getData("text");
    //如果目标是 DIV 标签,在其中添加内容
    if(e.target.tagName == "DIV"){
        e.target.appendChild(document.getElementById(data));
    }else if(e.target.tagName == "IMG"){
        //如果目标是 IMG 标签,在其父标签中添加内容
        e.target.parentNode.appendChild(document.getElementById(data));
    }
    allowDrop(e);
}
```

(4)当释放被拖放的元素时,浏览器默认在新窗口中打开被拖放元素或链接内容,此时需要阻止浏览器的默认行为。

【示例】 阻止浏览器的默认行为

```
function allowDrop(e){
    e.preventDefault();      //通知浏览器不再执行事件相关的默认动作
    e.stopPropagation();     //阻止事件的冒泡行为
}
```

下述代码通过"美女直播送花"案例,来演示 HTML 5 拖放 API 的使用过程。

【案例 2-19】 draggable.html

```
<div id="buyFlowers" ondrop="drop(event)" ondragover="allowDrop(event)">
    <h2>我要送鲜花</h2>
    <hr/>
    <img id="image1" src="images/flower01.jpg" ondragstart="drag(event)"/>
    <img id="image2" src="images/flower02.jpg" ondragstart="drag(event)"/>
    <img id="image3" src="images/flower03.jpg" ondragstart="drag(event)"/>
</div>
<div class="living">
    <img src="images/live_girl.jpg" id="livingGirl" ondrop="drop(event)"
        ondragover="allowDrop(event)"/>
    <h2>直播美女</h2>
</div>
<div id="livingFlowers" ondrop="drop(event)" ondragover="allowDrop(event)">
    <h2>主播花篮</h2><hr/>
</div>
<script type="text/javascript">
    var i=1;
    //创建一个图像元素
```

案例视频讲解

```javascript
        var myIcon = document.createElement("img");
        //设置图像的 src 属性
        myIcon.src = "images/mouse_move.png";
        function drag(e){
            e.dataTransfer.effectAllowed = "move";
            //IE 暂不支持,FF、chrome 支持该效果
            e.dataTransfer.setDragImage(myIcon,0,0);
            //e.dataTransfer.setData("text",e.target.id);         //IE 兼容写法
            e.dataTransfer.setData("text/plain", e.target.id);   //标准写法
        }
        function drop(e){
            e.dataTransfer.dropEffect = "move";
            var data = e.dataTransfer.getData("text");
            //当鲜花放到主播头像上时,更换其头像,并将鲜花放到主播花篮中
            if(e.target.id == "livingGirl"){
                e.target.src = "images/live_girl_over0" + i + ".jpg";
                i = i % 3 + 1;
                setTimeout(function(){
                    e.target.src = 'images/live_girl.jpg';
                },1000);
                //将鲜花从一侧移到另一侧中
                var sourceParentID = document.getElementById(data).parentNode.id;
                if(sourceParentID == "livingFlowers"){
                    document.getElementById("buyFlowers")
                        .appendChild(document.getElementById(data));
                }else{
                    document.getElementById("livingFlowers")
                        .appendChild(document.getElementById(data));
                }
            }else if(e.target.tagName == "DIV") {       //如果目标是 DIV 标签,在其中添加内容
                e.target.appendChild(document.getElementById(data));
            } else if(e.target.tagName == "IMG") {
                //如果目标是 IMG 标签,在其父标签中添加内容
                e.target.parentNode.appendChild(document.getElementById(data));
            }
            allowDrop(e);
        }
        function allowDrop(e){
            e.preventDefault();              //通知浏览器不再执行事件相关的默认动作
            e.stopPropagation();             //阻止事件的冒泡行为
        }
</script>
```

上述代码运行时效果如图 2-14 所示。用户可以将鲜花从左侧"我要送鲜花"处拖放到右侧"主播花篮"中,也可以将"主播花篮"中的鲜花拖放到"我要送鲜花"处。当把"我要送鲜花"或"主播花篮"中的鲜花拖放到"主播美女"图像上时,美女图像会进行改变,且鲜花自动放置到对面花篮中,1s 后"主播美女"的图像自动恢复为原来的图像。

图 2-14　直播送鲜花

本章总结

- HTML 5 规范中新增了许多文档结构元素，能更好地表达 HTML 文档的结构和语义，使文档结构更加清晰。
- article 元素可以代表一个文档、页面或应用程序中独立的、完整的、可以单独被外部引用的内容。
- section 元素用于对网站或应用程序中的内容进行分块。
- nav 元素是一个可以用作页面导航的链接组，其中导航元素可以链接到当前页面的其他部分或者其他页面。
- header 元素通常用作整个页面或页面内容区块的标题，hgroup 元素用于将标题及其子标题进行分组。
- aside 元素用来表示当前页面或文章的附属信息。
- details 元素用于描述文档或文档某个部分的细节，summary 元素通常作为 details 元素的标题部分。
- figure 元素用于规定独立的流内容（如图像、图表、照片、代码等），是一种组合元素，可带有标题和描述信息。
- progress 元素用于表示任务的进度，meter 元素用来度量已知范围或分数值内的标量。
- dialog 元素用于定义一个对话框，该元素仅有一个 open 属性，当 dialog 元素提供 open 属性时，表示窗口初始化时默认是可见的。
- HTML 5 除了提供了一些新元素外，还对一些原有的元素进行了改良，如 ol、dl、city、small、iframe 等元素。

本章练习

1. 下列选项中不属于 HTML 5 文档结构元素的是_____。
   A. article   B. section   C. datePickers   D. aside

2. 关于 HTML 5 语义标签,下列选项中说法错误的是_____。
   A. article 元素可以代表一个文档、页面或应用程序中独立的、完整的、可以单独被外部引用的内容
   B. nav 元素是一个可以用作页面导航的链接组,其中的导航元素链接到当前页面的其他部分或者其他页面
   C. footer 元素用来表示当前页面或文章的附属信息,可以包括当前页面或主体内容的相关引用、侧边栏、导航条或广告等有别于主体内容的部分
   D. header 元素通常用作整个页面或页面内容区块的标题,也可以包含其他内容,如搜索表单或 logo 图片

3. 关于 HTML 5 新增元素说法错误的是_____。
   A. details 元素用于描述文档或文档某个部分的细节
   B. summary 元素通常作为 details 元素的标题部分
   C. ruby 元素用于定义注释,如中文注音或其他东亚字符的发音
   D. progress 元素用来度量已知范围或分数值内的标量

4. 关于 dialog 元素说法错误的是_____。
   A. dialog 元素用于定义一个对话框
   B. dialog 元素拥有 open 和 close 两个属性
   C. showModal()方法用于以模态形式显示对话框
   D. 以 show()方法显示对话框时,会按照其在 DOM 流中的位置水平居中显示

5. 关于 progress 和 meter 元素说法正确的是_____。
   A. progress 元素用于表示任务的进度,自身能够实现进度条的变化
   B. meter 元素用于表示任务的进度,自身能够实现进度条的变化
   C. progress 元素用来度量已知范围或分数值内的标量
   D. meter 元素用来度量已知范围或分数值内的标量

6. 关于以下代码说法正确的是_____。

```
< ol start = "4" type = "1" reversed = "reversed">
    <li>战旗直播</li>
    <li>梦蝶直播</li>
    <li>熊猫直播</li>
    <li>龙珠直播</li>
</ol>
```

   A. 序列是一个有序序列,类型是数值类型,从 4 开始反向排列
   B. start 属性用于指定列表的开始编号
   C. reversed 属性可以对列表反向进行编号

D. ol 是一种只能以数字为编号的序列
7. 关于 iframe 元素说法错误的是_____。
   A. iframe 不利于搜索引擎优化,在 HTML 5 中被弃用
   B. HTML 5 为 iframe 元素增加了 sandbox 属性,在安全性方面进行了加强
   C. iframe 是一个双标签元素,必须提供结束标签
   D. HTML 5 为 iframe 元素新增了 srcdoc 属性,用于指定所要加载的 HTML 代码片段

第 3 章 HTML 5 表单

本章目标

- 了解表单的概念与用途。
- 掌握 HTML 5 中新增的表单控件。
- 熟悉 HTML 5 表单属性。
- 掌握 HTML 5 表单控件的属性。
- 熟练使用 HTML 5 表单验证方法。

3.1 HTML 5 表单概述

在 Web 应用程序的开发过程中,表单(form)是非常重要的一部分。当客户端与服务端交互时,通过表单来实现用户信息的验证与采集。

HTML 表单主要包含表单元素和表单控件两大类,表单控件又分为表单域和按钮两种类型。其中,表单域是一些用于实现用户输入的组件,包括文本框、密码框、单选按钮、复选按钮、下拉列表框、多行文本框、文件域等控件。按钮分为提交(submit)按钮、重置(reset)按钮、图片按钮、普通按钮等类型。通常使用提交按钮或 Ajax 异步提交方式实现表单数据的提交,使得 Web 应用能够获得客户端所输入的数据。

在 HTML 5 规范中吸纳了 Web Forms 2.0 标准,对表单系统进行升级与改造,新增了一些表单属性和表单控件,并对原有的部分控件进行改良,对表单元素内容新增了有效性的验证功能。HTML 5 对表单元素的功能进行强化,大幅度地改善了表单元素的功能,使得表单的开发更加方便、快捷。

3.2 HTML 5 表单的改良

在 HTML 4 中,表单是一个包含表单控件的区域,通过 HTML 元素(如表格、段落等)实现表单的局部布局。表单控件必须位于表单元素之内,否则在表单提交时无法将该控件中的数据一起提交到服务端;当需要提交表单之外的表单控件数据时,只能通过 JavaScript 脚本对数据进行处理并提交。

一个页面中可以包含一个或多个表单,表单之间相互独立不能嵌套。虽然一个页面可以包含多个表单,但用户向服务端发送数据时一次只能提交一个表单中的数据;如需同时提交多个表单,需通过 JavaScript 异步交互技术来实现。

【案例 3-1】 HTML4_form.html

```html
<form action="" method="post" class="basic-grey">
    <h1>联系方式<span>请填写下列选项,以便更好地与您联系!</span></h1>
    <label>
        <span>用户名:</span>
        <input type="text" name="name" placeholder="请输入用户名"/>
    </label>
    <label><span>邮箱地址:</span>
        <input type="email" name="email" placeholder="请输入有效邮箱地址"/>
    </label>
    <label><span>留言信息:</span>
        <textarea name="message" placeholder="请填写您的留言信息"></textarea>
    </label>
    <label><span>留言类型:</span>
        <select name="selection">
            <option value="业务咨询">业务咨询</option>
            <option value="售后服务">售后服务</option>
        </select>
    </label>
    <label>
        <span> </span>
        <input type="submit" class="button" value="提交"/>
    </label>
</form>
```

上述代码运行结果如图 3-1 所示。表单中包含单行文本框、多行文本框、下拉列表框和按钮等控件,通过 label 和 span 等元素实现表单的布局。整个表单作为一个整体,单击"提交"按钮时,将表单中的数据一起提交到服务端。

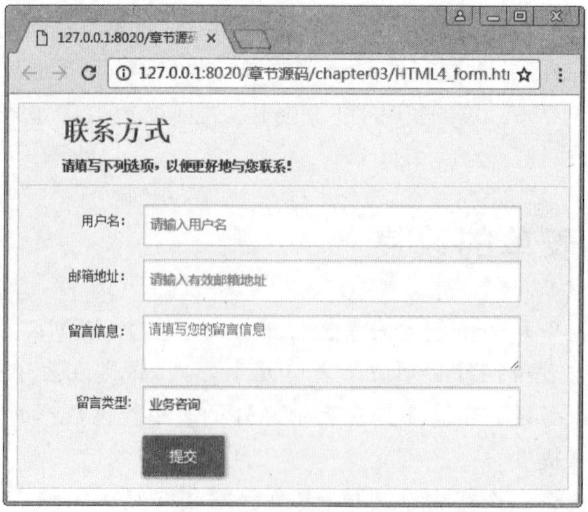

图 3-1　HTML 4 表单

在 HTML 5 规范中,对表单及表单控件进行了改进,允许表单控件位于页面的任意位置,通过表单控件的 form 属性来指明该控件隶属哪个表单,使得表单布局更加灵活。下述代码演示了使用 HTML 5 Form 来实现表单布局。

【案例 3-2】 HTML5_form.html

```html
<form id="chartRoomForm" onsubmit="return submitChartMsg()"></form>
<form id="LeavingMsgeForm" onsubmit="return submitLeavingMsg()"></form>
<div class="basic-grey">
    <h1><img src="images/chartRoom.jpg"/>在线聊天<span>实时在线沟通!</span></h1>
    <label><span>用户名:</span>
        <input type="text" name="name" form="chartRoomForm"/>
    </label>
    <label><span>聊天内容:</span>
        <textarea name="message" form="chartRoomForm"></textarea>
    </label>
    <label><span> </span>
        <input type="submit" class="button" value="发送" form="chartRoomForm"/>
    </label>
</div>
<div class="basic-grey">
    <h1><img src="images/LeavingMessage.jpg"/>离线留言<span>请填写留言信息,
        我们将在第一时间解决您的问题!</span></h1>
    <label><span>用户名:</span>
        <input type="text" name="name" form="LeavingMsgeForm"/>
    </label>
    <label><span>留言信息:</span>
        <textarea name="message" form="LeavingMsgeForm"></textarea>
    </label>
    <label><span> </span>
        <input type="submit" value="留言" form="LeavingMsgeForm"/>
    </label>
</div>
<script>
    function submitChartMsg(){
        alert("您已发送聊天信息");
        return false;
    }
    function submitLeavingMsg(){
        alert("您提交留言信息");
        return false;
    }
</script>
```

上述代码中,通过表单控件的 form 属性来指定当前控件属于哪个表单;当单击"发送"按钮时,弹出"您已发送聊天信息"的提示信息;当单击"留言"按钮时,弹出"您提交留言信息"的提示信息。代码运行结果如图 3-2 所示。有关 HTML 5 表单控件的属性将在后面小节中进行介绍。

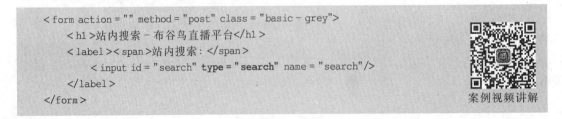

图 3-2　HTML 5 表单

3.2.1　HTML 5 表单控件

在 HTML 4 中,使用 input 元素来创建单行文本框、密码框、单选按钮、复选按钮、文件域、提交按钮、重置按钮等表单控件。HTML 5 在此基础上,对 input 元素进行改良并新增了一些类型,其中包括 search、tel、url、email、datePickers、number、range 和 color 等,具体见表 3-1。

表 3-1　input 元素新增的类型

类型	描述
search	专门用于搜索关键字的文本框,多用于手机客户端
tel	专门用于输入电话号码,多用于手机客户端
url	创建一个 url 输入框,并检查其内容是否符合正确的 url 格式
email	创建一个 email 输入框,并检查其内容是否符合 email 格式
datePickers	日期与时间的输入文本框,包括 date、month、week、time、datetime、datetime-local 等
number	创建一个只能输入数字的文本框,否则提交时将数值文本框的内容作为空白进行提交
range	生成一个拖动条,只允许输入一定范围内的数值,默认为 0～100
color	颜色选择文本框,其值为"♯FFFFFF"格式的文本

1. search 类型

search 类型的 input 元素是一种专门用来输入搜索关键词的文本框,其外观与 text 类型的文本框基本相同,多用于移动界面设计。当 search 类型的文本框获得焦点时,将弹出一个搜索类型的输入键盘,在键盘的右下角提供"搜索"按键。

【案例 3-3】　HTML5_form_search.html

```
< form action = "" method = "post" class = "basic - grey">
    < h1 >站内搜索 - 布谷鸟直播平台</ h1 >
    < label >< span >站内搜索：</ span >
        < input id = "search" type = "search" name = "search"/>
    </ label >
</ form >
```

案例视频讲解

上述代码运行后,通过手机终端进行访问,单击搜索文本框时弹出一个搜索类型的输入键盘,效果如图 3-3 所示。

2. tel 类型

tel 类型的 input 元素是一种专门用来输入电话号码的文本框,其外观与 text 类型的文本框基本相同,多用于移动界面设计。当 tel 类型的文本框获得焦点时,将弹出一个数字类型的输入键盘,在键盘的右下角提供"下一步"按键。

【案例 3-4】 HTML5_form_tel.html

```
< form action = "" method = "post" class = "basic - grey">
    <h1>会员注册 - 布谷鸟直播平台<span>请认真填写以下选项!</span></h1>
    < label >< span >联系电话:</span>
        < input id = "tel" type = "tel" name = "tel" placeholder = "请输入电话"/>
    </label>
</form>
```

案例视频讲解

上述代码运行后,通过手机终端进行访问,单击"联系电话"文本框时弹出一个 tel 类型的输入键盘,效果如图 3-4 所示。

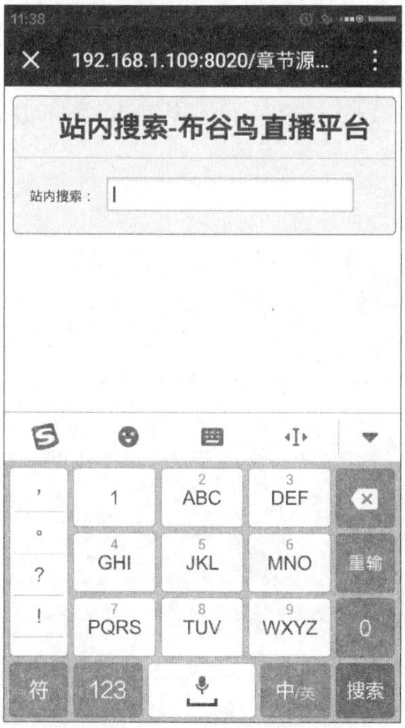

图 3-3 search 类型的输入框 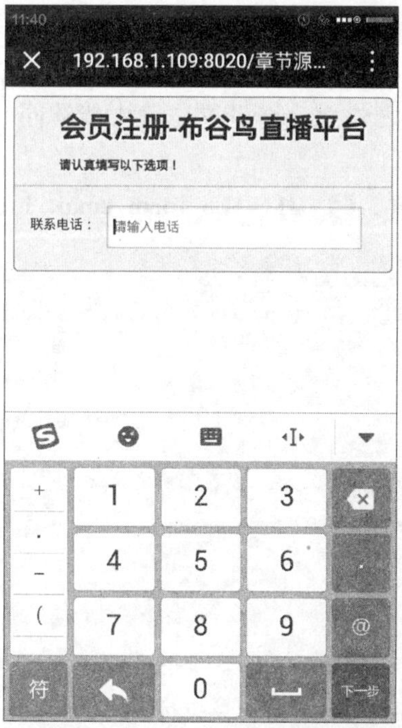　　　　　图 3-4 tel 类型的输入框

3. url 类型

url 类型的 input 元素是一种专门用来输入 URL 地址的文本框,文本框的输入内容必须是一个包含访问协议的完整 URL 地址(如 https://等);当提交表单时,如果文本内容不

符合URL地址格式,则会弹出错误提示信息并阻止表单的提交。

【案例3-5】 HTML5_form_url.html

```html
<form action="http://www.baidu.com" method="post" class="basic-grey">
    <h1>会员注册-布谷鸟直播平台<span>请认真填写以下选项!</span></h1>
    <label><span>直播入口: </span>
        <input id="url" type="url" name="url"/>
    </label>
    <label><span> </span>
        <input type="submit" class="button" value="注册"/>
    </label>
</form>
```

上述代码运行后,通过手机终端进行访问,当URL文本框获得焦点时,弹出一个URL类型的输入键盘,其中包括"www.""·com"等便捷输入键;键盘的右下角提供"开始"按钮,单击"开始"按钮时提交表单。当输入的内容不是完整的URL地址时,弹出"请输入网址"提示信息,效果如图3-5所示。

4. email类型

email类型的input元素是一种专门用来输入email地址的文本框;当表单提交时,如果文本框的内容不符合email格式,则不允许提交表单;email文本框的内容在默认情况下允许为空,当文本框中必须输入email地址时,可以使用required属性进行限制。

除此之外,在email文本框中能够同时输入多个email地址,email地址之间需要使用逗号(,)隔开。

【案例3-6】 HTML5_form_email.html

```html
<form action="" method="post" class="basic-grey">
    <h1>会员注册-布谷鸟直播平台<span>请认真填写以下选项!</span></h1>
    <label><span>邮箱地址: </span>
        <input id="email" type="email" name="email" required="required"
            multiple="multiple"/>
    </label>
    <label><span> </span>
        <input type="submit" class="button" value="注册"/>
    </label>
</form>
```

上述代码中,定义了一个email文本框,通过required属性来设置文本框的判空验证,multiple属性用来说明该文本框能够同时输入多个email地址,地址之间默认使用逗号(,)隔开。运行上述代码,当email文本框为空,单击"注册"按钮时的效果如图3-6所示。

5. datePickers类型

datePickers类型的input元素是一组用于输入日期和时间的文本框,其中包括date、month、week、time和datetime等类型。date类型用于选取年、月、日,month类型用于选取年和月,week类型用于选取年和周,time类型用于选取时间(包括小时和分钟),datetime用于选取年、月、日及时间。下述代码演示了 datePickers 类型文本框的用法。

图 3-5　URL 类型的输入框　　　　图 3-6　email 类型的输入框

【案例 3-7】　HTML5_form_datePickers.html

```
<form action = "" method = "post" class = "basic - grey">
    <h1>布谷鸟直播平台</h1>
    <label>
        <span>直播日期：</span><input id = "broadcastDate" type = "date"/>
    </label>
    <label>
        <span>直播时间：</span><input id = "broadcastTime" type = "time"/>
    </label>
    <label><span> </span>
        <input type = "submit" class = "button" value = "注册"/>
    </label>
</form>
```

上述代码中，定义了 date 和 time 两个类型的文本框，代码运行结果如图 3-7 所示。单击 date 类型文本框右侧的上下箭头将弹出一个日期选择框，也可以单独单击 date 文本框中的年、月、日，再通过右侧上下箭头调整相应数据或直接输入数据。单击 time 文本框右侧的上下箭头可以分别调整小时和分钟。

6. number 类型

number 类型的 input 元素是一种专门用来输入数值的文本框，通过 max 和 min 属性来

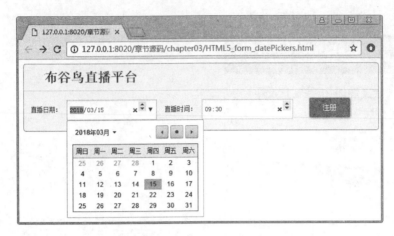

图 3-7 datePickers 类型的输入框

设定元素所能输入的最大值和最小值；step 属性用于设置数值之间的合法间隔，默认步长为 1；value 属性表示文本框的初始值或当前值。

通过数值文本框右侧的上下箭头可以根据步长逐步递增（或递减），也可以直接输入某个整数；当用户输入非数值型字符或不在指定范围内的数值时，会弹出相关提示，并阻止表单的提交。

【案例 3-8】 HTML5_form_number.html

```
<form action = "" method = "post" class = "basic-grey">
    <h1>直播设置-布谷鸟直播平台<span>请认真填写以下选项!</span></h1>
    <label><span>直播时长: </span>
        <input id = "duration" type = "number" min = "10" max = "100" step = "10"
            required = "required"/>
        <input type = "submit" class = "button" value = "注册"/>
    </label>
</form>
```

上述代码运行结果如图 3-8 所示。number 类型的文本框只能输入数值，其他类型的字符均无法输入。在 duration 文本框中所能输入的最小值为 10，最大值为 100，且步长为 10。当文本框中没有输入任何信息时，单击"注册"按钮将会提示"请填写此字段"；当文本框输入的数据小于 10 时，将提示"值必须大于或等于 10"；当文本框输入的数据大于 100 时，将提示"值必须小于或等于 100"；当文本框中输入 66 时，将提示"请输入有效值，两个最接近的有效值分别为 60 和 70"。

图 3-8 number 类型的输入框

7. range 类型

range 类型的 input 元素一般用于生成一个数字滑动条，来输入特定范围的数值。range 类型与 number 类型功能基本相同，两者都具有 max、min、step 和 value 属性；区别在于外观样式和默认值不同。range 文本框的 min 属性默认为 0，max 属性默认为 100。

【案例 3-9】 HTML5_form_range.html

```
<form action="" method="post" class="basic-grey">
    <h1>直播设置-布谷鸟直播平台<span>请认真填写以下选项!</span></h1>
    <label>
        <span>直播时长:</span>
        <input id="duration" type="range" min="0" max="100" step="1"
            onchange="changeRange()" oninput="changeRange()"/>
    </label>
    <label><span>时长为:</span> 
        <input type="text" id="rangeResult"/>
    </label>
</form>
<script>
    function changeRange(){
        var duration = document.getElementById("duration");
        var rangeResult = document.getElementById("rangeResult");
        rangeResult.value = duration.value;
        var red = (100 - duration.value) * 255/100;
        rangeResult.style.backgroundColor = 'rgb(' + red + ',255,0)';
    }
</script>
```

上述代码运行结果如图 3-9 所示。当滑块位于左侧时,duration 文本框的值为 0、背景颜色为黄色;当滑块从左向右滑动时,文本框的值从 0 向 100 逐步递增,文本框的背景颜色从黄色逐渐变成绿色。

图 3-9 range 类型的输入框

 当 input 和 textarea 元素的值发生改变时将触发 oninput 事件,该事件与 onchange 事件非常相似。不同之处在于 oninput 事件在元素值发生变化时立即触发,而 onchange 在元素失去焦点时触发。

8. color 类型

color 类型的 input 元素用于生成一个颜色选择器。当用户从颜色选择器中选择某种颜色时,文本框将自动显示被选颜色对应的十六进制字符串(如"♯EECCAA"格式)。

【案例 3-10】 HTML5_form_color.html

```
<form action="" method="post" class="basic-grey">
    <h1>站内搜索-布谷鸟直播平台</h1>
    <label><span>站内搜索:</span>
        <input id="color" type="color" name="color"
            onchange="changeBodyColor(this)"/>
```

```
        </label>
    </form>
    <script>
        function changeBodyColor(color){
            document.body.style.backgroundColor = color.value;
        }
    </script>
```

上述代码中,使用 color 类型的 input 元素创建了一个颜色选择器,运行效果如图 3-10 所示。单击页面中的选择器将弹出一个颜色选取窗口,选择某一颜色并设为网页的背景颜色。

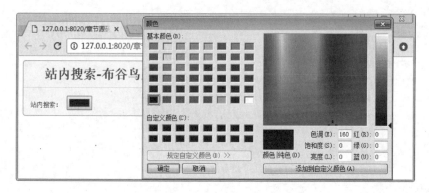

图 3-10　color 类型的输入框(见彩插)

在 HTML 5 中除了对 input 元素进行改良外,还新增了 datalist、keygen、output 元素。其中,datalist 元素用于规定输入域的选项列表,keygen 元素用于提供一种验证用户的可靠方式,output 元素用于不同类型的输出。

9. datalist 元素

datalist 元素用于生成输入域的选项列表,将单行文本框的 list 属性和 datalist 元素的 id 属性相对应,从而将文本框与 datalist 数据项绑定在一起,实现一个下拉提示框,用户可以手动输入内容或从下拉列表中选取一项。

【案例 3-11】　datalist.html

```
<div class = "basic-grey">
    <h1>直播主题 - 布谷鸟直播平台</h1>
    <input id = "theme" type = "text" name = "theme" list = "themeList"/>
    <datalist id = "themeList">
        <option value = "bottle.jpg">瓶子主题</option>
        <option value = "cloud.jpg">云彩主题</option>
        <option value = "owl.jpeg">猫头鹰</option>
        <option value = "love.jpg">爱情主题</option>
    </datalist>
</div>
```

案例视频讲解

上述代码运行结果如图 3-11 所示,用户可以从下拉列表中选择一项,也可以手动输入内容；在用户输入过程中，下拉列表项将会从 datalist 数据项中自动进行筛选。

图 3-11　datalist 元素的使用

10．keygen 元素

keygen 元素为密钥对生成器(key-pair generator)，当提交表单时将会生成两个密钥，一个是私钥(private key)，一个是公钥(public key)。私钥存储于客户端；公钥将被发送到服务端，之后用来验证用户的客户端证书(client certificate)。

【案例 3-12】　keygen.html

```
<form action = "http://www.w3school.com.cn/example/html5/demo_form.asp"
      method = "get" class = "basic - grey">
  <h1>用户秘钥 - 布谷鸟直播平台</h1>
  <label><span>用户名:</span><input type = "text" name = "usr_name"/></label>
  <label><span>密钥方式:</span><keygen name = "security"/></label>
  <label><span> </span>
      <input type = "submit" class = "button" value = "提交密钥"/></label>
</form>
```

上述代码在 Firefox 52 中运行结果如图 3-12 所示。单击"提交密钥"按钮时，将弹出"正在生成密钥…可能需要几分钟…"窗口，如图 3-13 所示。稍后密钥生成后窗口自动关闭，并将表单进行提交。

图 3-12　keygen 元素

图 3-13　产生新的密钥

使用JSP、PHP或Node.js等技术作为服务端技术,在服务端获取表单所提交的公钥。在Firefox浏览器开发工具(F12)的网络选项卡中,查看请求报头中所提交的参数信息,如图3-14所示。

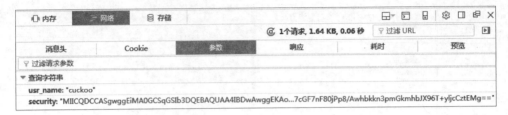

图3-14 Firefox浏览器开发工具

 目前浏览器对keygen元素的支持程度,不足以使其成为一种通用的安全标准。IE与Edge目前并没有支持keygen元素,也没有公开表明对keygen的支持。Firefox虽然在现有版本中支持keygen,但公开表示将移除对keygen的支持。而谷歌在Chrome 49中废弃了对keygen的支持,并在Chrome 57版本中彻底移除。Safari暂时没有明确表态,将继续对其进行支持。

11. output元素

HTML 5规范中新增了output元素,用于定义不同类型的输出,如计算结果或脚本的输出。output元素具有for、form和name三个属性,其中,for属性用于定义与output元素相关的一个或多个元素,form属性用于设置output元素与表单的隶属关系,name属性用于定义output元素的唯一名称。需要注意的是:output元素必须从属于某个表单。

【案例3-13】 output.html

```
<form action = "" method = "post" class = "basic-grey">
    <h1>直播设置-布谷鸟直播平台<span>请认真填写以下选项!</span></h1>
    <label>
        <span>直播时长:</span>
        <input id = "duration" type = "range"
            oninput = "rangOutput.value = duration.value"/>
        <div><output name = "rangOutput" for = "duration"> 50 </output></div>
    </label>
</form>
```

上述代码运行结果如图3-15所示。当滑动滚动条时,output元素的内容也随之改变;通过for属性来指定output元素与哪些表单控件有关,使得代码更加易读。

3.2.2 HTML 5表单属性

HTML 5规范为表单元素新增了autocomplete和novalidate属性,不再支持accept属性。改良后的表单元

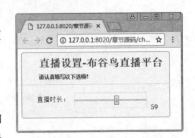

图3-15 output元素的使用

素的属性见表 3-2。

表 3-2　改良后的表单元素的属性

属　　性	描　　述
action	提交表单时,向何处发送表单中的数据
accept	服务端能够处理的内容类型列表,用逗号隔开；目前主浏览器并不支持,且在 HTML 5 中不再提供支持
accept-charset	服务端可处理的表单数据字符集
autocomplete	是否应该启用自动完成功能,适用 form 元素以及 input 类型的 text、search、url、tel、email、password、datepickers、range 和 color 控件
enctype	表单数据内容类型,在发送表单数据之前如何对其进行编码,取值可以为 application/x-www-form-urlencoded、multipart/form-data、text/plain
id	设置表单对象的唯一标识符
name	设置表单对象的名称
target	打开处理 URL 的目标位置(不建议使用)
method	规定向服务端发送数据所采用的方式,取值可以为 get、post
onsubmit	向服务端提交数据之前,执行其指定的 JavaScript 脚本程序
onreset	重置表单数据之前,执行其指定的 JavaScript 脚本程序
novalidate	提交表单时是否对其进行验证,适用 form 元素以及 input 类型的 text、search、url、tel、email、password、datepickers、range 和 color 控件

其中,autocomplete 属性用于设置表单元素和 input 元素是否具有自动完成功能。当 autocomplete 属性为 on 时表示元素开启自动完成功能,当 autocomplete 属性为 off 时表示元素关闭自动完成功能。当 form 表单和 input 元素同时设置了 autocomplete 属性时,优先使用 input 元素的 autocomplete 属性,而忽略 form 表单所设置的 autocomplete 属性。

【案例 3-14】　HTML5_form_attribute.html

```html
<form action = "datalist.html" autocomplete = "on" class = "basic-grey">
    <h1>实名认证-布谷鸟直播平台</h1>
    <label><span>用户名:</span><input type = "text" name = "userName"/></label>
    <label><span>手机号:</span><input type = "text" name = "tel"/></label>
    <label><span>身份证:</span><input type = "text" name = "identity"
        autocomplete = "off"/></label>
    <label><span> </span><input type = "submit" value = "实名认证"
        class = "button"/></label>
</form>
```

上述代码中,为 form 元素添加属性 autocomplete="on",表示表单中的所有元素开启自动完成功能；而身份证号对应的文本框提供了属性 autocomplete="off",表示该文本框关闭了自动完成功能。代码运行结果如图 3-16 所示,填写表单后单击"实名认证"按钮提交表单,然后单击"后退"按钮发现"用户名"和"手机号"对应的文本框仍然保留用户输入的内容,而"身份证"对应的文本框为空。

novalidate 属性用于设置在提交表单时是否对该表单进行验证；当 novalidate 属性为默认值时,表示提交表单之前需要进行表单验证。

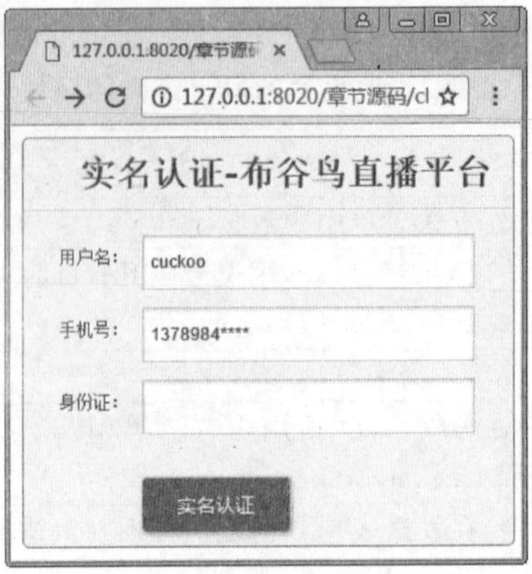

图 3-16　autocomplete 属性

【案例 3-15】　novalidate.html

```
<form action = "datalist.html" class = "basic-grey" novalidate = "novalidate">
    <h1>实名认证-布谷鸟直播平台</h1>
    <label>用户名：<input type = "text" name = "userName" required/></label>
    <label>手机号：<input type = "text" name = "tel" required/></label>
    <label>身份证：<input type = "text" name = "identity" required/></label>
    <label><input type = "submit" value = "实名认证" class = "button"/></label>
</form>
```

上述代码中，form 元素提供了 novalidate＝"novalidate"属性，在提交表单时将忽略表单控件的 required 验证。如果 form 元素没有提供 novalidate 属性，则在提交表单之前需要对表单进行 required 验证，运行效果如图 3-17 所示。

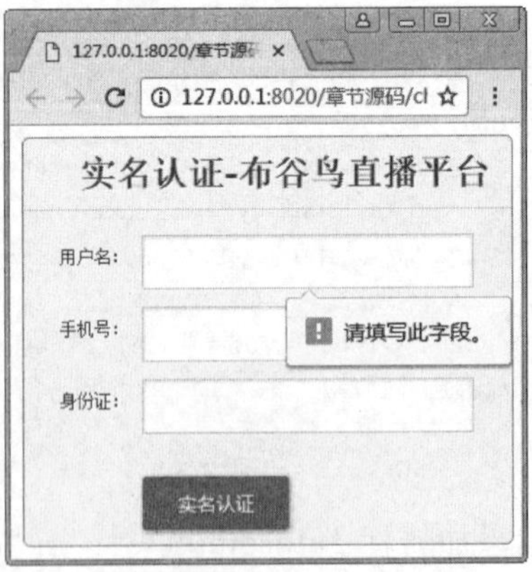

图 3-17　novalidate 属性

3.2.3　HTML 5 表单控件属性

HTML 5 规范为 input 类型的表单控件新增了许多属性，除了之前介绍的 min、max、step、list 属性外，还有 autofocus、form、formaction、pattern 和 required 等属性，具体见

表 3-3。

表 3-3　HTML 5 新增的 input 属性

属　　性	描　　述
autofocus	页面加载时,当前元素是否自动获得焦点
form	为表单控件指定关联的表单
formaction	重写表单的 action 属性
formenctype	重写表单的 enctype 属性
formmethod	重写表单的 method 属性
formtarget	重写表单的 target 属性
formnovalidate	重写表单的 novalidate 属性
width	用于指定 image 类型的 input 元素所对应图像的宽度
height	用于指定 image 类型的 input 元素所对应图像的高度
placeholder	文本框未输入且未获得焦点时,显示的输入提示信息
list	引用预定义的 datalist
multiple	用于设置文本框中可以输入多个值,适用于 email 和 file 类型的 input 元素
required	输入字段不能为空,适用于 text、search、url、tel、email、password、datepickers、number、checkbox、radio 以及 file 类型的 input 元素
pattern	规定输入的内容需要符合特定的模式

1. autofocus 属性

在 JavaScript 脚本中,通过 focus()方法使得某个表单控件获得焦点;在 HTML 5 规范中为表单控件新增了 autofocus 属性,在页面加载时第一个具有 autofocus 属性的控件(如文本框、按钮等)将会自动获得焦点。

【示例】　autofocus 属性的用法

```
< input type = "text" name = "anchor" placeholder = "请输入主播大名" autofocus/>
```

2. form 属性

在 HTML 5 之前,表单控件必须位于表单元素之内,否则在表单提交时无法将该控件中的数据一起提交;当需要提交表单之外的表单控件数据时,只能通过 JavaScript 脚本进行处理并对数据进行提交。

HTML 5 规范允许表单控件位于 form 元素之外,通过表单控件的 form 属性来指明该控件与表单之间的关系,从而使表单布局更加灵活。

【示例】　form 属性的用法

```
< div class = "basic - grey">
    < form id = "anchorForm" action = "" ></form>
    用户名:< input type = "text" form = "anchorForm" placeholder = "请输入主播大名"/>
    < input type = "submit" form = "anchorForm" value = "登录"/>
</div>
```

3. formaction 属性

在 HTML 5 之前,只能将表单数据提交到 action 属性所指定的服务端进行处理。当页面中包含添加、修改和删除等多个按钮时，需要根据不同的按钮提交到不同的服务端，此时只能通过 JavaScript 脚本动态修改表单的 action 属性来实现。在 HTML 5 规范中为 input 元素提供了 formaction 属性，通过 formaction 属性可以为每个按钮单独设置一个提交地址，当单击不同的按钮时会将表单中的数据提交到不同的服务端。

【示例】 formaction 属性的用法

```
<form class="basic-grey">
    <h2>直播友情频道</h2>
    <input type="submit" value="斗鱼直播" class="button"
        formaction="http://www.douyutv.com/"/>
    <input type="submit" value="虎牙直播" class="button"
        formaction="http://www.huya.com/"/>
    <input type="submit" value="芒果直播" class="button"
        formaction="http://www.mgtv.com/"/>
</form>
```

4. formmethod 属性

在 HTML 4 中，表单的提交方式只能使用 method 属性来统一指定。在 HTML 5 中，可以通过 formmethod 属性为表单指定不同的提交方式。

【示例】 formmethod 属性的用法

```
<form action="/broadcast.jsp" class="basic-grey">
    用户名：<input type="text" name="anchor" placeholder="请输入主播大名"/>
    <input type="submit" value="GET 提交" class="button" formmethod="get"/>
    <input type="submit" value="POST 提交" class="button" formmethod="post"/>
</form>
```

5. width 和 height 属性

图像按钮也是一种提交按钮，HTML 5 规范中为其新增了 width 和 height 属性；通过 width 和 height 属性为图像按钮指定宽度与高度；当单击图像按钮时，对表单进行提交。

【示例】 图像按钮的用法

```
<input type="image" src="images/amuse.jpg" width="100px" height="42px"/>
```

6. placeholder 属性

placeholder 属性是一个非常有用的属性，用于设置文本框的提示（hint）信息；在输入信息之前，提供一个友好的提示信息；在文本框中输入信息时，提示信息将会自动消失。

【示例】 placeholder 属性的用法

```
<input type="text" name="anchor" placeholder="请输入主播大名"/>
```

7. required 属性

HTML 5 中新增了 required 属性，用于设置表单控件在提交表单时是否需要进行空验证。例如，文本框具有 required 属性且文本为空，在表单提交时将阻止表单的提交，并弹出相应的提示信息。

【示例】 required 属性的用法

```
< input type = "text" name = "anchor" required/>
< input type = "text" name = "anchor" required = "required"/>
```

8. pattern 属性

HTML 5 新增了 pattern 属性，用于指定文本域的匹配模式（pattern）。当文本域的内容不符合匹配模式时，将弹出由 title 属性预先设置的提示信息，并阻止表单的提交。

【案例 3-16】 pattern.html

```
< form action = "/broadcast.jsp" class = "basic - grey">
    < label >< span >主播大名：</span >
        < input type = "text" name = "anchor" placeholder = "请输入主播大名"
            title = "请输入 5 位以上的字母、数字的混合字符" required = "required"
            pattern = "([A - Z]|[a - z]|[0 - 9]){5,}"/></label >
    < label >< span >直播密码：</span >
        < input type = "text" name = "broadCastPwd"/></label >
    < label >< span > </span >
        < input type = "submit" value = "开始直播" class = "button" formmethod = "post"/>
    </label >
</form >
```

上述代码中，通过 pattern 属性为文本框设置了一个正则表达式验证模式，要求所输入的文本必须是数字和字母的组合，且长度大于等于 5；当输入内容不符合要求时，弹出"请与所请求的格式保持一致。请输入 5 位以上的字母、数字的混合字符"提示信息，并阻止表单的提交，如图 3-18 所示。

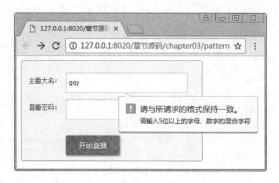

图 3-18　pattern 属性的使用

3.2.4　HTML 5 表单验证

HTML 5 规范为表单提供了一套简单的验证方式；在表单提交时，会根据情况弹出一些简单的提示，如"请填写此字段""请匹配要求的模式"等信息。不同的浏览器所弹出的提示内容有所不同，在 Web 开发过程中用户根据项目的实际需要，通过 HTML 5 Form 中的 checkValidity()和 setCustomValidity()方法来自定义表单验证，以保证不同浏览器所弹出的信息是一致的。

1. checkValidity()方法

checkValidity()方法用来检测表单或某个表单控件的输入是否有效,并返回一个布尔值;当验证通过时返回 true,否则返回 false。表单和表单控件都可以调用 checkValidity()方法。

表单在提交时,默认调用表单元素的 checkValidity()方法;当方法返回 true 时表示表单验证通过,并提交表单;当方法返回 false 时表示表单验证未能通过,将阻止表单的提交行为。

用户可以根据实际需要,调用某个表单控件的 checkValidity()方法来对控件进行验证,使得表单验证更加灵活。

2. setCustomValidity()方法

针对 HTML 5 校验,各浏览器均提供了一套默认的提示信息,不同浏览器的提示信息有所不同。当用户希望浏览器提供统一的提示信息时,可以通过 setCustomValidity()方法来"定制"统一的提示信息。

使用 setCustomValidity()方法除了能够设置提示信息外,还会将表单状态设为未通过验证状态。一般情况下,在表单或表单控件未通过验证时调用 setCustomValidity()方法,否则会将已通过验证的表单变成验证未通过状态。

【案例 3-17】 customValidate.html

```html
<form action = "/broadcast.jsp" class = "basic-grey" method = "post">
    <label><span>主播大名:</span>
        <input type = "text" id = "anchor" placeholder = "请输入主播大名" required
            pattern = "([A-Z]|[a-z]|[0-9]){5,}"/></label>
    <label><span>直播密码:</span>
        <input type = "text" id = "broadCastPwd" pattern = "[0-9]{5,8}"/></label>
    <label><span> </span>
        <input type = "submit" value = "开始直播" onclick = "checkForm()"/>
    </label>
</form>
<script>
    function checkForm(){
        var anchor = document.getElementById("anchor");
        var broadCastPwd = document.getElementById("broadCastPwd");
        //当直播大名没有通过验证时
        if(!anchor.checkValidity()){
            anchor.setCustomValidity("用户名必须是 5 位以上的字母或数字!");
        }
        if(broadCastPwd.value.length == 0){
            broadCastPwd.setCustomValidity("直播密码不能为空!");
        }else if(!broadCastPwd.checkValidity()){
            broadCastPwd.setCustomValidity("直播密码必须是 5~8 位数字!");
        }
    }
</script>
```

上述代码中,通过 setCustomValidity() 方法来自定义用户的提示信息,有效地解决了浏览器提示信息的差异化问题。代码运行结果如图 3-19 所示。

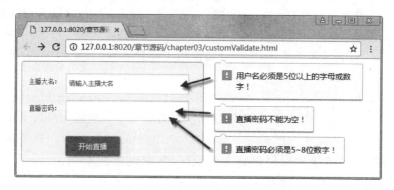

图 3-19　HTML 5 自定义表单验证

本章总结

- HTML 表单主要包含表单元素和表单控件两大类,表单控件又细分为表单域和按钮两种类型。
- HTML 5 对表单元素功能进行强化,大幅度地改善了表单元素的功能,使得表单的开发更加方便、快捷。
- HTML 5 对表单进行了改进,允许表单控件位于页面的任意位置,通过表单控件的 form 属性来指明该控件隶属哪个表单,使得表单布局更加灵活。
- HTML 5 中新增了 required 属性,用于设置在表单提交时是否需要对表单控件进行空验证。
- HTML 5 规范为表单元素新增了 autocomplete 和 novalidate 属性,且不再支持 accept 属性。
- HTML 5 规范为 input 类型的表单控件新增了许多属性,如 autofocus、form、formaction、pattern 和 required 等属性。
- checkValidity() 方法用来检测表单或某个表单控件的输入是否有效。
- 当用户希望浏览器提供统一的提示时,可以通过 setCustomValidity() 方法来"定制"统一的提示信息。

本章练习

1. _____ 类型的 input 元素是一种专门用来输入搜索关键词的文本框,其外观与 text 类型的文本框基本相同,多用于移动界面设计。

　　A. search　　　　B. find　　　　C. get　　　　D. range

2. _____ 类型的 input 元素是一种专门用来输入电话号码的文本框,其外观与 text 类型的文本框基本相同,多用于移动界面设计。当该类型的文本框获得焦点时,将弹出一个数字类型的输入键盘,在键盘的右下角提供"下一步"按键。

  A. phone   B. number   C. tel   D. telephone

3. _____类型的input元素一般用于生成一个数字滑动条,来输入特定范围的数值。

  A. number   B. range   C. datalist   D. slider

4. 在HTML 5表单属性中,_____属性用于设置form元素和input元素是否能够自动完成。

  A. autoachieve   B. autodone   C. autoaccomplish   D. autocomplete

5. _____属性是一个非常有用的属性,用于设置文本框的提示(hint)信息。

  A. hint   B. placeholder   C. reminder   D. placeInfo

6. 表单域是一些用于实现用户输入的组件,其中包括文本框、_____、单选按钮、_____、下拉列表框、多行文本框、_____等控件。

7. 按钮分为_____、重置按钮、_____、普通按钮等类型。

8. _____类型的input元素是一组用于输入日期和时间的文本框,其中_____类型用于选取年、月、日,_____类型用于选取年和月,_____类型用于选取年和周,_____类型用于选取时间(包括小时和分钟),_____用于选取年、月、日及时间。

9. _____方法用来检测表单或某个表单控件的输入是否有效;当用户希望浏览器提供统一的提示时,可以通过_____方法来"定制"自己的错误提示信息。

第 4 章

- 了解 Canvas 绘图原理。
- 掌握 Canvas 元素及 Canvas 坐标系。
- 掌握矩形和文本的绘制方法。
- 熟悉直线、折线、弧线及贝塞尔曲线的绘制方法。
- 掌握图像绘制及像素处理方法。
- 了解图形合成原理。
- 熟悉图形的旋转、缩放和偏移。
- 熟悉线性渐变和径向渐变。

4.1 Canvas 元素

HTML 5 规范新增了 Canvas 元素,用于实现网页中的绘图功能。Canvas 元素本身是一种普通的 HTML 元素,仅能用于指定绘制的区域(又称画布),画布本身不具有绘制功能。当需要在画布中绘制内容时,需要借助 JavaScript 技术来实现图形图像的绘制。

与普通的 HTML 元素相似,Canvas 元素也具有 id、style、class 和 hidden 等通用属性;除此之外,Canvas 元素还有 width 和 height 属性,width 属性用于设置画布的宽度,height 属性用于设置画布的高度。当 Canvas 元素没有提供 width 和 height 属性时,Canvas 默认初始化宽度为 300 像素、高度为 150 像素。

使用 CSS 样式来设置 Canvas 元素的大小时,所绘制的图像会根据比例进行缩放以适应画布尺寸;当 CSS 中的尺寸与初始画布的比例不一致时,将会发生图像变形。

 通常使用 Canvas 元素的 width 和 height 属性来设置画布的大小。尽量避免使用 CSS 样式来设置 Canvas 元素,以免所绘制的图形图像发生变形。

下述代码演示了使用 Canvas 元素来创建一个画布,然后在画布中绘制一个橙色的矩形框。

【案例 4-1】 canvasDefault.html

```
<style type="text/css">
    canvas{
        border: 1px solid #A4A4A4;
        border-radius: 5px;
        box-shadow: 1px 2px #555555;
    }
</style>
<canvas id="myCanvas" width="300px" height="200px"></canvas>
<script>
    var canvas = document.getElementById("myCanvas");
    var context = canvas.getContext("2d");
    context.strokeStyle = "#CC8866";
    context.lineWidth = 6;
    context.strokeRect(30,30,150,100);
</script>
```

上述代码中,使用 Canvas 元素创建了一个画布,画布的宽度为 300 像素、高度为 200 像素。在绘制图形之前,先通过 document.getElementById("myCanvas")方法获得一个 HTMLCanvasElement 类型的 canvas 对象,然后通过 canvas 对象的 getContext("2d")方法来得一个 CanvasRenderingContext2D 类型的 context 对象。

在 context 对象中提供了许多属性和方法,用于实现图形图像的绘制。其中,strokeStyle 属性用于设置画笔的颜色,lineWidth 属性用于设置画布的粗度,strokeRect()方法用于绘制一个矩形。上述代码运行结果如图 4-1 所示,外层区域是 Canvas 画布的边框,在画布的坐标位置(30,30)处绘制了一个宽度 150px、高度 100px 的矩形。

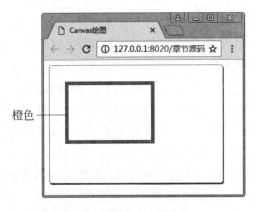

图 4-1 Canvas 画布

4.1.1 HTMLCanvasElement

在 DOM Canvas 元素中提供了 HTMLCanvasElement 接口,该接口提供了 Canvas 元素的布局与呈现的操作方法。而 HTMLCanvasElement 接口继承于 Element 接口,具有 Element 接口的属性和方法。在 Element 接口中,常用的属性见表 4-1。

表 4-1 Element 接口的常用属性

属性	描述
attributes	返回指定节点的属性集合
childNodes	标准属性，返回直接后代的元素节点和文本节点的集合，类型为 NodeList
children	非标准属性，返回直接后代的元素节点的集合，类型为 Array
innerHTML	设置或返回元素的内部 HTML
className	设置或返回元素的 class 属性
firstChild	返回指定节点的首个子节点
lastChild	返回指定节点的最后一个子节点
nextSibling	返回同一父节点的指定节点之后紧跟的节点
previousSibling	返回同一父节点的指定节点的前一个节点
parentNode	返回指定节点的父节点；没有父节点时，则返回 null
nodeType	返回指定节点的节点类型（数值）
nodeValue	设置或返回指定节点的节点值
tagName	返回元素的标签名（始终是大写形式）

在 Element 接口中，常用的方法见表 4-2。

表 4-2 Element 接口的常用方法

方法	描述
getAttribute()	返回指定属性对应的属性值
getElementsByTagName()	返回具有指定标签名的元素子元素集合，类型为 NodeList
hasAttribute()	指定属性存在时返回 true，否则返回 false
hasChildNodes()	检查元素是否有子节点
removeAttribute()	删除指定的属性
removeChild()	删除某个指定的子节点，并返回该节点
replaceChild()	用新节点替换某个子节点
setAttribute()	为节点添加属性；当属性存在时，则进行替换

除了继承 Element 接口中的属性外，HTMLCanvasElement 接口中还提供了 width 和 height 属性，具体见表 4-3。

表 4-3 HTMLCanvasElement 接口的属性

属性	描述
height	对应 Canvas 元素的 height 属性值，用于指定该元素所占的高度，单位为像素
width	对应 Canvas 元素的 width 属性值，用于指定该元素所占的宽度，单位为像素

除了继承 Element 接口中的方法外，HTMLCanvasElement 接口还提供了 getContext()、toDataURL() 等方法，具体见表 4-4。

表 4-4 HTMLCanvasElement 接口的方法

方法	描述
getContext(contextId)	返回 Canvas 的绘制上下文对象
toDataURL(type)	返回一个 data:URL，根据 type 参数指定的类型将包含在 Canvas 中的图片文件编码成字符串形式。type 参数的默认值为 image/png
toBlob(callback,type)	返回一个 Blob 对象，包含在该 Canvas 中的图片文件。浏览器根据自身情况将文件可以缓存在硬盘或内存中。type 参数的默认值为 image/png

下述代码演示了 HTMLCanvasElement 接口的属性及方法的使用。

【案例 4-2】 canvas2URL.html

```
<canvas id="myCanvas" width="200px" height="150px"></canvas>
<script>
    var canvas = document.getElementById("myCanvas");
    var context = canvas.getContext("2d");
    context.fillStyle = "#CC8866";
    context.fillRect(0,0,canvas.width,canvas.height);

    var url = canvas.toDataURL();
    var newImg = document.createElement("img");
    newImg.src = url;
    document.body.appendChild(newImg);
</script>
```

上述代码中，使用 fillRect() 方法在画布上填充一个矩形，并使其充满整个画布；使用 toDataURL() 方法为 Canvas 元素返回一个 data:URL 地址引用，以便 img 元素来引用。接下来，使用 document.createElement("img") 方法创建一幅图像，将 data:URL 作为该图像的 URL 地址。代码运行结果如图 4-2 所示，由于左侧画布使用 CSS 样式设置圆角效果，而新创建的图像没有设置任何样式，所以视觉上存在一定的差异。

图 4-2 HTMLCanvasElement 的属性和方法

4.1.2 CanvasRenderingContext2D

通过 HTMLCanvasElement 对象的 getContext(contextID) 方法来返回一个具有绘图功能的 context 对象，为不同的环境 (2D 或 3D) 提供不同的绘制类型。目前浏览器仅支持绘制二维图像，而 3D 为未来 HTML 5 三维绘制预留扩展空间。在 getContext() 方法中，参数

contextID 取值范围是 2d 或 3d,当 contextID 为 2d 时,getContext()方法返回一个 CanvasRenderingContext2D 类型的对象,用于绘制二维图形。CanvasRenderingContext2D 对象的属性见表 4-5。

表 4-5　CanvasRenderingContext2D 对象的属性

属　性	描　述
canvas	只读属性,用于返回对应的 HTMLCanvasElement 元素
fillStyle	用于设置填充的样式,取值可以是颜色或模式
font	用于设置绘制文本时所采用的字体
globalAlpha	用于指定在画布上绘制内容的透明度,取值范围为 0.0～1.0,其中,0.0 表示完全透明,1.0 表示完全不透明,默认为 1.0
globalCompositeOperation	用于设置在绘制新形状时所采用的叠加方式,包括 source-over、destination-over、source-atop、destination-atop、source-in、destination-in、source-out、destination-out、lighter、copy 和 xor
lineCap	用于设置线段端点的绘制形状,取值可以是 butt(默认,不绘制端点)、square(方形端点)和 round(圆形端点)
lineDashOffset	用于设置虚线偏移量,配合 setLineDash()方法一起使用
lineJoin	用于设置线段、圆弧、曲线之间连接点的风格,取值可以是 miter(锐角)、round(圆角)、bevel(切角)
lineWidth	用于设置画笔的线条宽度,该属性必须大于 0.0,默认是 1.0
miterLimit	当 lineJoin 属性为 miter 时,该属性用于控制锐角箭头的长度
shadowBlur	用于设置阴影的模糊程度,默认值为 0
shadowColor	用于设置阴影的颜色,默认值为 black
shadowOffsetX	用于设置阴影的水平偏移距离,默认值为 0
shadowOffsetY	用于设置阴影的垂直偏移距离,默认值为 0
strokeStyle	用于设置画笔(绘制图形)的样式,可以是颜色或模式,默认值为"#000"
textAlign	在绘制文本时,设置文本的对齐方式,取值为 start、end、left、right 和 center
textBaseAlign	在绘制文本时,设置当前文本的基线,取值为 top、middle、bottom、hanging、alphabetic 和 ideographic

在 CanvasRenderingContext2D 对象中,提供了许多绘制方法,用于绘制矩形、文字、图片、直线和曲线等图形,具体见表 4-6。

表 4-6　CanvasRenderingContext2D 对象的方法

方　法	描　述
arc()	根据圆心、半径、开始角度、结束角度、绘制方向来绘制一条圆弧路径
arcTo()	使用切点和半径,绘制一条圆弧路径
beginPath()	在一个画布中,在结束一条路径的同时新定义一条路径
bezierCurveTo()	用于绘制三次贝塞尔曲线路径
clearRect()	将指定矩形区域内的所有像素变成透明,擦除之前绘制的所有内容
clip()	将当前创建的路径设置为当前剪切路径
closePath()	将笔点返回到当前子路径起始点,并关闭所定义的路径
createImageData()	创建一个新的、空白的、指定大小的 ImageData 对象,该对象中所有的像素都是透明的

续表

方法	描述
createLinearGradient()	创建一个沿参数坐标所指定直线的线性渐变
createPattern()	使用指定的图像创建一种平铺模式,可以是 repeat、repeat-x、repeat-y 或 no-repeat
createRadialGradient()	根据参数确定两个圆的坐标,创建一个放射性渐变
drawFocusIfNeeded()	为当前路径或特定路径绘制焦点
drawImage()	在 Canvas 中绘制一幅图像
ellipse()	根据圆心、半径、开始角度、结束角度、绘制方向来绘制椭圆路径
fill()	使用 fillStyle 属性所指定的填充样式来填充当前或已存在的路径
fillRect()	使用 fillStyle 属性所指定的填充样式来填充指定的矩形
fillText()	使用 fillStyle 属性所指定的填充样式来填充文本
getImageData()	从上下文 context 对象中,根据指定区域返回一个 ImageData 对象
getLineDash()	返回当前线段的绘制样式
lineTo()	绘制一条直线
moveTo()	将当前路径的结束点移动到指定的位置
putImageData()	将已有的 ImageData 对象绘制到 Canvas 画布中
quadraticCurveTo()	为当前路径添加一个二次贝塞尔曲线
rect()	向当前路径中添加一个矩形路径
restore()	从绘图状态栈中弹出顶部的状态,将 Canvas 恢复到最近的保存状态
rotate()	旋转画布的坐标系统,参数是一个顺时针旋转角度并且用弧度
save()	将当前状态放入绘图状态栈中,保存 Canvas 全部状态
scale()	根据 x 水平方向和 y 垂直方向,缩放画布的用户坐标系统
setLineDash()	设置虚线的样式
stroke()	根据当前的画线样式,绘制当前或已经存在的路径
strokeRect()	使用当前的绘画样式,绘制一个矩形框(并不填充矩形的内部)
strokeText()	在指定的位置绘制文本的线条
translate()	平移画布的用户坐标系统

针对上述 CanvasRenderingContext2D 对象的方法,从功能上分为绘制矩形、文本、路径、图像、渐变效果、图形变换等方法。

4.1.3 Canvas 坐标系

在 Canvas 画布中,坐标原点(0,0)位于画布的左上角,X 轴沿着水平方向向右延伸,Y 轴沿垂直方向向下延伸,如图 4-3 所示。在默认坐标系中,每一个点的坐标都直接映射到一个 CSS 像素。

图像的每次绘制都参考一个固定点将会缺少灵活性,故在 Canvas 画布中引入"当前坐标系"的概念。所谓"当前坐标系"是指在图像自身绘制时所参考的坐标系,该坐标系的默认原点位于图像的左上角,同样 X 轴沿着水平方向向右延伸,Y 轴沿垂直方向向下延伸,如图 4-4 所示。

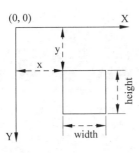
图 4-3 Canvas 坐标系

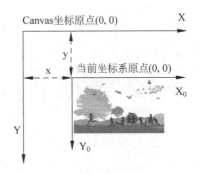
图 4-4 当前坐标系

4.2 绘制矩形

在 CanvasRenderingContext2D 对象中,提供了 strokeRect()、fillRect() 和 clearRect() 三个绘制矩形的方法。

1. strokeRect()方法

strokeRect()方法用于根据 strokeStyle 属性所设定的画笔样式来绘制一个矩形,矩形的中心区域并不进行填充,语法格式如下。

【语法】

```
void ctx.strokeRect(x,y,width,height)
```

其中:
- 参数 x、y 表示绘制矩形的起点坐标(x,y);
- 参数 width 和 height 分别表示绘制矩形的宽度和高度。

使用 strokeRect()方法绘制矩形时,需要预先设置画笔的样式、粗细以及连接点的风格;其中,strokeStyle 属性用于设置画笔(绘制图形)的样式,取值可以是某种颜色或模式,默认值为"♯000"(黑色);lineWidth 属性用于设置画笔的粒度;lineJoin 属性用于设置线段、圆弧、曲线之间连接点的风格,取值可以是 miter(锐角)、round(圆角)、bevel(切角)。

下述代码演示了使用 strokeRect()方法来绘制一个矩形。

【案例 4-3】 drawRect.html

```
<canvas id="myCanvas" width="500px" height="200px"></canvas>
<script>
    var canvas = document.getElementById("myCanvas");
    var context = canvas.getContext("2d");
    //设置画笔的颜色
    context.strokeStyle = "♯662266";
    //设置画笔的大小
    context.lineWidth = 15;
    context.lineJoin = "bevel"
    context.strokeRect(30,30,120,120);
```

```
    //设置画笔
    context.strokeStyle = "blue";
    context.lineWidth = 15;
    context.lineJoin = "miter"
    context.strokeRect(180,30,120,120);

    //设置画笔
    context.strokeStyle = "black";
    context.lineWidth = 15;
    context.lineJoin = "round"
    context.strokeRect(330,30,120,120);
</script>
```

上述代码运行结果如图 4-5 所示,在画布中分别绘制了切角、锐角和圆角三种类型的矩形。在每次绘制之前需要对画笔进行设置,否则将继续使用上次画笔的样式风格进行绘制。

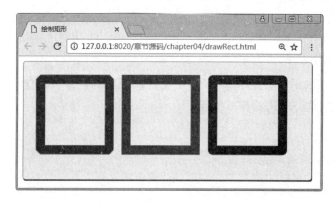

图 4-5　绘制矩形

2. fillRect()方法

fillRect()方法根据 fillStyle 属性所设定的填充样式来填充一个矩形区域,语法格式如下。

【语法】

```
void ctx.fillRect(x,y,width,height)
```

其中:
- 参数 x、y 表示填充矩形的起点坐标(x,y);
- 参数 width 和 height 分别表示填充矩形的宽度和高度。

当使用 fillRect()方法来填充一个矩形区域时,可以通过 fillStyle 属性设置填充的样式。下述代码演示了使用 fillRect()方法来实现一个 6×6 的简单调色板。

【案例 4-4】　fillRect.html

```
<canvas id="myCanvas" width="300px" height="200px"></canvas>
<script>
    var canvas = document.getElementById("myCanvas");
```

```
        var context = canvas.getContext("2d");
        var x = 70, y = 20;
        for(var i = 0; i < 6; i++){
            for(var j = 0; j < 6; j++){
                context.fillStyle = 'rgb(' + Math.floor(255 - 42.5 * i) + ','
                    + Math.floor(255 - 42.5 * j) + ',100)';
                context.fillRect(x + j * 25, y + i * 25, 24, 24);
            }
        }
</script>
```

上述代码中，通过 for 循环嵌套来绘制一个简单调色板；在每次绘制之前，计算出下次绘制时的画笔颜色，然后绘制一个矩形小方块。代码运行结果如图 4-6 所示。

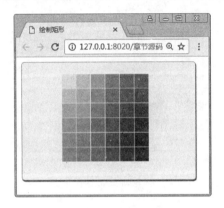

图 4-6　简单调色板（见彩插）

3. clearRect()方法

clearRect()方法用于将指定矩形区域内的所有像素变为透明效果，从而实现该区域的擦除效果，语法格式如下。

【语法】

```
void ctx.clearRect(x, y, width, height)
```

其中：
- 参数 x、y 表示擦除矩形区域的起点坐标(x,y)；
- 参数 width 和 height 分别表示擦除矩形区域的宽度和高度。

下述代码演示了使用 clearRect()方法来擦除画布的指定区域。

【案例 4-5】　clearRect.html

```
<canvas id = "myCanvas" width = "300px" height = "200px"></canvas>
<script>
    var canvas = document.getElementById("myCanvas");
    var context = canvas.getContext("2d");
    context.fillStyle = "yellowgreen";
```

```
            context.fillRect(20, 20,100,100);
            context.fillStyle = "darkcyan";
            context.fillRect(60, 60,100,100);

            context.clearRect(80,80,60,40);
        </script>
```

上述代码中，先使用 fillRect() 方法填充两个矩形，然后使用 clearRect() 方法擦除指定的区域，该方法将两次填充的矩形区域一并擦除，擦除区域将呈现画布的背景颜色，效果如图 4-7 所示。

图 4-7　画布擦除（见彩插）

4.3　绘制文本

HTML 5 Canvas 提供了 strokeText() 和 fillText() 两种绘制文本的方法。在绘制文本之前，使用 strokeStyle 属性来设置画笔的样式，使用 font 属性来设置字体，使用 textBaseline 属性来设置文本的基线。通过 measureText() 方法返回一个 TextMetrics 类型的对象，该对象的 width 属性可以返回被测量文本的宽度（使用 CSS 像素计算）。

1. strokeText() 方法

strokeText() 方法根据当前的 font、textAlign 和 textBaseline 等属性所设置的样式对文本进行渲染，语法格式如下。

【语法】

```
void ctx.strokeText(text,x,y[,maxWidth])
```

其中：
- 参数 text 表示所要绘制的文本；
- 参数 x、y 表示绘制文本的坐标位置(x,y)；
- 参数 maxWidth（可选），表示允许的最大文本宽度，单位为像素。

下述代码演示了使用 strokeText() 方法来绘制文本。

【案例 4-6】 strokeText.html

```
<canvas id="myCanvas" width="320px" height="100px"></canvas>
<script>
    var canvas = document.getElementById("myCanvas");
    var context = canvas.getContext("2d");
    var text = "Cuckoo-OnLine";
    var x = 20, y = 20, height = 55;
    context.fillStyle = "lightgray";
    context.font = height + "px Giddyup Std";

    var measureText = context.measureText(text);
    //绘制文字背景区域
    context.fillRect(x, y, measureText.width, height);

    //设置画笔的颜色
    context.strokeStyle = "#662266";
    //设置画笔的大小
    context.lineWidth = 2;
    context.lineJoin = "bevel";

    context.textBaseline = "top";
    context.strokeText(text, x, y);
</script>
```

上述代码中，使用 measureText()方法来测量绘制文本的宽度，并为所绘制的文本填充背景颜色。在绘制之前，将文本的字体进行如下设置：55px Giddyup Std 类型的字体、画笔宽度为 2、颜色为"#662266"、文本基线为 top，代码运行结果如图 4-8 所示。

textBaseline 属性的取值范围是 alphabetic（默认）、top、hanging、middle、ideographic 和 bottom，每个属性值对应的效果如图 4-9 所示。

图 4-8 绘制文本

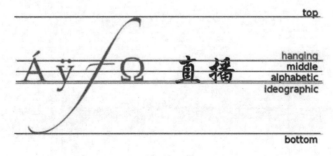

图 4-9 textBaseline 属性值对应的效果

下述代码演示了 textBaseline 属性的各种取值情况。

【案例 4-7】 textBaseline.html

```html
<canvas id = "myCanvas" width = "420" height = "200"></canvas>
<script>
    var canvas = document.getElementById("myCanvas");
    var context = canvas.getContext("2d");
    var y = 100, height = 20;
    context.font = height + "px Arial";
    context.strokeStyle = "blue";
    context.fillStyle = "#ADD8E6";
    context.lineWidth = 2;

    var x = 20, text = "Top";
    drawText(context, text, x, y, "top");
    x = 60, text = "Bottom";
    drawText(context, text, x, y, "bottom");
    x = 135, text = "Middle";
    drawText(context, text, x, y, "middle");
    x = 210, text = "Alphabetic";
    drawText(context, text, x, y, "alphabetic");
    x = 315, text = "Hanging";
    drawText(context, text, x, y, "hanging");
    //绘制一条参考线
    context.lineWidth = 3;
    context.moveTo(5, 100);
    context.lineTo(410, 100);
    context.stroke();

    function drawText(ctx, text, x, y, textBaseline){
        //绘制文本背景区域
        measureText = context.measureText(text);
        ctx.fillRect(x, y, measureText.width, height);
        //绘制文本
        ctx.textBaseline = textBaseline;
        ctx.strokeText(text, x, y);
    }
</script>
```

上述代码运行结果如图 4-10 所示。

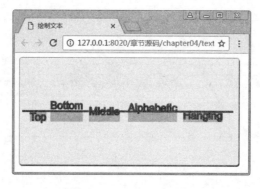

图 4-10　textBaseline 属性

在 Canvas 画布中,分别绘制了具有 top、bottom、middle、alphabetic 和 hanging 基线的文本;通过比较参考线与各种基线的文本位置,可以更好地显示 textBaseline 基线的效果。

2. fillText()方法

fillText()方法将根据填充方式来填充文字内容,语法格式如下。

【语法】

```
void ctx.fillText(text,x,y[,maxWidth])
```

其中:
- 参数 text 表示所要填充的文本;
- 参数 x、y 表示填充文本的坐标位置(x,y);
- 参数 maxWidth(可选),表示允许的最大文本宽度,单位为像素。

下述代码演示了使用 fillText()方法来填充文本内容。

【案例 4-8】 fillText.html

```
<canvas id="myCanvas" width="320px" height="100px"></canvas>
<script>
    var canvas = document.getElementById("myCanvas");
    var context = canvas.getContext("2d");
    var text = "Cuckoo - OnLine";
    context.fillStyle = "#662266";
    context.font = "55px Giddyup Std";
    context.shadowOffsetX = 5;
    context.shadowOffsetY = 5;
    context.shadowBlur = 5;
    context.shadowColor = "grey";
    context.textBaseline = "top";
    context.fillText(text,20,20);
</script>
```

上述代码中,使用 shadowBlur 属性来设置阴影的模糊程度,shadowColor 属性来设置阴影的颜色,shadowOffsetX 属性来设置阴影的水平偏移距离,shadowOffsetY 属性来设置阴影的垂直偏移距离。代码运行结果如图 4-11 所示。

图 4-11 文本的填充

4.4 绘制路径

在 HTML 5 Canvas 中,基本图形都是以路径为基础,每一条子路径都是以上一条路径的终点作为起点,由多条子路径组合到一起构成图形(即路径)。

CanvasRenderingContext2D 对象提供了一系列方法,用于绘制子路径,包括直线、圆弧、贝塞尔曲线、矩形、椭圆等子路径,具体见表 4-6。

CanvasRenderingContext2D 对象中还提供了填充路径、路径描边等方法;其中,fill()方法根据当前的填充样式来填充当前或已存在的路径;stroke()方法根据当前的画笔样式来绘制当前或已经存在的路径。

1. beginPath()和 closePath()方法

beginPath()方法用于结束当前子路径列表并创建一个新的路径。closePath()方法用于创建从当前点到开始点的路径,从而形成封闭路径;如果图形已经封闭或者只有一个点,那么此方法不会做任何操作。

2. stroke()和 fill()方法

stroke()方法根据当前的画笔样式来绘制当前或已经存在的路径;而 fill()方法根据当前的填充样式来填充当前或已存在的路径。

3. moveTo()和 lineTo()方法

moveTo()方法用于将一个新的子路径的起始点移动到指定的目标点,而 lineTo()方法用于将当前点与目标点使用直线连接并形成子路径。

下述代码演示了绘制直线路径,并实现了路径描边效果。

【案例 4-9】 moveTo&lineTo.html

```
<canvas id="myCanvas" width="320px" height="150px"></canvas>
<script>
    var canvas = document.getElementById("myCanvas");
    var context = canvas.getContext("2d");
    var y = 30;

    var lineCaps = ["round","butt","square"];
    context.strokeStyle = "darkgreen";
    for (var i = 0; i < lineCaps.length; i++){
        context.lineWidth = 15;
        context.lineCap = lineCaps[i];
        context.beginPath();
        context.moveTo(50, y + i * 40);
        context.lineTo(250, y + i * 40);
        context.stroke();
        context.closePath();        //此处可以省略
    }
</script>
```

上述代码中分别绘制了 round、butt 和 square 三种类型的线条。在每次绘制之前使用

lineCap 属性来设置线段端点的形状,使用 beginPath()方法来创建一个新的路径,然后通过 moveTo()方法确定线条的起始位置,lineTo()方法确定线条的结束位置,最后使用 Stroke()方法来绘制线段,代码运行结果如图 4-12 所示。

图 4-12　绘制直线

4. ellipse()和 rect()方法

ellipse()方法用于绘制椭圆形的路径,语法格式如下。

【语法】

```
void ctx.ellipse(x, y, radiusX, radiusY, rotation, startAngle, endAngle
                [, anticlockwise])
```

其中:
- 参数 x、y 表示椭圆的圆心坐标(x,y);
- 参数 radiusX、radiusY 分别表示椭圆的 X 轴和 Y 轴的半径;
- 参数 rotation 表示椭圆的旋转角度;
- 参数 startAngle 表示所绘制圆弧的起始角度;
- 参数 endAngle 表示所绘制圆弧的结束角度;
- 参数 anticlockwise 可选,用于设置绘制圆弧时的方向,默认为 false;当取值为 true 时表示逆时针方向绘制椭圆,当取值为 false 时表示顺时针方向绘制椭圆,如图 4-13 所示。

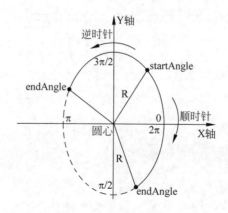

图 4-13　椭圆坐标系

下述代码演示了使用 ellipse()方法来绘制椭圆和圆弧路径。

【案例 4-10】 ellipse.html

```
<canvas id="myCanvas" width="400px" height="200px"></canvas>
<script>
    var canvas = document.getElementById("myCanvas");
    var context = canvas.getContext("2d");
    context.strokeStyle = "#662266";
    context.lineWidth = 5;
    context.beginPath();
    context.ellipse(100,100,50,75,Math.PI/180*45,0,2*Math.PI);
    context.stroke();

    context.beginPath();
    context.ellipse(200,100,50,75,Math.PI/180*45,Math.PI,11/4*Math.PI);
    context.stroke();

    context.beginPath();
    context.ellipse(300,100,50,75,Math.PI/180*45,5/4*Math.PI,0,true);
    context.closePath();
    context.stroke();
</script>
```

上述代码中，在画布的左侧绘制了一个完整的椭圆，并将椭圆旋转 45°；在画布的中间沿着顺时针方向绘制了一段圆弧；在画布的右侧沿着逆时针方向绘制了一段圆弧，并使用 closePath()方法将路径封闭，代码运行结果如图 4-14 所示。

图 4-14 绘制椭圆

rect()方法用于绘制矩形的路径，语法格式如下。

【语法】

```
void ctx.rect(x,y,width,height)
```

其中：
- 参数 x、y 表示矩形的起点坐标(x,y)；
- 参数 width、height 分别表示矩形的宽度和高度。

下述代码演示了使用 rect()方法绘制矩形路径，然后对路径使用短线描边，通过定时器实现边框逆时针旋转的效果。

【案例 4-11】 rect.html

```
<canvas id="myCanvas" width="260px" height="200px"></canvas>
<script>
    var canvas = document.getElementById("myCanvas");
    var context = canvas.getContext("2d");
    context.strokeStyle = "#662266";
    context.lineWidth = 2;
    var offset = 0;
    context.rect(20,20,200,150);
    context.setLineDash([15,6]);
    function draw(){
        offset++;
        if(offset>16){
            offset = 0;
        }
        context.clearRect(0,0,canvas.width,canvas.height);
        context.lineDashOffset = offset;
        context.stroke();
    }
    setInterval(draw,20);
</script>
```

上述代码中,使用 rect() 方法创建了一个矩形路径;然后使用 setLineDash() 方法来设置虚线边框,虚线的长度为 15 像素,虚线的间隔为 6 像素;最后使用 setInterval() 方法定时更改虚线的偏移量(即 lineDashOffset 属性),从而实现跑马灯效果,如图 4-15 所示。

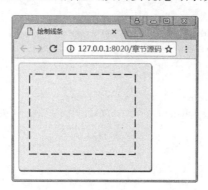

图 4-15 矩形边框跑马灯效果

5. arc() 和 arcTo() 方法

arc() 方法通过圆点和半径来绘制一条圆弧路径,绘制原理如图 4-16 所示。arc() 方法的语法格式如下。

【语法】

void ctx.arc(x,y,radius,startAngle,endAngle,anticlockwise)

其中：
- 参数 x、y 表示圆弧所对应圆的圆心坐标(x,y)；
- 参数 radius 表示圆弧所对应圆的半径；
- 参数 startAngle 表示所绘制圆弧的起始角度；
- 参数 endAngle 表示所绘制圆弧的结束角度；
- 参数 anticlockwise 表示使用逆时针方向(true)还是顺时针方向(false)。

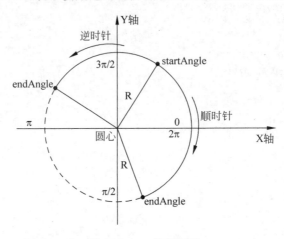

图 4-16　arc 绘制圆弧

下述代码演示了使用 arc()方法来绘制两个半圆的效果。

【案例 4-12】　arc.html

```
<canvas id="myCanvas" width="210px" height="100px"></canvas>
<script>
    var canvas = document.getElementById("myCanvas");
    var context = canvas.getContext("2d");
    context.strokeStyle = "#662266";
    context.lineWidth = 2;
    context.arc(60,50,40,Math.PI,2*Math.PI,true);
    context.arc(140,50,40,Math.PI,2*Math.PI,false);
    context.stroke();
    context.setLineDash([6, 6]);
    context.moveTo(20,50);
    context.lineTo(180,50);
    context.stroke();
</script>
```

上述代码中，使用 arc()方法分别沿顺时针和逆时针方向绘制了一个半圆，然后绘制了一条水平虚线作为参考线，如图 4-17 所示。

arcTo()方法通过切点和半径来绘制一条圆弧路径，绘制原理如图 4-18 所示。P0 为圆弧的起点，P2 为圆弧的终点，P0P1 和 P1P2 为圆弧的切线，即 P0 和 P2 为圆弧的切点，P1 为两条切线的交点。

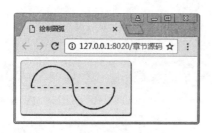

图 4-17 绘制圆弧

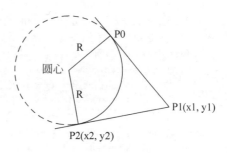

图 4-18 arcTo 绘制圆弧

arcTo()方法的语法格式如下。

【语法】

```
void ctx.arcTo(x1,y1,x2,y2,radius)
```

其中：
- 参数 x1、y1 表示切线交点 P1 的坐标(x1,y1)；
- 参数 x2、y2 为圆弧终点 P2 的坐标(x2,y2)；
- 参数 radius 表示圆弧所对应圆的半径。

下述代码演示了使用 arcTo()方法来绘制圆角矩形效果。

【案例 4-13】 arcTo.html

```
<canvas id="myCanvas" width="540px" height="180px"></canvas>
<script>
    var canvas = document.getElementById("myCanvas");
    var context = canvas.getContext("2d");
    context.strokeStyle = "#662266";
    context.lineWidth = 6;
    function roundedRect(cornerX,cornerY,width,height,cornerRadius){
        if(width>0){
            context.moveTo(cornerX + cornerRadius,cornerY);
        }else{
            context.moveTo(cornerX - cornerRadius,cornerY);
        }
        context.arcTo(cornerX + width,cornerY,cornerX + width,
            cornerY + height,cornerRadius);
        context.arcTo(cornerX + width,cornerY + height,cornerX,
            cornerY + height,cornerRadius);
        context.arcTo(cornerX,cornerY + height,cornerX,cornerY,cornerRadius);
        if(width>0){
            context.arcTo(cornerX,cornerY,cornerX + cornerRadius,
                cornerY,cornerRadius);
        }else{
            context.arcTo(cornerX,cornerY,cornerX - cornerRadius,
                cornerY,cornerRadius);
        }
    }
```

```
//(cornerX,cornerY)是矩形左上角坐标
//width 是矩形的宽度,height 是矩形的高度
//cornerRadius 圆角的半径
function drawRoundedRect(strokeStyle,fillStyle,cornerX,cornerY,
        width,height,cornerRadius){
    context.beginPath();
    roundedRect(cornerX, cornerY, width, height, cornerRadius);
    context.strokeStyle = strokeStyle;
    context.fillStyle = fillStyle;
    context.stroke();
    context.fill();
}
drawRoundedRect('blue','coral',30,40,100,100,10);
drawRoundedRect('purple','gold',255,40,-100,100,20);
drawRoundedRect('red','white',280,140,100,-100,30);
drawRoundedRect('green','lightblue',505,140,-100,-100,40);
</script>
```

上述代码中,自定义了一个绘制圆角矩形的 roundedRect()方法,使用 arcTo()方法分别绘制矩形四个角的圆弧。roundedRect()方法根据参数 width 和 height 的正负从矩形不同的顶角进行绘制。代码运行结果如图 4-19 所示。

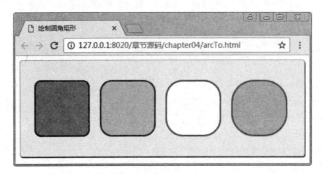

图 4-19 绘制圆角矩形

6. bezierCurveTo()和 quadraticCurveTo()方法

quadraticCurveTo()方法用于绘制二次贝塞尔曲线路径。在绘制路径时,需要起始点 S(sx,sy)、控制点 CP(cpx,cpy)和结束点 E(ex,ey),如图 4-20 所示。当创建二次贝塞尔曲线之前,需要使用 moveTo()方法定位到起始点 S。

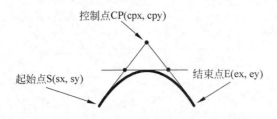

图 4-20 quadraticCurveTo()方法绘制原理

quadraticCurveTo()方法的语法格式如下。
【语法】

```
void ctx.quadraticCurveTo(cpx,cpy,ex,ey)
```

其中：
- 参数 cpx、cpy 表示二次贝塞尔曲线控制点 CP 的坐标(cpx、cpy)；
- 参数 ex、ey 表示二次贝塞尔曲线结束点 E 的坐标(ex、ey)。

下述代码演示了使用 quadraticCurveTo()方法绘制二次贝塞尔曲线。
【示例】 绘制二次贝塞尔曲线

```
var ctx = canvas.getContext("2d");
ctx.moveTo(20,20);
ctx.quadraticCurveTo(20,100,200,20);
ctx.stroke();
```

下述代码演示了使用 quadraticCurveTo()方法绘制花朵图形。
【案例 4-14】 quadraticCurveTo.html

```
<h2>quadraticCurveTo 绘制花朵</h2>
<canvas id = "myCanvas" width = "460px" height = "180px"></canvas>
<script type = "text/javascript">
    //获取 canvas 元素对应的 DOM 对象
    var canvas = document.getElementById("myCanvas");
    //获取在 canvas 上绘图的 canvasRenderingContent2D 对象
    var context = canvas.getContext("2d");
    //绘制五瓣的花朵
    creatFlower(context,5,70,100,30,100);
    context.fillStyle = "crimson";
    context.fill();
    //绘制六瓣的花朵
    creatFlower(context,6,220,100,30,80);
    context.fillStyle = "#8B4513";
    context.fill();
    //绘制七瓣的花朵
    creatFlower(context,7,370,100,25,80);
    context.fillStyle = "darkgreen";
    context.fill();

    //n:控制花瓣的数量,(dx,dy):控制花朵的位置
    //size:控制花朵的大小,length:控制花瓣的长度
    function creatFlower(ctx,n,dx,dy,size,length){
        //开始创建路径
        ctx.beginPath();
        ctx.moveTo(dx,dy + size);
        var dig = 2 * Math.PI/n;
        for(var i = 1;i < n + 1;i++){
```

```
                    //计算控制点的坐标
                    var ctrlX = Math.sin((i - 0.5) * dig) * length + dx;
                    var ctrlY = Math.cos((i - 0.5) * dig) * length + dy;
                    //计算结束点的坐标
                    var x = Math.sin(i * dig) * size + dx;
                    var y = Math.cos(i * dig) * size + dy;
                    //绘制二次曲线
                    ctx.quadraticCurveTo(ctrlX,ctrlY,x,y);
                }
                ctx.closePath();
            }
        </script>
```

上述代码中,通过 creatFlower()方法来创建花朵的路径,其中,参数 n 表示花瓣的数量,参数 dx 和 dy 用于控制花朵的位置,参数 size 用于控制花朵的大小,参数 length 用于控制花瓣的长度。在 creatFlower()方法中,首先计算花瓣的开始位置、控制点位置和结束位置,然后使用 quadraticCurveTo()方法绘制花瓣的路径,并对花瓣进行颜色填充。代码运行结果如图 4-21 所示。

图 4-21　quadraticCurveTo()方法绘制花朵

bezierCurveTo()方法用于绘制三次贝塞尔曲线路径。在绘制路径时,需要起始点 S(sx,sy)、结束点 E(ex,ey)以及两个控制点 CP1(cp1x,cp1y)和 CP2(cp2x,cp2y),如图 4-22 所示。在创建三次贝塞尔曲线之前,需要使用 moveTo()方法定位到起始点 S。

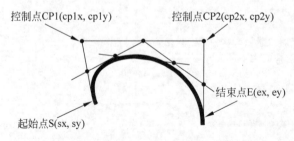

图 4-22　bezierCurveTo()方法绘图原理

bezierCurveTo()方法的语法格式如下。
【语法】

```
void ctx.bezierCurveTo(cp1x,cp1y,cp2x,cp2y,ex,ey)
```

其中：
- 参数 cp1x、cp1y 表示三次贝塞尔曲线的第一个控制点 cp1 的坐标(cp1x,cp1y)；
- 参数 cp2x、cp2y 表示三次贝塞尔曲线的第二个控制点 cp2 的坐标(cp2x,cp2y)；
- 参数 ex、ey 表示三次贝塞尔曲线结束点 E 的坐标(ex,ey)。

下述代码演示了使用 bezierCurveTo()方法绘制三次贝塞尔曲线。
【示例】 绘制三次贝塞尔曲线

```
var ctx = canvas.getContext("2d");
ctx.moveTo(50,20);      //定位到三次贝塞尔曲线的起始点
ctx.bezierCurveTo(230,30,150,60,50,100);
ctx.stroke();
```

下述代码演示了使用 bezierCurveTo()方法创建一个波浪效果。
【案例 4-15】 bezierCurveTo.html

```
<canvas id="myCanvas" width="400px" height="260px"></canvas>
<script>
    var canvas = document.getElementById('myCanvas');
    var context = canvas.getContext('2d');
    //初始角度为 0
    var step = 0;
    //定义三条不同波浪的颜色
    var lines = ["rgba(0,222,255,0.2)","rgba(157,192,249,0.2)",
            "rgba(0,168,255,0.2)"];
    function loop(){
        context.clearRect(0,0,canvas.width,canvas.height);
        step++;
        //画 3 个不同颜色的矩形
        for(var i = lines.length-1;i>=0;i--){
            context.fillStyle = lines[i];
            //每个矩形的角度都不同,每个之间相差 45 度
            var angle = (step + i * 45) * Math.PI/180;
            var deltaHeight = Math.sin(angle) * 50;
            var deltaHeightRight = Math.cos(angle) * 50;
            context.beginPath();
            //在左边线上确定起始点
            context.moveTo(0,canvas.height/2 + deltaHeight);
            //创建从左边线到右边线的曲线路径(即波浪线)
            context.bezierCurveTo(canvas.width/2,
                canvas.height/2 + deltaHeight - 50,canvas.width/2,
                canvas.height/2 + deltaHeightRight - 50,canvas.width,
                canvas.height/2 + deltaHeightRight);
```

```
                //添加右边线、下边线以及左边线的路径
                context.lineTo(canvas.width, canvas.height);
                context.lineTo(0,canvas.height);
                context.lineTo(0,canvas.height/2 + deltaHeight);
                context.closePath();
                context.fill();
                //为了方便理解,此处增加波浪的外形边线
                context.strokeStyle = "#8B4513";
                context.stroke();
            }
            requestAnimationFrame(loop);
        }
        loop();
</script>
```

上述代码中先后绘制了三种颜色的波浪。在绘制每条波浪时都需要通过以下步骤来实现：首先在画布的左边线上确定起始点，在画布的右边线上确定结束点，通过 Math 对象的 sin()和 cos()方法来计算出贝塞尔曲线的两个控制点，使用 bezierCurveTo()方法绘制顶部的波浪线；接下来，将所绘制的贝塞尔曲线与右边线、下边线和左边线进行连接形成封闭区域，并使用 fill()方法填充海浪区域。

最后使用 requestAnimationFrame()方法循环调用 loop()方法从而形成波浪的动态效果，如图 4-23 所示。

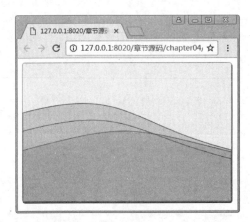

图 4-23　bezierCurveTo()方法绘制波浪

7. isPointInPath()和 isPointInStroke()方法

isPointInStroke()方法用于检测某点是否在路径的描边线上，该方法返回一个布尔值。当 isPointInStroke()方法的返回值为 true 时，表示监测点在路径的描边线上；当返回值为 false 时，表示监测点不在路径的描边线上。下述代码演示了 isPointInStroke()方法的使用。

【案例 4-16】　isPointInStroke.html

```
<canvas id="myCanvas" width="400" height="200"></canvas>
<script>
```

```javascript
var canvas = document.getElementById("myCanvas");
var context = canvas.getContext("2d");
var lineWidth = 10;
var strokeStyle = "lightblue";
function drawRect(){
    context.clearRect(0,0,canvas.width,canvas.height);
    context.fillStyle = "yellowgreen";
    context.rect(20,20,100,100);
    context.fill();
    context.strokeStyle = strokeStyle;
    context.lineWidth = lineWidth;
    context.stroke();
}
drawRect();
canvas.onmousemove = function(ev){
    var e = ev||event;
    if(context.isPointInStroke(e.clientX,e.clientY)){
        strokeStyle = "rgb(" + Math.floor(Math.random() * 255) + ","
                    + Math.floor(Math.random() * 255) + ","
                    + Math.floor(Math.random() * 255) + ")";
    console.log(strokeStyle);
    }else{
        strokeStyle = "lightblue";
    }
    drawRect();
}
</script>
```

上述代码中,在画布上绘制了一个矩形路径,使用 yellowgreen 颜色进行填充,使用 lightblue 颜色进行描边。当鼠标在矩形边线上移动时,边线的颜色随机改变;当鼠标离开描边线时,边线恢复为 lightblue 颜色。代码运行结果如图 4-24 所示,读者可以自行测试。

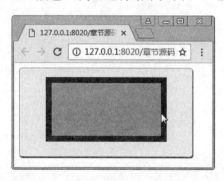

图 4-24　isPointInStroke()方法进行检查

isPointInPath()方法用于判断在当前路径中是否包含检测点,当检测点位于当前路径或指定的路径中时方法返回 true,否则返回 false。下述代码演示了使用 isPointInPath()方法来检测圆球与矩形区域的位置关系。

【案例 4-17】 isPointInPath.html

```html
<canvas id = "myCanvas" width = "400" height = "200"></canvas>
<script>
    var canvas = document.getElementById("myCanvas");
    var ctx = canvas.getContext("2d");
    var x = 50, y = 50;      //圆球的初始位置
    var ball = new Ball();
    var rectangle = new Rectangle();
    //重绘场景
    resetCanvas();
    //绘制小球
    createBall(ball);
    //当鼠标按下时,将鼠标按下坐标保存在球的(x,y)坐标中
    canvas.onmousedown = function(ev){
        var e = ev||event;
        ball.x = e.clientX;
        ball.y = e.clientY;
        drag(ball);
    };

    //拖动小球
    function drag(ball){
        //当按下鼠标时,判断鼠标是否在圆球上
        if(ctx.isPointInPath(ball.x,ball.y)){
            //当鼠标在球上时,为 Canvas 添加 onmousemove 事件,并拖动球体
            canvas.onmousemove = function(ev){
                var e = ev||event;
                ball.x = e.clientX;
                ball.y = e.clientY;
                //鼠标每移动一帧都重绘场景,并在新的位置绘制球体
                resetCanvas();
                createBall(ball);
            };
            //当鼠标按钮弹起时
            canvas.onmouseup = function(){
                canvas.onmousemove = null;
                canvas.onmouseup = null;
                resetCanvas();
                if(ball.x + ball.radius > rectangle.x
                    &&ball.y + ball.radius > rectangle.y){
                    ball.x = rectangle.x + ball.radius + 10;
                    ball.y = rectangle.y + ball.radius + 10;
                }
                createBall(ball);
            };
        };
    }
```

```
        //球体
        function Ball(){
            this.x = x;              //球的圆心 x 坐标
            this.y = y;              //球的圆心 y 坐标
            this.radius = 30;
            this.fillColor = "#FFD700";
            this.lineWidth = 4;
            this.strokeCololr = "#B23AEE";
        }
        //矩形区域
        function Rectangle(){
            this.width = 90;
            this.height = 90;
            this.x = 300;
            this.y = 100;
            this.color = "#A3A3A3";
        }
        //创建球体
        function createBall(ball){
            ctx.beginPath();
            ctx.fillStyle = ball.fillColor;
            ctx.arc(ball.x,ball.y,ball.radius,0,Math.PI*2);
            ctx.fill();
            ctx.strokeStyle = ball.strokeCololr;
            ctx.lineWidth = ball.lineWidth;
            ctx.stroke();
        }
        //创建矩形区域
        function createRectangle(rectangle){
            ctx.fillStyle = rectangle.color;
            ctx.fillRect(rectangle.x,rectangle.y,rectangle.width,
                rectangle.height);
        }
        //初始化场景
        function resetCanvas(){
            ctx.clearRect(0,0,canvas.width,canvas.height);
            createRectangle(rectangle);
        }
</script>
```

上述代码中绘制了一个圆球和矩形区域；当鼠标按下时，使用 isPointInPath() 方法判断鼠标是否在圆球范围之内，当鼠标在圆球范围之内按下时允许拖动圆球，否则圆球不能拖动。在圆球拖动过程中，可以将圆球放置在矩形区域之外的任意位置。当圆球与矩形区域存在部分重叠时释放鼠标，圆球会自动滑入矩形区域。代码运行结果如图 4-25 所示，读者可自行测试。

8. save() 和 restore() 方法

save() 方法用于将 Canvas 画布的当前状态保存到状态栈中，所保存的状态包括变换矩阵、剪切区域、虚线列表等信息以及 strokeStyle、fillStyle、globalAlpha、lineWidth、lineCap、

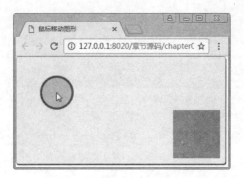

图 4-25 isPointInPath 路径判断

lineJoin、miterLimit、lineDashOffset、shadowOffsetX、shadowOffsetY、shadowBlur、shadowColor、globalCompositeOperation、font、textAlign、textBaseline、direction 和 imageSmoothingEnabled 等属性的状态值。

restore()方法用于从状态栈的最顶端弹出最近保存的状态,使得 Canvas 恢复至最近的保存状态。如果没有保存过状态,则 restore()方法不做任何改变。下述代码使用 save()和 restore()实现一个对称色调的柱形图。

【案例 4-18】 save&restore.html

```
<canvas id="myCanvas" width="440px" height="220px"></canvas>
<script>
    var canvas = document.getElementById("myCanvas");
    var context = canvas.getContext("2d");
    var data = [80,60,90,40,100,80,120,150,60,20];
    var fillStyles = ["#FFB90F","#FF69B4","#8470FF","#98FB98","#848484"];
    var width = 20;
    var margin = 20;
    var start = 20;
    var base = 200;

    context.strokeStyle = "#662266";
    context.lineWidth = 2;
    for(var i in data){
        if(i<data.length/2){
            context.fillStyle = fillStyles[i];
            context.save();
        }else{
            context.restore();
        }
        context.beginPath();
        context.rect(start + i * (width + margin),base,width, - data[i]);
        context.fill();
        context.stroke();
        context.fillText(data[i],start + i * (width + margin),base - data[i] - 10)
        context.closePath();
    }
```

```
            context.moveTo(start - 10, base + 3);
            context.lineTo(start + (width + margin) * data.length, base + 3);
            context.stroke();
</script>
```

上述代码绘制了一个柱形图,在绘制前面 5 个柱形时,每次都使用 save()方法保存当前状态;在绘制后面 5 个柱形时,每次在绘制之前使用 restore()方法从状态栈中弹出一个状态来恢复 Canvas 状态。在所绘制的柱形图中,对称的柱形颜色相同。代码运行结果如图 4-26 所示。

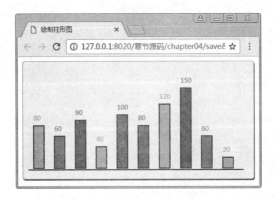

图 4-26 柱形图(见彩插)

9. clip()方法

clip()方法用于将当前路径设置为剪切区域,只有在裁剪区域内的图形才能显示,其余部分是不可见的。下述代码演示了使用 clip()方法实现遮罩效果。

【案例 4-19】 clip.html

```
<canvas id = "myCanvas" width = "300px" height = "220px"></canvas>
<script>
    var canvas = document.getElementById("myCanvas");
    var context = canvas.getContext("2d");
    drawScreen();

    function drawScreen(){
        var x = canvas.width/2;
        var y = canvas.height/2;
        var radius = 75;
        var offset = 120;

        //裁剪的区域为以 (x, y)为中心的半径为 75 的圆
        context.save();
        context.beginPath();
        context.arc(x, y, radius, 0, 2 * Math.PI, false);
        context.clip();

        //先画一个蓝色的圆弧,超过裁剪的部分不显示
```

```
            context.beginPath();
            context.arc(x - offset * 4/6, y - offset * 2/6, radius, 0, 2 * Math.PI, false);
            context.fillStyle = '#B4CDCD';
            context.fill();

            //画一个黄色的圆弧,超过裁剪的部分不显示
            context.beginPath();
            context.arc(x + offset * 2/3, y - offset/3, radius, 0, 2 * Math.PI, false);
            context.fillStyle = '#EE9A00';
            context.fill();
            //画一个红色的圆弧,超过裁剪的部分不显示
            context.beginPath();
            context.arc(x, y + offset * 7/9, radius, 0, 2 * Math.PI, false);
            context.fillStyle = 'red';
            context.fill();
            context.restore();

            context.beginPath();
            context.arc(x, y, radius, 0, 2 * Math.PI, false);
            context.lineWidth = 3;
            context.strokeStyle = '#698B22';
            context.stroke();
        }
    </script>
```

上述代码中,先创建了一个圆形作为遮罩区域,然后分别绘制蓝色、黄色和红色三个圆形,三个圆在遮罩区域的部分是可见的,其他部分是不可见的。代码运行结果如图 4-27 所示。

图 4-27 遮罩效果(见彩插)

4.5 绘制图像

HTML 5 Canvas 提供了绘制图像的功能。在绘制图像时,不仅能够对图像进行缩放和裁剪,还能对图像进行像素级处理,如红色通道、绿色通道、蓝色通道、透明度以及水印等效果。

4.5.1 图像加载

在 CanvasRenderingContext2D 对象中提供了 drawImage()方法,用于将图像绘制到画布中,语法格式如下。

【语法】

```
void ctx.drawImage(image,dx,dy)
void ctx.drawImage(image,dx,dy,destWidth,destWidth)
void ctx.drawImage(image,sx,sy,sourceWidth,sourceHeight,
        dx,dy,destWidth,destHeight)
```

其中:
- 参数 image 表示所要绘制的图像源(CanvasImageSource),如 HTMLImageElement、HTMLVideoElement 和 HTMLCanvasElement 等;
- 参数 dx、dy 表示所绘制图像的左上角在画布中的坐标位置(dx,dy),如图 4-28 所示;
- 参数 destWidth、destHeight 分别表示所绘制的图像在画布中的宽度与高度,通过调整 destWidth 和 destHeigh 属性来实现图像的缩放效果;
- 参数 sx、sy 表示对图像源从坐标点(sx,sy)开始裁剪图像;
- 参数 sourceWidth、sourceHeight 分别表示对图像源裁剪的宽度和高度。

图 4-28 图像绘制原理

使用 drawImage()方法绘制图像时,经常因为网络上的图像比较大而导致图像不能立即显示,用户需要耐心等待直到网页中的所有图像全部加载完毕后才能显示出来。

通过 Image 对象的 onload 事件可以有效地解决上述问题,当一幅图像加载完成时会立即触发 onload 事件,在 onload 事件中完成图像的显示。

【示例】 图像的 onload 事件

```
image.onload = function(){
    //绘制图像...
};
```

下述代码演示了使用图像的 onload 事件实现图像的正常显示、缩小和裁剪等效果,并对图像的裁剪区域进行放大和缩小。

【案例 4-20】 drawImage.html

```html
<canvas id="myCanvas" width="570" height="220"></canvas>
<script>
    var width = 100;
    var height = 130;
    var canvas = document.getElementById("myCanvas");
    var context = canvas.getContext("2d");
    var img = new Image();
    context.fillStyle = "#8B4513";
    context.font = "20px 楷体";
    img.src = "images/girl-little.jpg";
    //绘制一幅图像
    img.onload = function(){
        context.drawImage(img,10,10);
        context.fillText("原图",50,205);
        //图像整体缩小
        context.drawImage(img,140,10,80,120);
        context.fillText("整体缩小",140,160);
        //从原图中进行裁剪,等比例绘制
        context.drawImage(img,10,10,width,height,230,10,width,height);
        context.fillText("等比例裁剪",230,170);
        //从原图中进行裁剪,1.3 倍放大
        context.drawImage(img,10,10,width,height,340,10,width*1.3,height*1.3);
        context.fillText("裁剪放大",363,200);
        //从原图中进行裁剪,0.8 倍缩小
        context.drawImage(img,10,10,width,height,480,10,width*0.8,height*0.8);
        context.fillText("裁剪缩小",480,140);
    };
</script>
```

上述代码运行结果如图 4-29 所示。当图像加载完毕时,立即触发 onload 事件。在 onload 事件中依次完成图像的原样显示、整体缩小、等比例裁剪等效果,并对裁剪区域部分进行放大和缩小。

图 4-29 图像的绘制

4.5.2 像素处理

图像是由像素构成的,而每个像素则由红(R)、绿(G)、蓝(B)和透明度(A)四部分构成,通过对像素的 RGBA 进行处理,可实现图像的颜色变换、透明度的调整等效果。

CanvasRenderingContext2D 对象提供了三个像素处理的方法,分别是 createImageData()、putImageData() 和 getImageData() 方法。

1. createImageData() 方法

createImageData() 方法用于创建一个新的、空白的、指定大小的 ImageData 对象,该对象中所有的像素都是透明的。createImageData() 方法的语法格式如下。

【语法】

```
ImageData ctx.createImageData(width,height);
ImageData ctx.createImageData(imagedata);
```

其中:

- 参数 width 表示 ImageData 对象的宽度;
- 参数 height 表示 ImageData 对象的高度;
- 参数 imagedata 是一个 ImageData 类型的对象,表示从 imagedata 对象中复制一个与其宽度和高度相同的对象,而图像中的数据没有被复制。

ImageData 接口用于描述 Canvas 元素中一个隐含像素数据的区域。当使用 CanvasPixelArray 来创建 ImageData 对象时,所创建的对象中包含图像的宽度(width)、高度(height)和数据(data)三部分,具体见表 4-7。

表 4-7 ImageData 对象的属性

属性	描述
width	使用像素描述 ImageData 的实际宽度
height	使用像素描述 ImageData 的实际高度
data	CanvasPixelArray 类型一维数组,其中包含 RGBA 顺序的数据,数据使用 0~255 的整数表示。数据的格式如 r1,g1,b1,a1,r2,g2,b2,a2,…,其中 r1,g1,b1,a1 分别代表第一个像素的红色值、绿色值、蓝色值、透明度,其他数据依次类推,像素的实际个数为 data.length/4

2. putImageData() 方法

putImageData() 方法用于将 ImageData 对象中的 data 数据(即像素集合)绘制到画布中,putImageData() 方法的语法格式如下。

【语法】

```
void ctx.putImageData(imagedata,dx,dy);
void ctx.putImageData(imagedata,dx,dy,dirtyX,dirtyY,
        dirtyWidth,dirtyHeight);
```

其中:

- 参数 imagedata 是一个包含像素集合的数据对象;

- 参数 dx 表示原图像数据在目标画布中沿 x 轴方向的位置偏移量；
- 参数 dy 表示原图像数据在目标画布中沿 y 轴方向的位置偏移量；
- 参数 dirtyX 表示在原图像数据中矩形区域左上角的位置，默认是整个图像数据的左上角的 x 坐标；
- 参数 dirtyY 表示在原图像数据中矩形区域左上角的位置，默认是整个图像数据的左上角的 y 坐标；
- 参数 dirtyWidth 表示在原图像数据中矩形区域的宽度，默认是图像数据的宽度；
- 参数 dirtyHeight 表示在原图像数据中矩形区域的高度，默认是图像数据的高度。

下述代码使用 createImageData()方法创建了一个 ImageData 对象，并随机为每一个像素生成数据，最后通过 putImageData()方法绘制到画布中。

【案例 4-21】　createImageData.html

```
<canvas id="myCanvas" width="240px" height="120px"></canvas>
<script>
    var canvas = document.getElementById("myCanvas");
    var context = canvas.getContext("2d");
    //新创建一个空白的 imageData 对象
    var imageData = context.createImageData(100,100);
    for(var i = 0;i<imageData.data.length;i++){
        imageData.data[i] = Math.floor(Math.random() * 255);
    }
    var imageData2 = context.createImageData(imageData);
    //绘制边框
    context.strokeStyle = "#33001B";
    context.lineWidth = 2;
    context.strokeRect(6,6,imageData.width + 4,imageData.height + 4);
    context.strokeRect(imageData.width + 20,6,imageData2.width + 4,
                      imageData2.height + 4);
    //将 imageData 数据绘制到画布中
    context.putImageData(imageData,8,8);
    context.putImageData(imageData2,122,8);
</script>
```

上述代码中，使用 createImageData(100,100)方法创建了一个宽度和高度均为 100 像素的矩阵集合，并随机为每个像素生成数据。使用 context.createImageData(imageData)方法创建 imageData2 对象，该对象的宽度和高度与 imageData 对象相同，但是在创建 imageData2 对象的过程中并没有将 imageData 对象中的数据复制到 imageData2 对象中。使用 putImageData()方法将 imageData、imageData2 对象中的像素集合分别绘制到画布中。代码运行结果如图 4-30 所示。

3. getImageData()方法

getImageData()方法用于从画布中获取一个图像的像素集合，返回一个 ImageData 类型的数据对象。getImageData()方法的语法格式如下。

图 4-30　createImageData()方法的使用

【语法】

```
ImageData ctx.getImageData(sx,sy,sw,sh);
```

其中：
- 参数 sx、sy 表示被提取的图像数据矩形区域的左上角坐标(sx,sy)；
- 参数 sw、sh 表示被提取的图像数据矩形区域的宽度和高度；
- getImageData()方法返回一个 ImageData 类型的数据对象。

下述代码演示了使用 getImageData()和 putImageData()方法来实现图像的颜色通道和透明度的处理。

【案例 4-22】　pixelProcess.html

```
<canvas id="myCanvas" width="702" height="150"></canvas><br/>
<input type="button" value="原图" onClick="showNormalImage()"/><br />
<input type="button" value="红色通道" onClick="showChannel('red',100)"/>
<input type="range" id="redRange" min="0" max="100" step="1" value="100"
       oninput="showChannel('red',this.value)"/><br />
<input type="button" value="绿色通道" onClick="showChannel('green',100)"/>
<input type="range" id="greenRange" min="0" max="100" step="1" value="100"
       oninput="showChannel('green',this.value)"/><br />
<input type="button" value="蓝色通道" onClick="showChannel('blue',100)"/>
<input type="range" id="blueRange" min="0" max="100" step="1" value="100"
       oninput="showChannel('blue',this.value)"/><br />
<input type="button" value="半透明" onClick="showChannel('transparent',50)"/>
<input type="range" id="transparentRange" min="0" max="100" step="1" value="50"
       oninput="showChannel('transparent',this.value)"/><br />
<input type="button" value="反相显示" onClick="showChannel('reverse')"/><br />
<input type="button" value="水印效果" onClick="showChannel('watermark')"/><br />
<input type="button" value="清空画布" onClick="clearCanvas()"/>
<script>
    function showNormalImage(){
        var canvas = document.getElementById("myCanvas");
        var context = canvas.getContext("2d");
        context.clearRect(0,0,100,150);
        var img = new Image();
```

```javascript
        img.src = "images/Claire-little.jpg";
        img.onload = function(){
            context.drawImage(img,0,0);
        };
    }
    function showChannel(channel,percentage){
        var canvas = document.getElementById("myCanvas");
        var context = canvas.getContext("2d");
        var x = 0,y = 0;
        var img = new Image();
        img.src = "images/Claire-little.jpg";
        var quantity = 255;
        if(percentage!=""){
            quantity = percentage * 255/100;
        }
        img.onload = function(){
            context.drawImage(img,0,0);
            var imageData = context.getImageData(0,0,img.width,img.height);
            var num = imageData.data.length;
            for(var i = 0;i < num;i = i + 4){
                if(channel == 'red'){
                    imageData.data[i + 0] = quantity;
                    x = 100;
                }else if(channel == 'green'){
                    imageData.data[i + 1] = quantity;
                    x = 200;
                }else if(channel == 'blue'){
                    imageData.data[i + 2] = quantity;
                    x = 300;
                }else if(channel == 'transparent'){
                    imageData.data[i + 3] = quantity;
                    x = 400;
                }else if(channel == 'reverse'){
                    imageData.data[i + 0] = 255 - imageData.data[i + 0];
                    imageData.data[i + 1] = 255 - imageData.data[i + 1];
                    imageData.data[i + 2] = 255 - imageData.data[i + 2];
                    x = 500;
                }
            }
            context.putImageData(imageData,x,y);
            if(channel == 'watermark'){
                context.putImageData(imageData,600,y);
                context.fillStyle = "#33001B";
                context.font = "45px Giddyup Std";
                context.textBaseline = "top";
                context.fillText("Claire",610,y + 90)
            }
        };
    }
    function clearCanvas(){
```

```
            var canvas = document.getElementById("myCanvas");
            var context = canvas.getContext("2d");
            context.clearRect(0,0,canvas.width,canvas.height);
    }
</script>
```

上述代码中,首先使用 drawImage()方法将 Claire-little 图像原样绘制到画布中;然后使用 getImageData()方法从画布的(0,0)点开始,获取一个 img.width×img.height 的像素集合;通过像素的 RGBA 原理对像素进行处理。例如,当单击"红色通道"时,将图像的每一个像素的 red 数据部分进行处理,并将处理完的数据使用 putImageData()方法绘制到画布中。

代码运行结果如图 4-31 所示,单击"红色通道"按钮,显示图像的红色通道相应的效果,拖动"红色通道"右侧的滑动条,通过修改"红色通道"所占的比重,调整图像的显示效果。除此之外,还有绿色通道、蓝色通道、半透明、反相显示、水印效果,读者可自行测试。

图 4-31　图像的像素处理(见彩插)

4.5.3　图像平铺

图像平铺是一种比较重要的技术,用于将图像按照一定比例缩放后对画布进行平铺。createPattern()方法用于创建一种平铺模式,返回一个 canvasPattern 对象;在绘制图形之前,通过将 fillStyle(或 strokeStyle)属性设为 canvasPattern 模式,可实现图像的平铺效果。

【语法】

```
var canvasPattern = createPattern(image, repetitionStyle);
```

其中:
- 参数 image 表示所要平铺的图像或 Canvas 元素;
- 参数 repetitionStyle 用于设定平铺的方式,平铺方式包括双向平铺(repeat)、x 方向平铺(repeat-x)、y 方向平铺(repeat-y)和不平铺(no-repeat)。

下述代码演示了使用 createPattern() 方法实现图像背景平铺和图像边框效果。

【案例 4-23】 createPattern.html

```html
<canvas id="fillCanvas" width="200" height="200"></canvas>
<canvas id="borderCanvas" width="200" height="200"></canvas>
<canvas id="scaleCanvas" width="210" height="210"></canvas>
<script>
    fillImageContext();
    drawImageBorder();
    scaleCanvas();
    function fillImageContext(){
        var canvas = document.getElementById("fillCanvas");
        var context = canvas.getContext("2d");
        var img = new Image();
        img.src = "images/broadcast-little.jpg";
        img.onload = function(){
            var pattern = context.createPattern(img,"repeat");
            context.fillStyle = pattern;
            context.fillRect(0,0,canvas.width,canvas.height);
        };
    }
    function drawImageBorder(){
        var canvas = document.getElementById("borderCanvas");
        var context = canvas.getContext("2d");
        var lineWidth = 80;
        context.lineWidth = lineWidth;
        var img = new Image();
        img.src = "images/broadcast-little.jpg";
        img.onload = function(){
            var pattern = context.createPattern(img,"repeat");
            context.strokeStyle = pattern;
            context.strokeRect(0,0,canvas.width,canvas.height);
        };
    }
    function scaleCanvas(){
        var lineWidth = 60;
        var canvas = document.getElementById("scaleCanvas");
        var context = canvas.getContext("2d");
        var tempCanvas = document.createElement("canvas");
        tempCanvas.width = 30;
        tempCanvas.height = 30;
        var tempContext = tempCanvas.getContext("2d");
        var img = new Image();
        img.src = "images/broadcast-little.jpg";
        img.onload = function(){
            tempContext.drawImage(img,0,0,tempCanvas.width,tempCanvas.height);
            var pattern = context.createPattern(tempCanvas,"repeat");
            context.strokeStyle = pattern;
            context.lineWidth = lineWidth;
```

```
                context.strokeRect(0,0,canvas.width,canvas.height);
            };
        }
</script>
```

上述代码中,针对第一个 Canvas 元素,使用 createPattern()方法创建了一个平铺模式,并将其赋给 fillStyle 属性,在使用 fillRect()方法绘制矩形区域时,实现图像铺满整个绘制区域。在第二个 Canvas 元素中,将 createPatter()方法所创建的平铺模式赋给 strokeStyle 属性,然后通过 strokeRect()方法进行描边,从而实现图像边框效果。在第三个 Canvas 元素中,创建一个 Canvas 元素用来实现图像的缩小效果,然后使用缩小效果的 Canvas 来创建一个平铺模式,从而实现一个具有较小图像的图形边框。代码运行结果如图 4-32 所示。

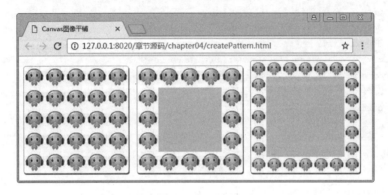

图 4-32　图像平铺

4.6　图形合成

在画布中绘制图形图像时,会出现元素叠加现象。CanvasRenderingContext2D 对象中的 globalCompositeOperation 属性用来设置元素的叠加方式,常见的叠加方式有以下几种:source-over、destination-over、source-atop、destination-atop、source-in、destination-in、source-out、destination-out、lighter、copy 和 xor 等。

下述代码演示了使用 globalCompositeOperation 属性实现图形的合成效果。

【案例 4-24】　globalCompositeOperation.html

```
<canvas id = "myCanvas" width = "580" height = "300"></canvas>
<script type = "text/javascript">
    var canvas = document.getElementById("myCanvas");
    var context = canvas.getContext("2d");
    var rWidth = 80, rHeight = 80, cr = 40;
    var start = 20, padding = 140;

    drawFigure(start,20,cr,"source-over");
    drawFigure(start + padding,20,cr,"destination-over");
    drawFigure(start + 2 * padding,20,cr,"source-atop");
```

```javascript
        drawFigure(start + 3 * padding, 20, cr, "multiply");
        drawFigure(start, 20 + padding, cr, "lighter");
        drawFigure(start + padding, 20 + padding, cr, "xor");
        drawFigure(start + 2 * padding, 20 + padding, cr, "destination-out");
        //以下几种叠加方式需要单独测试,否则会与上述叠加方式发生冲突
        //drawFigure(start, 20, cr, "source-out");
        //drawFigure(start + padding, 20, cr, "destination-atop");
        //drawFigure(start + 2 * padding, 20, cr, "source-in");
        //drawFigure(start + 3 * padding, 20, cr, "destination-in");
        //drawFigure(start, 20 + padding, cr, "copy");
        //绘制叠加效果
        function drawFigure(rx, ry, cr, composite){
            context.save();
            context.beginPath();
            context.fillStyle = "deepskyblue";
            context.fillRect(rx, ry, rWidth, rHeight);
            context.globalCompositeOperation = composite;
            context.fillStyle = "mediumspringgreen";
            context.arc(rx + rWidth, ry + rHeight, cr, 0, Math.PI * 2);
            context.fill();
            context.restore();
            drawBorder(rx, ry, cr);
            drawText(composite, rx, ry, cr);
        }
        //绘制图形的边线
        function drawBorder(rx, ry, cr){
            context.save();
            context.beginPath();
            context.lineWidth = 2;
            context.setLineDash([3, 4]);
            context.rect(rx, ry, rWidth, rHeight);
            context.strokeStyle = "peru";
            context.stroke();
            context.beginPath();
            context.arc(rx + rWidth, ry + rHeight, cr, 0, Math.PI * 2);
            context.stroke();
            context.restore();
        }
        //绘制提示文本
        function drawText(composite, rx, ry, cr){
            context.save();
            context.beginPath();
            context.fillStyle = "darkmagenta";
            context.font = "25px JasmineUPC";
            context.fillText(composite, rx, ry + rHeight + cr + 10);
            context.restore();
        }
</script>
```

上述代码中,分别绘制了图形的 source-over、destination-over、source-atop、multiply、 lighter、xor 和 destination-out 几种叠加效果。代码运行结果如图 4-33 所示。

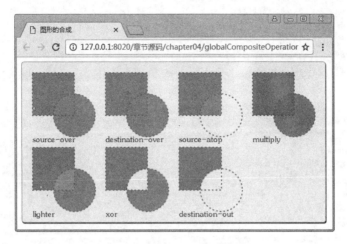

图 4-33　图像的部分叠加效果

source-out、destination-atop、source-in、destination-in 和 copy 叠加效果如图 4-34 所示。在同一个画布实现这几种叠加效果时，会与前面几种叠加效果产生互斥，导致部分效果无法显示，读者可以根据浏览器支持的情况，对后面叠加效果单独进行测试。

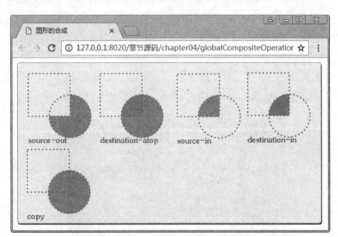

图 4-34　图像的其他叠加效果

在图像合成时，还可以使用 CanvasRenderingContext2D 对象的 globalAlpha 属性来设置图形和图片透明度，globalAlpha 属性的取值范围为 0.0(完全透明)～1.0(完全不透明)。

下述代码演示了使用 globalAlpha 属性来设置图形和图像的透明度效果。

【案例 4-25】　globalAlpha.html

```
<canvas id="myCanvas" width="400" height="202"></canvas>
<script type="text/javascript">
    var canvas = document.getElementById("myCanvas");
    var context = canvas.getContext("2d");
    var x = 200, y = 100, width = 200, height = 100;
```

```
    var radius = 25;
    //绘制四种颜色的矩形区域
    context.fillStyle = '#FD0';
    context.fillRect(0,0,width,height);
    context.fillStyle = '#6C0';
    context.fillRect(x,0,width,height);
    context.fillStyle = '#09F';
    context.fillRect(0,y,width,height);
    context.fillStyle = '#F30';
    context.fillRect(x,y,width,height);
    //设置绘制圆形的填充颜色
    context.fillStyle = '#FFF';
    context.globalAlpha = 0.3;
    for(i=0,i<7;i++){
        context.beginPath();
        context.arc(x,y,10+radius*i,0,Math.PI*2,true);
        context.fill();
    }
    //绘制靶心图案
    context.globalAlpha = 0.8;
    var image = new Image();
    image.src = "images/cuckoo.png";
    image.onload = function(){
        context.drawImage(image,100,0,width,height*2);
    };
</script>
```

上述代码中,先在画布中绘制了黄、绿、蓝、红四个演示矩形区域,然后连续绘制了 7 个同心圆且透明度均为 0.3,最后绘制一幅透明度为 0.8 的图像。代码运行结果如图 4-35 所示。

图 4-35 globalAlpha 透明度(见彩插)

4.7 图形变换

默认情况下,Canvas 绘图是以画布的左上角(0,0)作为原点,水平向右为 x 轴正方向,垂直向下为 y 轴正方向。而每幅图像又拥有一个独立的坐标系(即当前坐标系),是指在图像绘制时所参考的坐标系,该坐标系的默认原点位于图像的左上角。

前面所讲述的 Canvas API 所绘制出来的图形都是以画布的左上角为坐标轴原点，以图像左上角为当前坐标系，使用像素作为坐标单位进行绘制。

CanvasRenderingContext2D 对象中提供了 translate()、rotate()、scale() 和 transform() 方法，通过坐标轴的变换处理，实现图像图形的旋转、缩放和偏移等效果。

1. translate()方法

translate()方法用于实现坐标轴原点的移动，实现原理如图 4-36 所示，语法格式如下。

【语法】

```
void ctx.translate(tx,ty)
```

其中：
- 参数 tx 表示沿水平方向移动 tx 个单位（默认为像素）；
- 参数 ty 表示沿垂直方向移动 ty 个单位。

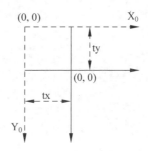

图 4-36　translate 原理

下述代码演示了使用 translate()方法实现图形图像的位置平移效果。

【案例 4-26】　umbrella.js

```
//雨伞的头部
function drawTop(context,fillStyle){
    context.save();
    context.fillStyle = fillStyle;
    context.beginPath();
    context.arc(0,0,30,0,Math.PI,true);
    context.closePath();
    context.fill();
    for(var i = 1;i < 8;i++){
        context.beginPath();
        context.arc(0,0,30,0,Math.PI,true);
        context.clip();
        context.beginPath();
        context.moveTo(0,-30);
        context.lineWidth = 2;
        context.strokeStyle = "white";
        context.lineTo(60 * Math.sin(Math.PI * 3/2 + Math.PI * i/8),
                      60 * Math.cos(Math.PI * 3/2 + Math.PI * i/8));
        context.closePath();
```

```
        context.stroke();
        }
    context.restore();
}
//雨伞的手柄
function drawGrip(context){
    context.save();
    context.fillStyle = 'blue';
    context.fillRect(-1.5,0,1.5,40);
    context.beginPath();
    context.arc(-5,40,4,Math.PI,Math.PI*2,true);
    context.stroke();
    context.closePath();
    context.restore();
}
```

【案例 4-27】 translate.html

```
<canvas id="myCanvas" width="600px" height="160px"></canvas>
<script src="js/umbrella.js"></script>
<script>
    var canvas = document.getElementById("myCanvas");
    var context = canvas.getContext("2d");
    drawTranslate();
    function drawTranslate(){
        context.translate(60,80);
        for(var i=0; i<8; i++){
            context.save();
            context.translate(65*i,0);
            drawTop(context,'rgb('+(30*i)+','+(255-30*i)+',255)');
            drawGrip(context);
            context.restore();
        }
    }
</script>
```

上述代码中,通过 translate()方法在每次绘制图形之前进行定位,循环绘制了 8 把彩虹伞,效果如图 4-37 所示。

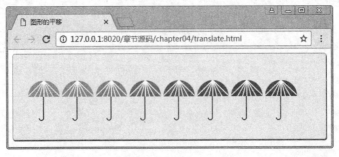

图 4-37　图形的平移(见彩插)

2. rotate()方法

rotate()方法用于以坐标轴原点作为旋转中心对图形进行旋转,实现原理如图 4-38 所示,语法格式如下。

【语法】

```
void ctx.rotate(angle)
```

其中,参数 angle 表示旋转的弧度,使用公式 degree * Math.PI/180 实现弧度的计算;当 angle 为正数时表示顺时针方向旋转;当 angle 为取负数时表示逆时针方向旋转。

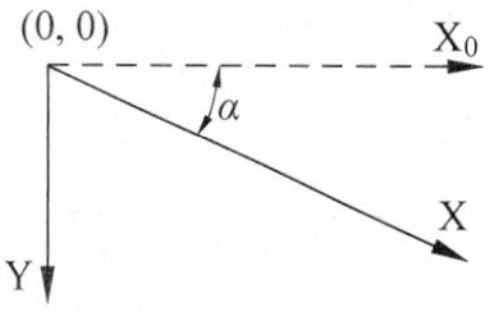

下述代码演示了使用 rotate()方法实现图形的旋转效果。

【案例 4-28】 rotate.html

图 4-38 图形旋转原理

```
<canvas id = "myCanvas" width = "300px" height = "290px"></canvas>
<script src = "js/umbrella.js"></script>
<script>
    var canvas = document.getElementById("myCanvas");
    var context = canvas.getContext("2d");
    drawRotate();
    function drawRotate(){
        context.translate(150,150);
        for(var i = 0; i<8; i++){
            context.save();
            context.rotate(Math.PI * (2/4 + i/4));
            context.translate(0, - 100);
            drawTop(context,'rgb(' + (30 * i) + ',' + (255 - 30 * i) + ',255)');
            drawGrip(context);
            context.restore();
        }
    }
</script>
```

上述代码中,在绘制每把彩虹伞之前,使用 rotate()方法将图形进行旋转,效果如图 4-39 所示。

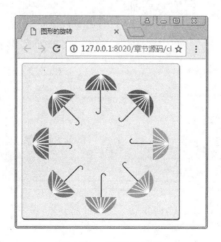

图 4-39 图形的旋转

3. scale()方法

scale()方法用于将图形放大或缩小,语法格式如下。

【语法】

```
void ctx.scale(sx,sy)
```

其中:
- 参数 sx 大于 1 时,表示在水平方向上放大的倍数;
- 参数 sy 大于 1 时,表示在垂直方向上放大的倍数;
- 参数 sx 取值为 0~1 时,表示在水平方向缩小的比例;
- 参数 sy 取值为 0~1 时,表示在垂直方向缩小的比例。

下述代码演示了使用 scale()方法对图形进行缩小与放大的效果。

【案例 4-29】 scale.html

```
<canvas id = "myCanvas" width = "400px" height = "120px"></canvas>
<script src = "js/umbrella.js"></script>
<script>
    var canvas = document.getElementById("myCanvas");
    var context = canvas.getContext("2d");
    drawScale();
    function drawScale(){
        context.translate(40,60);
        for(var i = 0; i<9; i++){
            context.save();
            context.scale(i/8,i/8);
            context.translate(40 * i,0);
            drawTop(context,'rgb(' + (30 * i) + ',' + (255 - 30 * i) + ',255)');
            drawGrip(context);
            context.restore();
        }
    }
</script>
```

上述代码中,使用 scale()方法依次对彩虹雨伞进行缩放,效果如图 4-40 所示。

图 4-40　图形的缩放

4. transform()方法

transform()方法是 Canvas 2D API 通过矩阵多次叠加当前变换的方法,从而实现图形的缩放、旋转、移动和倾斜效果,语法格式如下。

【语法】

```
void ctx.transform(xScale,xIncline,yIncline,yScale,dx,dy)
```

其中:
- 参数 xScale 和 yScale 分别表示在水平方向和垂直方向的缩放比例;
- 参数 xIncline 和 yIncline 分别表示水平倾斜和垂直倾斜;
- 参数 dx 和 dy 分别表示水平位移和垂直位移。

下述代码演示了使用 transform()方法实现图形的缩放和偏移效果。

【案例 4-30】 transform.html

```
<canvas id = "myCanvas" width = "320px" height = "120px"></canvas>
<script>
    var canvas = document.getElementById("myCanvas");
    var context = canvas.getContext("2d");
    for(var i = 7;i>0;i--){
        context.save();
        context.beginPath();
        context.fillStyle = 'rgb(' + Math.floor(Math.random() * 255) + ','
          + Math.floor(Math.random() * 255) + ',' + Math.floor(Math.random() * 255) + ')';
        context.transform(i/3,0,0,i/3,i * (i + 25),i);
        //与下述偏移和缩放效果等价,此处注意 translate 和 scale 的顺序
        //context.translate(i * (i + 25),i);
        //context.scale(i/3,i/3);
        context.arc(20,30,15,0,2 * Math.PI,true);
        context.closePath();
        context.fill();
        context.restore();
    }
</script>
```

上述代码中,使用循环连续绘制了 7 个大小不同的彩色圆球。transform()方法实现的效果与使用 translate()和 scale()方法实现的效果完全相同,此处需要注意 translate()和 scale()方法的先后顺序,更换顺序时效果有一定差异,读者可自行测试。代码运行结果如图 4-41 所示。

图 4-41 transform 图形变换(见彩插)

4.8 图形渐变

在 Canvas 元素中绘制填充图形时不仅可以使用单一颜色作为填充色,还可以使用渐变色作为填充色。所谓渐变是指在填充图形时,从一种颜色慢慢地过渡到另外一种颜色。当使用渐变色作为填充色时,需要为 fillStyle 属性赋予一个 CanvasGradient 类型的对象,作为填充的渐变色。渐变的方式分为线性渐变和径向渐变。

1. 线性渐变

线性渐变(liner gradient)是指沿着直线方向设定若干颜色点,颜色点之间形成渐变色。CanvasRenderingContext2D 对象提供了 createLinearGradient()方法,用于创建一个沿参数坐标所设定直线的渐变,该方法返回一个 LinearGradient 类型的对象,语法格式如下。

【语法】

```
LinearGradient ctx.createLinearGradient(x0,y0,x1,y1)
```

其中:
- 参数 x0 和 y0 表示渐变色的起始点坐标(x0,y0);
- 参数 x1 和 y1 表示渐变色的结束点坐标(x1,y1)。

LinearGradient 对象仅提供了一个 addColorStop()方法,用于向渐变线中添加颜色点,而颜色点由偏移量(offset)和颜色值(color)两部分构成。偏移量的取值为[0,1],当超出该范围时将会抛出 INDEX_SIZE_ERR 错误;当颜色值不能被解析时,将会抛出 SYNTAX_ERR 错误。

【示例】 添加渐变色

```
var gradient = context.createLinearGradient(20,20,100,100);
gradient.addColorStop(0,"#FFB90F");
gradient.addColorStop(0.4,"#A3A3A3");
gradient.addColorStop(1,"#008B00");
```

下述代码演示了使用 creatLinearGradient()方法实现线性渐变填充效果。

【案例 4-31】 linerGradient.html

```
<canvas id="myCanvas" width=480px height="100px"></canvas>
<script>
    var canvas = document.getElementById("myCanvas");
    var context = canvas.getContext("2d");
    var x = 30, y = 50, radius = 30, num = 9;
    var gradient = context.createLinearGradient(x, y, x + (radius + 20) * num, y);
    context.translate(10,0);
    for(var i = 0; i < num; i++){
        var color = 'rgb(' + Math.floor(Math.random() * 255) + ','
            + Math.floor(Math.random() * 255) + ',' + Math.floor(Math.random() * 255) + ')';
        gradient.addColorStop(i/10,color);
```

案例视频讲解

```
        context.arc(x + (radius + 20) * i, y, radius, 0, 2 * Math.PI, true);
    }
    context.fillStyle = gradient;
    context.fill();
</script>
```

上述代码中,创建了一个线性渐变色 gradient 对象,并为其添加 9 个颜色点。通过循环方式连续绘制了 9 个相邻的圆形路径,使用 gradient 对象作为渐变填充色进行填充,效果如图 4-42 所示。

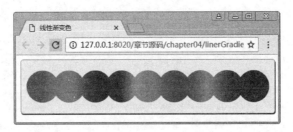

图 4-42　线性渐变色(见彩插)

2. 径向渐变

径向渐变(radial gradient)又称放射性渐变,是指沿着两个圆心的方向向外逐渐扩散的渐变方式。CanvasRenderingContext2D 对象提供了 createRadialGradient()方法,用于绘制放射性渐变,该方法返回一个 RadialGradient 对象,语法格式如下。

【语法】

```
RadialGradient ctx.createRadialGradient(x0,y0,r0,x1,y1,r1)
```

其中:
- 参数 x0 和 y0 表示起始圆的圆心坐标(x0,y0);
- 参数 r0 表示起始圆的半径;
- 参数 x1 和 y1 表示终点圆的圆心坐标(x1,y1);
- 参数 r1 表示终点圆的半径。

通过 createRadialGradient()方法来创建一个径向渐变对象,并分别指定起始圆和终点圆的大小和位置,从起始圆心处开始向外渐变扩散,直到终点圆的外轮廓为止。

 当起始圆和终点圆之间不存在包含关系时,不同的浏览器对渐变处理方式也不一致,显示结果存在一定的差异。

下述代码演示了使用 createRadialGradient()方法来创建一个旋转的彩色风车。

【案例 4-32】　radialGradient.html

```
<canvas id="myCanvas" width="230px" height="230px"></canvas>
<script>
```

```javascript
        var canvas = document.getElementById("myCanvas");
        //风车叶子的颜色,颜色的种类决定风车叶子的数量
        var color = ["#FF0000","#EEEE00","#0000FF","#00FF00",
"#A020F0","#ADFF2F"];
        var radius = 50;                                        //整个风车的半径
        var wheelRadius = 50;                                   //风车叶子的半径
        var part = 50;                                          //PI/2分成几份
        var context = canvas.getContext("2d");                  //获取上下文
        var num = color.length;                                 //叶子的数量
        var center = {x:canvas.width/2, y:canvas.height/2};     //绘图区域的中心
        var point;                                              //叶子圆心位置
        var start = 0;                                          //绘制叶子的开始角
        var angle = 0;
        var end = Math.PI;                                      //绘制叶子的结束角
        var offset = Math.PI * (360/num)/180;                   //两个相邻叶子之间的角度
        rotateAngle = offset/part;                              //每次旋转的角度
        function drawWindmill(){
            context.clearRect(0,0,canvas.width,canvas.height);
            for(var i = 0; i < num; i++){
                context.beginPath();                            //开始绘制叶子
                //创建径向渐变
                var wheelGradient = context.createRadialGradient(center.x,center.y,
                            100,center.x,center.y,0);
                wheelGradient.addColorStop(0,color[i]);         //起始颜色
                wheelGradient.addColorStop(1,"#000");           //结束颜色
                context.fillStyle = wheelGradient;              //填充渐变样式
                //叶子圆心位置
                point = {
                    x:center.x + Math.cos(offset * i + angle) * radius,
                    y:center.y + Math.sin(offset * i + angle) * radius
                };
                var x = start + offset * i;                     //绘制叶子的开始角
                var y = end + offset * i;                       //绘制叶子的结束角
                context.arc(point.x,point.y,wheelRadius,x,y,false); //绘制
                context.fill();                                 //填充
                context.closePath();                            //结束绘制
            }
            context.beginPath();
            var dotGradient = context.createRadialGradient(center.x,center.y,0,
                        center.x,center.y,40);
            dotGradient.addColorStop(0,"#fff");
            dotGradient.addColorStop(1,"#666");
            context.fillStyle = dotGradient;
            context.arc(center.x,center.y,25,0,2 * Math.PI,false);
            context.fill();
            context.closePath();
            angle += rotateAngle;
            start = angle;
            end = Math.PI + angle;
            requestAnimationFrame(drawWindmill);
        }
```

```
    drawWindmill();
</script>
```

上述代码中,使用 color 数组存放风车叶片的颜色,color 数组的长度决定风车叶片的多少。在 drawWindmill()方法中通过循环方式来绘制风车的叶片,接着绘制风车的中心区域,最后使用 requestAnimationFrame()方法实现风车的旋转。代码运行结果如图 4-43 所示。

图 4-43　旋转的风车(见彩插)

本章总结

- HTML 5 规范新增了 Canvas 元素,用于实现网页中的绘图功能;当需要在画布中绘制内容时,需要借助 JavaScript 脚本来实现图形图像的绘制。
- DOM Canvas 元素提供了 HTMLCanvasElement 接口,该接口提供了 Canvas 元素布局与呈现的操作方法。
- 通过 HTMLCanvasElement 元素的 getContext()方法来返回一个具有绘图功能的 context 对象,为不同的环境(2D 或 3D)提供不同的绘制类型。
- 在 Canvas 画布中,坐标原点(0,0)位于画布的左上角,X 轴沿着水平方向向右延伸,Y 轴沿垂直方向向下延伸。
- CanvasRenderingContext2D 对象提供了 strokeRect()、fillRect()和 clearRect()三个绘制矩形的方法。
- HTML 5 Canvas 提供了 strokeText()和 fillText()两种绘制文本的方法。
- 在 HTML 5 Canvas 中,基本图形都是以路径为基础,每一条子路径都是以上一条路径的终点作为起点,由多条子路径组合到一起构成路径。
- 在绘制图像时,不仅可以对图像进行缩放和裁剪等,还可以对图像进行像素级处理,如红色通道、绿色通道、蓝色通道、透明度及水印等效果。
- 图像是由像素构成的,每个像素是由红(R)、绿(G)、蓝(B)和透明度(A)四部分构成,通过对像素的 RGBA 进行处理从而实现图像的颜色变换、透明度的调整等效果。

- 图像平铺是一种比较重要的技术，用于将图像按照一定比例缩放后对画布进行平铺。CanvasRenderingContext2D 对象提供了 translate()、rotate()、scale() 和 transform() 方法，通过坐标轴的变换处理，实现图像图形的旋转、缩放和偏移等效果。
- 线性渐变(Liner Gradient)是指沿着直线方向设定若干颜色点，颜色点之间形成渐变色。
- 径向渐变(Radial Gradient)又称放射性渐变，是指沿着两个圆心的方向向外逐渐扩散的渐变方式。

本章练习

1. 下列选项中，关于 Canvas 元素说法错误的是_____。
   A. Canvas 元素本身是一种普通的 HTML 元素
   B. Canvas 仅能用于指定绘制的区域
   C. 推荐使用 CSS 样式来设置 Canvas 元素的大小，以实现 CSS 样式与 HTML 代码分离
   D. Canvas 自身不具有绘制功能，当需要在画布中绘制内容时，需要借助 JavaScript 脚本实现图像的绘制
2. 下列选项中，关于 Canvas 坐标系说法错误的是_____。
   A. 坐标原点(0,0)位于画布的左上角
   B. 坐标原点(0,0)位于画布的左下角
   C. X 轴沿着水平方向向右延伸
   D. Y 轴沿垂直方向向下延伸
3. lineJoin 属性用于设置线段、圆弧、曲线之间连接点的风格，下列选项中不是 lineJoin 属性取值的是_____。
   A. miter   B. round   C. bevel   D. solid
4. 下列方法中，用于填充一个矩形区域的是_____。
   A. strokeRect()   B. fillRect()   C. clearRect()   D. rect()
5. 下列_____方法用于结束当前子路径列表并创建一个新的路径。
   A. stroke()   B. beginPath()   C. fill()   D. closePath()
6. 下列_____方法用于绘制椭圆形的路径。
   A. ellipse()   B. rect()   C. arc()   D. arcTo()
7. 关于 Canvas 图像处理说法错误的是_____。
   A. createImageData()方法用于创建一个新的、空白的、指定大小的 ImageData 对象，该对象中所有的像素都是透明的
   B. putImageData()方法用于将 ImageData 对象中的 data 数据(像素集合)绘制到画布中
   C. getImageData()方法用于从画布中获取一个图像的像素集合，返回一个 ImageData 类型的数据对象

D. drawImage()方法用于将 ImageData 对象中的 data 数据（像素集合）绘制到画布中

8. 下列关于图像变换说法错误的是_____。

A. translate()方法用于实现坐标轴原点的移动

B. rotate()方法用于以坐标轴原点作为旋转中心对图形进行旋转

C. scale()方法用于将图形放大或缩小

D. transform()方法是 Canvas 2D API 通过矩阵多次叠加当前变换，实现图形的缩放和旋转效果，而移动和倾斜效果无法使用此方法来实现

第 5 章

SVG绘图

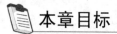

- 了解 SVG 发展历程及特点。
- 熟悉 SVG 的使用方式。
- 掌握 SVG 基本数据类型和框架元素。
- 熟练使用 SVG 绘制各种形状元素和文本内容。
- 了解 SVG 路径的绘制原理。
- 熟悉 SVG 样式及渐变填充。
- 了解 SVG 滤镜的使用。
- 了解 SVG 的事件机制和动画原理。

5.1 SVG 概述

SVG(Scalable Vector Graphics)是一种可缩放的矢量图形,通过 XML 语言格式来描述定义图形。使用 SVG 技术可以在网页中绘制出各种形状的高品质矢量图形,常见的矢量图包括图形、文字、动画、色彩和滤镜效果等。

在 SVG 出现之前,Web 设计师需要使用像素形式来定义图形,这种图形使用点阵形式进行存储,图形放大时会造成一定的失真,当存储的图形过大时又会消耗一定的存储空间,在网络传输时也占用较多的带宽。SVG 的出现有效地解决了上述问题,Web 设计师可以通过矢量方式来实现各种高质量的图形。

在 HTML 5 Canvas 画布中,所绘制的图形都是以像素形式进行渲染的,在图形绘制完成之后,浏览器不再关注 Canvas 画布;当 Canvas 位置发生改变时,整个画布都需要重新绘制。在 HTML 5 规范中新增了 SVG 元素,用于在页面中绘制矢量图;在 SVG 图形中每个绘制图形均被视为对象,当对象属性发生改变时,浏览器将会自动重绘该对象。

5.1.1 SVG 发展历程

1998 年由 Adobe、Sun 等公司向 W3C 联盟提出了 PGML(Precision Graphics Markup Language,精度图像标记语言)提案,而此时微软和 Macromedia 等公司也向 W3C 联盟提出了 VML(Vector Markup Language,矢量标记语言)提案。虽然 VML 和 PGML 具有很多相似性,但 VML 比较适合用普通矢量图形,而 PGML 能够满足专业设计和出版等方面的需求。为了进一步促进图像标准的发展，W3C 专门成立了 SVG 工作组，其中包括 Apple、Netscape、Microsoft、Sun、HP、IBM、Autodesk、Adobe、BitFlash、Visio、Xerox、Macromedia、Corel、Quark、RAL(CCLRC) 等知名公司。SVG 工作组结合了 VML 和 PGML 的优势，最终推出了新的标准矢量格式——SVG 格式。SVG 发展历程见表 5-1。

表 5-1 SVG 发展历程

时间	发展历程
1992 年 2 月	W3C 推出 SVG 工作草案
2000 年 8 月	W3C 发布 SVG 标准草案
2001 年 9 月	W3C 正式发布 SVG 1.0 标准
2003 年 1 月	W3C 发布 SVG 1.1 版本
2005 年 4 月	W3C 发布 SVG 1.2 版本的工作草案
2006 年 8 月	SVG 为移动设备提供了标准 SVG Tiny 1.2 版本
2011 年 8 月	W3C 推出 SVG 1.1 Second Edition

目前，W3C 推荐使用 SVG 1.1 版本；而 SVG 2.0 正在开发中，此版本提高了 SVG 的易用性，通过结合 HTML、CSS 和 JavaScript 技术来实现更加绚丽的效果。截至 2018 年 6 月，大部分浏览器暂未对 SVG 2.0 进行支持，有关 SVG 最新资讯可以在 https://www.w3.org/Graphics/SVG/官方网站获取。

5.1.2 SVG 特点

SVG 和 Canvas 元素都能够在浏览器中绘制图形，但其根本原理是不同的。Canvas 绘图是使用 JavaScript 技术来绘制 2D 或 3D 图形，在绘制过程中使用像素形式进行渲染；当 Canvas 绘制完成后，能够以 png 或 jpg 格式进行存储。Canvas 图形的清晰度依赖于图形的分辨率，且不支持局部元素的事件处理；在操作过程中需要为整个 Canvas 绑定事件，在事件的处理方法中判断该事件来自 Canvas 中的哪个图形；Canvas 比较适合用于开发图像密集型的游戏。

与 Canvas 相比，SVG 具有文本独立性、高品质矢量图、超强交互性、超强颜色控制、基于 XML 等特点，具体如下。

1. 文本独立性

SVG 中的文本与图形相互独立，文本标注允许被动态地移动和缩放，方便实现在 SVG 图形中检索文本标注。普通图像中的文本对于搜索引擎的检索有一定的难度，需要通过图像识别技术才能完成，但在识别过程中会存在一定的误差；而 SVG 中的文字能够比较容易地被搜索引擎检索到。

2. 高品质矢量图

普通图像在放大过程中会变得越来越不清晰，而 SVG 图像能够适应任何分辨率的屏幕或打印机，并保持原有的清晰度。用户可以自由缩放 SVG 图像而不会影响图像的清晰度，这对于查看图像细节非常有用，如查看数据图像中的数字。除此之外，SVG 还提供了一些非常优秀的特效，如模糊、阴影、光线等动态效果。

3. 超强交互性

通过 DOM 编程技术，可以动态地创建一个包含 SVG 图像的 Web 页面，针对用户的不同操作做出不同的响应(如声效、动画等特效),从而设计出功能较强的动态交互。而 GIF 和 JPEG 等栅格格式的图像都较难实现交互效果。

4. 超强颜色控制

SVG 提供了一个 1600 万色彩的调色板,支持 ICC 标准、RGB、线性填充和遮罩,具有超强的色彩控制能力。

5. 基于 XML

SVG 使用 XML 形式来组织和传递数据,具有 XML 所具有的特点,不仅能够跨平台,还可跨越设备,XML 数据与表现形式的分离使其成为不同终端交换信息的载体。

SVG 允许在图像质量不下降的情况下被放大,多用于数据展示方面,而不适合游戏应用。SVG 为图形对象提供了事件处理的支持,可以更加灵活地实现动态交互效果。当 SVG 对象的某一属性发生改变时,浏览器将自动重现图形,因此,复杂度较高的图形会减慢渲染速度。

5.1.3 SVG 的使用

SVG 是一种用来描述二维矢量图形的 XML 标记语言,能够以单独文件进行存储,文件的后缀为.svg,浏览器能够直接解析 SVG 文件,并将矢量图绘制出来。下述代码演示了 SVG 文件的基本结构。

【案例 5-1】 svgDemo.svg

```
<?xml version = "1.0" standalone = "no"?>
<!DOCTYPE svg PUBLIC " - //W3C//DTD SVG 1.1//EN"
    "http://www.w3.org/Graphics/SVG/1.1/DTD/svg11.dtd">
<svg version = "1.1" xmlns = "http://www.w3.org/2000/svg">
    <rect x = "50" y = "40" width = "100" height = "100" stroke = "green"
        stroke - width = "6" fill = "yellow" />
    <circle cx = "100" cy = "90" r = "40" stroke = "#EE4000"
        stroke - width = "8" fill = "#CDCD00"/>
</svg>
```

从上述代码中可以看出,SVG 与 XML 非常相似,第一行作为 XML 文档声明,其中 standalone 属性用于说明 SVG 文件是否独立。当 standalone 属性为 yes 时,说明当前 SVG 文档是独立的,不能引用外部的 DTD 规范文件;当 standalone 属性为 no 时,说明文档不是独立的,可以引用外部的 DTD 规范文档。

第二行中的 DOCTYPE 声明用于指明 SVG 的版本号以及所引用的 DTD 文件的 URL 地址;在指定的 DOCTYPE 声明中,当前 SVG 文件的根元素是 svg 元素,其中包含所有的 SVG 子元素。

上述代码中,在<svg>标签中包含<rect>和<circle>两个子标签,分别用于绘制圆形和矩形。代码在浏览器中运行的结果如图 5-1 所示。

在 HTML 5 之前,可以使用 object 和 iframe 元素来嵌入 SVG 文件。在 HTML 5 中对 SVG 进行改进,推荐使用 embed 元素来嵌入 SVG 文件;当 SVG 内容较少时,HTML 5 推荐使用 svg 元素将 SVG 内容直接嵌入 HTML 代码中。

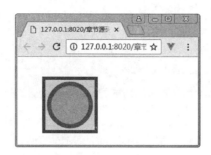

图 5-1　SVG 图形

 在页面中使用 embed、object 或 iframe 元素来嵌入 SVG 文件时，Firefox 和 Chrome 浏览器都能较好地进行支持，但 IE 浏览器对其支持度较差。

1. 使用 embed 元素嵌入 SVG

HTML 5 中新增了 embed 元素，用来定义嵌入的内容，如 SVG 图形、Flash 动画以及插件等，目前所有主流浏览器都支持 embed 元素；使用 embed 元素嵌入 SVG 文件时，允许在 SVG 文件中使用脚本。下述代码演示了使用 embed 元素嵌入 SVG 文件。

【案例 5-2】　embed_svg.html

```html
<!DOCTYPE html>
<html>
    <head>
        <meta charset="UTF-8">
        <title>embed 嵌入 SVG</title>
    </head>
    <body>
        <embed src="svgDemo.svg" width="300" height="200" type="image/svg+xml"/>
    </body>
</html>
```

上述代码中，使用 embed 元素嵌入外部 SVG 文件，其中 src 属性用于指明所嵌入文件的 URL 地址，type 属性用于指明所嵌入内容的 MIME 类型，width 属性用于设置所嵌入内容的宽度，height 属性用于设置所嵌入内容的宽度。

2. 使用 object 元素嵌入 SVG

object 元素是 HTML 4 中的标准元素，所有较新的浏览器都支持该元素，其缺点是不允许使用脚本。下述代码演示了使用 object 元素嵌入 SVG 文件。

【案例 5-3】　object_svg.html

```html
<!DOCTYPE html>
<html>
    <head>
        <meta charset="UTF-8">
        <title>object 嵌入 SVG</title>
```

```
    </head>
    <body>
        <object data = "svgDemo.svg" width = "300" height = "200" type = "image/svg+xml"/>
    </body>
</html>
```

上述代码中,使用 object 元素嵌入 SVG 文件,其中 data 属性用于指定所引用对象数据的 URL 地址,type 属性用于指明所嵌入内容的 MIME 类型。

3. 使用 iframe 元素嵌入 SVG

HTML 5 中保留了 iframe 元素,并对其进行了改良,使用 iframe 元素也可以嵌入 SVG 文件。下述代码演示了使用 iframe 元素嵌入 SVG 文件。

【案例 5-4】 iframe_svg.html

```
<!DOCTYPE html>
<html>
    <head>
        <meta charset = "UTF-8">
        <title>iframe 嵌入 SVG</title>
    </head>
    <body>
        <iframe src = "svgDemo.svg" width = "300" height = "200"></iframe>
    </body>
</html>
```

前面所讲述的 embed_svg.html、object_svg.html 和 iframe_svg.html 三个页面能够在 Firefox 和 Chrome 浏览器中进行预览,而在 IE 中无法预览。

4. 使用 svg 元素嵌入 SVG

HTML 5 规范中新增了 svg 元素,用于将 SVG 内容直接嵌入 HTML 代码中。下述代码演示了使用 svg 元素来嵌入 SVG 内容。

【案例 5-5】 HTML5_svg.html

```
<!DOCTYPE html>
<html>
    <head>
        <meta charset = "UTF-8">
        <title>svg 元素的使用</title>
        <style type = "text/css">
            .five-pointed-star{
                fill:lime;stroke:purple;stroke-width:5;fill-rule:evenodd;
            }
            .container{
                margin:0 auto;width: 200px;
            }
        </style>
```

```
        </head>
        <body>
            <div class = "container">
                <svg width = "200" height = "190">
                    <polygon points = "100,10 40,180 190,60 10,60 160,180" dx = "50"
                        class = "five-pointed-star"/>
                </svg>
            </div>
        </body>
</html>
```

上述代码中，使用 svg 元素直接嵌入 svg 图形，其中 polygon 元素用于创建一个多边形，此处创建了一个五角星，然后使用 class 样式来设置五角星的边线以及填充样式。代码运行结果如图 5-2 所示。

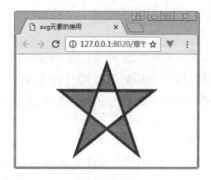

图 5-2 svg 绘制五角星

 当 svg 数据量较少时，推荐使用 svg 元素直接嵌入 HTML 页面中；当 svg 数据量较多时，推荐在页面中通过 embed 元素来嵌入 svg 外部文件。

5.2 SVG 基本数据类型

SVG 是 XML 规范的一个分支，作为一门计算机描述语言，数据类型是必不可少的要素。SVG 中提供了多种数据类型，除了常见的整型（integer）、数值型（number）、百分比（percentage）和日期型（date）外，还提供了如角度值、颜色值、坐标值、频率值等的数据类型。

1. 整型、数值型和百分比

整型是由正负号和数字构成的数值，且不带小数点，取值范围一般为 $-2^{31} \sim 2^{31}-1$。特殊规定的属性除外，如颜色值的最大值只能是 255。

数值型是指带小数点的值，包括使用科学计数法所产生的值。当进行复杂运算时，推荐使用双精度数值来计算，以避免精度不足而引起效果失真。

百分比是指带有百分号（%）的数值，常用来表示相对的数值。在 SVG 中，许多属性都允许使用百分比数值。

2. 角度值和颜色值

在整型和数值型数据之后跟着一个角度单位就构成了角度值,角度值有以下三种单位:度(deg)、梯度(grad)和弧度(rad)。在 CSS 样式中,角度必须带有单位;而在 SVG 中,角度值默认单位是度(deg)。

在 SVG 中使用颜色值(color)对 color 属性进行赋值,颜色值还可以用于 fill、stroke、stop-color、flood-color 和 lighting-color 属性。颜色有以下三种表达方式:颜色关键字、数字式 RGB 和 RGB 函数。

颜色关键字是指使用 red、green、blue 等关键字直接表示某种颜色,在 SVG 中提供了 147 种颜色关键字,基本可以满足平常的需要。

数字式 RGB 是指以"#"开头,其后跟着十六进制数字的形式,用来表示红、绿、蓝分量值,如"#AADDCC""#AE3"等形式。

RGB 函数是将一组三个数字转换成颜色值,数字之间使用逗号(,)隔开,三个数字分别表示红、绿、蓝分量值,如 rgb(128,230,100)形式。

3. 坐标值和长度值

坐标值(coordinate)是指坐标系统中的一种长度,坐标值由 X 轴和 Y 轴的方向值构成。

长度值是一种距离的度量,可以使用数值型和百分比来表示。当长度值的度量单位是 pt、pc、cm、mm 和 in 时表示是一种绝对距离,这种绝对距离和具体显示设备之间的转换由 SVG 客户端程序来完成。

4. 列表值和绘图值

列表值(list of sometype)是一系列按顺序排列的同种类型的数值,各个数值之间使用逗号隔开。绘图值(plant)多用于 fill 和 stroke 等属性,用于设置绘图效果。

5. 时间值、频率值和 URI

时间值(time)是指一个带有时间度量单位的数值型数据,常见的时间度量单位有 ms(毫秒)和 s(秒)。

频率值(frequency)用于产生声音效果,通常在数值之后带有频率单位,如 Hz(赫兹)和 kHz(千赫兹)。

URI 是统一资源标识符,用于指示网络中某一资源的地址,多用于超链接中。

5.3 SVG 框架元素

与 HTML 文档相似,SVG 也有基本的框架元素,如 svg、g、defs、symbol 和 use 元素。

1. svg 元素

在 SVG 中,svg 元素作为根元素,其他元素都是 svg 元素的子元素。svg 元素的属性见表 5-2。

表 5-2 svg 元素的属性

属性	描述
width	表示 SVG 文档矩形区域的宽度,默认为 100%
height	表示 SVG 文档矩形区域的高度,默认为 100%

续表

属性	描述
viewBox	用于声明用户自己的坐标系,其属性值由 min-x、min-y、width 和 height 构成,两者之间使用逗号或空格隔开;min-x 和 min-y 用于决定 viewBox 的左上角,width 和 height 用于决定 viewBox 的宽度和高度
xmlns[:prefix]	XML 通用属性,用于指明命名空间

 viewBox(视区盒子)用于将 viewBox 区域的内容铺满整个 SVG 区域,从而实现放大或缩小效果。通俗来说,如果 SVG 是显示器的屏幕,viewBox 是截屏工具所截取的区域,最终效果是将所截取的区域在显示器中全屏显示。

2. g 元素

g 元素是一种容器,用于将多个子元素组合成一个整体;g 元素的属性允许被子元素继承;当 g 元素的属性发生变化时,子元素也将随之改变。

【案例 5-6】 g_element.html

```
<svg width="100%" height="100%" viewBox="0 0 120 50"
     xmlns="http://www.w3.org/2000/svg">
    <g stroke="green" fill="#C1FFC1" stroke-width="3">
        <circle cx="25" cy="25" r="5" />
        <circle cx="40" cy="25" r="10" />
        <circle cx="60" cy="25" r="15" />
        <circle cx="90" cy="25" r="20" />
    </g>
</svg>
```

上述代码中,使用 svg 元素将代码直接嵌入 HTML 代码中。svg 元素的宽度与高度都是 100%,表示该元素完全充满外层容器。在 g 元素中包含四个 circle 元素,每个 circle 元素都使用 g 元素设定的填充样式和边线样式进行绘制,关于 circle 元素将在后续小节中讲解。代码运行结果如图 5-3 所示。

图 5-3　svg 和 g 元素

3. defs 元素

defs 元素多用来定义重复使用的元素。由于处于定义阶段,在 defs 元素中所定义的图形元素都不会直接显示；defs元素中的子元素在文档解析时不会被渲染，只有在引用时才会被渲染。使用defs元素对重复使用的元素进行封装，可以有效地提高SVG的执行效率。

defs元素与g元素非常相似，都可以用来装载多个子元素，唯一的区别在于：g元素中的子元素在解析时会被立即渲染，而defs元素只有在引用时才被渲染。

【案例5-7】 defs_element.html

```
<svg width="300" height="180" viewBox="0 0 200 180"
    xmlns="http://www.w3.org/2000/svg">
    <defs>
        <linearGradient id="myGradient">
            <stop offset="20%" stop-color="#C71585"/>
            <stop offset="50%" stop-color="#98FB98"/>
            <stop offset="80%" stop-color="#228B22"/>
        </linearGradient>
    </defs>
    <rect x="10" y="10" width="180" height="40" fill="url(#myGradient)"/>
    <circle cx="100" cy="120" r="50" fill="url(#myGradient)"/>
</svg>
```

上述代码中，使用defs元素定义了一个linearGradient渐变元素，然后在rect和circle元素中进行引用，从而实现渐变矩形和渐变圆形效果，如图5-4所示。

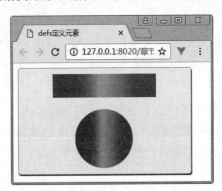

图5-4 defs预定义元素（见彩插）

4. symbol元素

symbol元素用于定义一个图形模板对象，模板本身不会渲染，只有使用use元素引用时才能呈现。symbol元素具有viewBox和preserveAspectRatio属性，在use元素引用时可以对矩形视区进行缩放。

5. use元素

use元素用于引用SVG中已定义的可视化元素，将被引用的元素内容复制一份到当前位置。use元素的x、y、width和height属性用来设置引用元素在给定坐标系中的矩形渲染区域的位置，xlink:href属性用于引用特定的元素。

下述代码演示了symbol和use元素的用法。

【案例 5-8】 symbol_element.html

```
<svg width="200" height="100">
    <!-- symbol 定义时不会被渲染 -->
    <symbol id="mySymbol" viewBox="0 0 140 140">
        <circle cx="50" cy="70" r="60" stroke-width="8"
                stroke="#EE0000" fill="#EE7AE9"/>
        <circle cx="100" cy="70" r="40" stroke-width="8"
                stroke="green" fill="white"/>
    </symbol>
    <!-- 使用 use 绘制元素 -->
    <use xlink:href="#mySymbol" x="10" y="20" width="50" height="25"/>
    <use xlink:href="#mySymbol" x="40" y="20" width="76" height="38"/>
    <use xlink:href="#mySymbol" x="80" y="20" width="100" height="50"/>
</svg>
```

上述代码中，使用 symbol 元素创建了一个图形模板对象 mySymbol，其中包含两个圆形，并使用指定的颜色进行填充和描边。接下来，通过 use 元素来引用 mySymbol 模板对象，并绘制了三幅不同大小的副本，效果如图 5-5 所示。

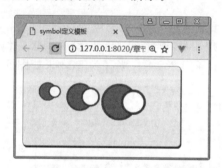

图 5-5　symbol 和 use 元素的用法

5.4　SVG 形状元素

在 SVG 中常见的形状元素有矩形（rect）、圆形（circle）、椭圆（ellipse）、线段（line）、折线（polyline）和多边形（polygon）等元素。

1. rect 元素

rect 元素是 SVG 的一个基本形状，用于创建一个矩形。使用 rect 元素绘制矩形时，需要确定矩形的左上角坐标、宽度和高度，rect 元素的属性见表 5-3。

表 5-3　rect 元素的属性

属性	描述
x	表示矩形区域的左上角的 x 轴坐标，默认为 0
y	表示矩形区域的左上角的 y 轴坐标，默认为 0
width	表示矩形区域的宽度，默认为 100%

续表

属性	描 述
height	表示矩形区域的高度,默认为100%
rx	表示矩形区域的圆角的水平半径
ry	表示矩形区域的圆角的垂直半径

下述代码演示了使用rect元素来绘制普通矩形和圆角矩形。

【案例5-9】 rect.html

```
<svg width="200" height="85">
    <rect x="10" y="20" width="50" height="50" stroke="green"
        stroke-width="3" fill="yellow"/>
    <rect x="70" y="20" width="50" height="50" rx="15" ry="15"
        stroke="green" stroke-width="3" fill="yellow"/>
    <rect x="130" y="20" width="50" height="50" rx="20" ry="5"
        stroke="green" stroke-width="3" fill="yellow"/>
</svg>
```

上述代码中,创建了三个矩形,分别使用绿色描边和黄色填充。第一个矩形是一个普通矩形;第二个矩形是一个圆角矩形,圆角的水平半径和垂直半径均为15;第三个矩形也是一个圆角矩形,圆角的水平半径为20、垂直半径为5,效果如图5-6所示。

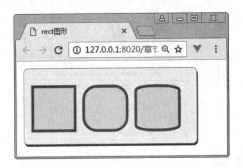

图5-6 rect矩形

2. circle元素

circle元素是SVG的一个基本形状,用于创建一个圆形。使用circle元素绘制圆形时,需要确定圆心的坐标和半径,circle元素的属性见表5-4。

表5-4 circle元素的属性

属性	描 述
cx	表示圆心在用户坐标系中的X坐标值
cy	表示圆心在用户坐标系中的Y坐标值
r	表示圆的半径

下述代码演示了使用circle元素来绘制一个圆脸。

【案例 5-10】 circle.html

```
<svg width="160" height="150">
    <circle cx="60" cy="60" r="50" stroke="green" stroke-width="3" fill="yellow"/>
    <circle cx="60" cy="45" r="10" stroke="green" stroke-width="3" fill="yellow"/>
    <circle cx="80" cy="45" r="10" stroke="green" stroke-width="3" fill="yellow"/>
    <circle cx="62" cy="45" r="4" stroke-width="3" fill="black"/>
    <circle cx="78" cy="45" r="4" stroke-width="3" fill="black"/>
    <rect x="56" y="75" width="30" height="10" rx="20" ry="5" stroke="green"
          stroke-width="3" fill="yellow"/>
</svg>
```

上述代码中，使用五个圆形和一个圆角矩形来绘制一个圆脸。在 circle 元素中，cx 和 cy 属性用于指定圆形的圆心坐标，r 属性用于指定圆的半径大小。在 rect 元素中，rx 和 ry 属性分别表示矩形圆角的水平半径和垂直半径。代码运行结果如图 5-7 所示。

图 5-7 circle 图形

3. ellipse 元素

ellipse 元素是 SVG 的一个基本形状，用于创建一个椭圆。使用 ellipse 元素绘制椭圆时，需要确定椭圆的中心坐标、x 轴半径和 y 轴半径，ellipse 元素的属性见表 5-5。

表 5-5 ellipse 元素的属性

属性	描述
cx	表示椭圆中心在用户坐标系中的 X 坐标值
cy	表示椭圆中心在用户坐标系中的 Y 坐标值
rx	表示椭圆的水平半径
ry	表示椭圆的垂直半径

下述代码演示了使用 ellipse 元素来绘制椭圆。

【案例 5-11】 ellipse.html

```
<svg width="180" height="120">
    <rect x="18" y="8" width="144" height="104" fill="#FFFF00" stroke="#000"/>
    <ellipse cx="90" cy="60" rx="25" ry="50" fill="#EE7942" stroke="#000"/>
    <ellipse cx="90" cy="60" rx="70" ry="15" fill="#00FF7F" stroke="#000"/>
</svg>
```

上述代码中，绘制了一个矩形和两个椭圆，通过cx和cy属性来指定椭圆中心的坐标位置，rx和ry属性来设置椭圆的水平半径和垂直半径。代码运行结果如图5-8所示。

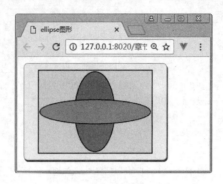

图5-8 ellipse图形

4. line元素

line元素是SVG的一个基本形状，用来创建一条连接两个点的线段。使用line元素绘制线段时，需要提供起始点和结束点，line元素的属性见表5-6。

表5-6 line元素的属性

属性	描述
x1	表示线段起始点的X坐标值
y1	表示线段起始点的Y坐标值
x2	表示线段结束点的X坐标值
y2	表示线段结束点的Y坐标值

上述SVG的基本元素都有描边（stroke）属性，通过描边属性集能够产生一系列丰富的图形边框效果。描边属性集中包括stroke-width、stroke-opacity、stroke-dasharray、stroke-linecap和stroke-linejoin属性，具体见表5-7。

表5-7 stroke描边属性集

属性	描述
stroke	用于设置描边时的颜色
stroke-width	用于设置描边时的宽度
stroke-opacity	用于设置描边时的透明度
stroke-dasharray	用于设置描边时所采用的线型
stroke-dashoffset	用于设置描边时绘制图案的偏移量
stroke-linecap	用于设置描边端点形状
stroke-linejoin	当描边线条交叉时，交叉点处的过渡形状，取值范围是miter、round和bevel

下述代码演示了使用line元素来绘制线段，并使用stroke属性集进行描边。

【案例5-12】 line.html

```
<svg width="310" height="160">
    <line x1="10" y1="20" x2="300" y2="20" stroke="#000" stroke-width="3"
```

```
        stroke-dasharray = "10 2"/>
    <line x1 = "10" y1 = "40" x2 = "300" y2 = "40" stroke = "#000" stroke-width = "3"
        stroke-dasharray = "10 2" stroke-dashoffset = "3"/>
    <line x1 = "10" y1 = "60" x2 = "300" y2 = "60" stroke = "#000" stroke-width = "3"
        stroke-dasharray = "5 10"/>
    <line x1 = "10" y1 = "80" x2 = "300" y2 = "80" stroke = "#000" stroke-width = "3"
        stroke-dasharray = "1 1"/>
    <line x1 = "10" y1 = "100" x2 = "300" y2 = "100" stroke = "#000" stroke-width = "3"
        stroke-dasharray = "10"/>
    <line x1 = "10" y1 = "120" x2 = "300" y2 = "120" stroke = "#000" stroke-width = "3"
        stroke-opacity = "0.4"/>
    <line x1 = "10" y1 = "140" x2 = "300" y2 = "140" stroke = "#0c0" stroke-width = "6"
        stroke-linecap = "round"/>
</svg>
```

上述代码中,先后绘制了七种样式的线段,前五条线段均为虚线条,第六条为半透明线段,第七条的端点为圆形端点。代码运行结果如图 5-9 所示。

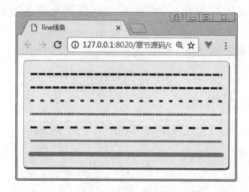

图 5-9 line 线条

5. polyline 元素

polyline 元素也是 SVG 中的一个基本形状,使用一系列线段来连接多个点,形成一条折线。首先确定关键点的坐标,然后通过关键点来生成一条折线。polyline 元素只有一个 points 属性,该属性是一组 point 类型的数据集合,数据之间使用逗号(,)隔开。

下述代码演示了使用 polyline 元素绘制一条折线,并使用"#00EE76"进行填充。

【案例 5-13】 polyline.html

```
<svg width = "150" height = "100">
    <polyline points = "30 70,
            40 70,40 40,50 40,50 70,
            60 70,60 20,70 20,70 70,
            80 70,80 10,90 10,90 70,
            100 70,100 90,110 90,110 70,
            120 70,120 30,130 30,130 70,
            140 70"
        fill = "#00EE76" stroke = "#000000"/>
</svg>
```

上述代码中,使用 polyline 元素绘制了一条折线,该元素的 points 属性中提供了 22 个坐标点,除了两端的端点外,其余每四个坐标点构成一个填充块。代码运行结果如图 5-10 所示。

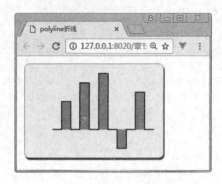

图 5-10　polyline 折线

6. polygon 元素

polygon 元素用于创建一个闭合多边形,由一组首尾相连的直线线段构成,最后一点与第一点相连接从而形成闭环。与 polyline 元素相似,polygon 元素也具有 points 属性,该属性是由一组 point 类型的数据集合构成,数据之间用逗号(,)隔开。

下述代码演示了使用 polygon 元素来绘制封闭图形。

【案例 5-14】　polygon.html

```
<svg xmlns = "http://www.w3.org/2000/svg" width = "240" height = "60">
    <polygon points = "35 20,20 5, 5 20, 20 35" fill = "#0000CD"/>
    <polygon points = "20 7, 13 20, 20 34, 28 20" fill = "white"/>
    <circle cx = "60" cy = "20" r = "15" fill = "#CD0000"/>
    <polygon points = "60 7, 48 20, 60 32, 73 20" fill = "white"/>
    <polygon points = "100 5, 85 20, 100 35, 115 20" fill = "green"/>
    <circle cx = "100" cy = "20" r = "9" fill = "white"/>
    <circle cx = "140" cy = "20" r = "15" fill = "#EE7600"/>
    <polygon points = "140 5, 130 20, 140 35, 150 20" fill = "white"/>
    <circle cx = "180" cy = "20" r = "15" fill = "#EE1289"/>
    <polygon points = "180 5, 165 27, 195 27" fill = "white"/>
    <circle cx = "220" cy = "20" r = "15" fill = "#698B22"/>
    <polygon points = "210 10, 210 30, 230 30,230,10" fill = "white"/>
</svg>
```

上述代码中,先后绘制了六组图形,第一组图形由两个 polygon 元素组合而成,其他五组图形由 circle 和 polygon 元素组合而成。代码运行结果如图 5-11 所示。

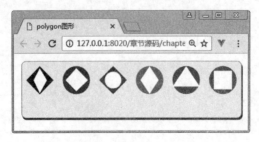

图 5-11　polygon 图形

5.5 SVG 路径

路径(path)元素是 SVG 中一种非常重要的元素,前面所讲述的基本图形都可以通过 path 元素绘制出来。基本图形是一种相对简单的图形,而路径元素能够更加灵活地绘制一些规则或不规则的圆弧和曲线。path 元素提供了 d 和 pathLength 两个属性,见表 5-8。

表 5-8 path 元素的属性

属 性	描 述
d	定义一组路径数据
pathLength	路径的总长度

其中,属性 d 用于定义一组路径数据,数据由绘图指令和坐标数据构成。绘图指令包括 Moveto、Lineto、Curvto、Arcto 和 ClosePath 指令,具体如下。

1. Moveto 指令

Moveto 指令用于从指定的坐标点开始绘制一条新的子路径,该指令分为 M 和 m 指令。M 指令的坐标值是当前用户坐标系中的绝对坐标值,而 m 指令的坐标值是相对坐标值(相对当前点向右和向下的距离)。

2. Lineto 指令

Lineto 指令用于绘制一条直线段,该指令分为 L 和 l 指令。与 Moveto 命令相似,Lineto、Curvto、Arcto 和 ClosePath 指令中的大写指令的坐标都是绝对坐标值,而小写指令中的坐标都是相对坐标值。

3. Curvto 指令

Curvto 指令用于绘制一条贝塞尔曲线。其中 Q 和 q 指令用于绘制二次方贝塞尔曲线,而 C 和 c 指令用于绘制三次方贝塞尔曲线。

4. Arcto 指令

Arcto 指令用于绘制一条椭圆弧的曲线路径,该指令分为 A 和 a 指令,指令的语法格式如下。

【语法】

```
A rx,ry xAxisRotate largeArcFlag,sweepFlag x,y
```

其中:
- 参数 rx、ry 分别表示 x 轴和 y 轴方向的半径;
- 参数 xAxisRotate 表示 x 轴与水平轴的顺时针夹角;
- 参数 largeArcFlag 用于设置所绘制的弧线是小角度弧线还是大角度弧线,当参数为 0 时表示绘制小弧,当参数为 1 时表示绘制大弧;
- 参数 sweepFlag 用于设置是顺时针还是逆时针方向绘制弧线,当参数为 0 时表示逆

时针方向,当参数为 1 时表示顺时针方向;
- 参数 x 和 y 表示目标点的坐标(x,y)。

5. ClosePath 指令

ClosePath 指令用于将当前点和第一个点进行连接从而形成闭环,该指令分为 Z 和 z 指令。

下述代码演示了使用 path 元素绘制彩色圆饼图。

【案例 5-15】 path.html

```
<svg width="300" height="300" viewBox="0 0 400 400">
    <path d="M200,200 L200,20 A180,180 0 0,1 377,231 z" fill="#ff0000"/>
    <path d="M200,200 L377,231 A180,180 0 0,1 138,369 z" fill="#00ff00"/>
    <path d="M200,200 L138,369 A180,180 0 0,1 20,194 z" fill="#0000ff"/>
    <path d="M200,200 L20,194 A180,180 0 0,1 75,71 z" fill="#ff00ff"/>
    <path d="M200,200 L75,71 A180,180 0 0,1 200,20 z" fill="#ffff00"/>
</svg>
```

上述代码中,使用 path 元素分别绘制了五个扇形,在 path 元素的 d 属性中使用 M 指令来设置扇形的开始坐标,L 指令用于从开始点到目标点绘制一条线段,A 指令则通过顺时针方向绘制一条弧线,最后使用 z 指令来形成闭环。代码运行结果如图 5-12 所示。

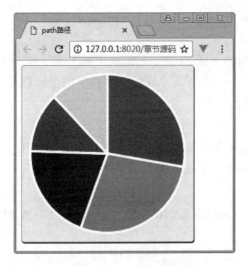

图 5-12 path 路径

5.6 SVG 样式

与 HTML 基本标签相似,SVG 中大部分标签都能够设置样式。对 SVG 中的元素设置样式时,不同的元素所使用的参数也有所不同。SVG 样式主要分为以下几种类型:字体、文本、媒体、裁剪遮罩、渐变、滤镜、交互和绘图等样式,具体见表 5-9。

表 5-9　SVG 样式类型

类型	样式名	描述
字体样式	font	用于设置字体的样式
	font-family	用于设置所使用的字体名称
	font-size	用于设置字体的大小
	font-stretch	用于设置字体拉伸时的规则
	font-style	用于设置字体的额外样式
	font-variant	用于设置字体的变体方式
	font-weight	用于设置字体的是否粗体以及粗体方式
文本样式	direction	用于设置文本的排列方向
	letter-spacing	用于设置文本字母之间的间距
	text-decoration	用于设置文本的修饰效果
	unicode-bidi	用于说明文本使用的 Unicode 方式
	alignment-baseline	用于设置文本的基线排列方式
媒体样式	clip	仅能用于最外层的 SVG 元素,用于说明裁剪方式
	color	用于设置颜色
	cursor	用于设置鼠标的形状
	display	用于设置元素是否可见
	overflow	仅限于创建新视口的元素,当内容超过可见区域时如何处理溢出部分
裁剪遮罩	clip-path	用于设置图形对象的裁剪路径
	clip-rule	用于设置图形对象的裁剪规则
	mask	用于设置遮罩
	opacity	用于设置图形对象的透明度
滤镜样式	enable-background	在设置滤镜时,是否考虑背景图像
	filter	用于设置具体的滤参数
	flood-color	用于设置填充色彩
	flood-opacity	用于设置填充的透明度
渐变样式	stop-color	用于设置色彩渐变的起止颜色
	stop-opacity	用于设置色彩渐变的透明度
交互参数	pointer-events	用于设置响应事件
绘图样式	color-interpolation	用于设置颜色的插补与合成方式
	color-rendering	用于设置颜色的渲染方式
	fill	用于设置填充方式
	fill-opacity	用于设置填充的透明度
	image-rendering	用于设置图像渲染时的规则
	marker	用于引用箭头标记
	marker-end	用于在路径终点引用一个箭头标记
	marker-mid	用于在路径中点引用一个箭头标记
	marker-start	用于在路径起点引用一个箭头标记
	shape-rendering	用于设置图形的渲染规则
	stroke	用于设置图形的描边方式
	stroke-dasharray	用于设置描边时所采用的线型
	stroke-dashoffset	用于设置描边时线型的偏移量
	stroke-linecap	用于设置路径线条端点的绘制样式
	stroke-linejoin	用于设置线条交叉时交点处的过渡形状
	stroke-miterlimit	用于设置路径端点是 miter 时的大小限制
	stroke-opacity	用于设置描边线条的透明度
	stroke-width	用于设置描边线条的宽度
	stroke-rendering	用于设置描边时的渲染规则

5.6.1 SVG 元素使用样式

在 HTML 页面中，可以通过以下三种形式为 SVG 元素设置样式。

1. 使用直接属性

通过 SVG 元素所提供的样式属性（如 stroke-width 等）来添加样式，此种方式虽然比较灵活，但容易与 style 属性混淆。

【案例 5-16】 attribute_style.html

```
<svg width="300" height="150">
    <circle cx="80" cy="80" r="60" stroke-width="4" stroke="#A020F0"
        stroke-dasharray="8,6" fill="#A2CD5A"/>
    <circle cx="150" cy="80" r="60" fill-opacity="0.8" fill="#FFFFFF"
        stroke-opacity="0.9" stroke-width="4" stroke="#551A8B"/>
</svg>
```

上述代码中，使用样式属性为 circle 元素设置描边效果和填充效果，其中使用 stroke、stroke-width、stroke-opacity 和 stroke-dasharray 属性来设置描边样式，使用 fill 和 fill-opacity 属性来设置填充样式。代码运行结果如图 5-13 所示。

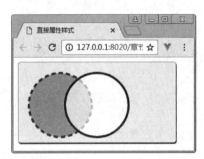

图 5-13 使用属性设置样式

2. 使用 style 属性

可以通过行内样式（即 style 属性）来设置 SVG 元素的样式，在 style 样式中，属性和属性值之间用冒号（:）隔开，各个属性之间使用分号（;）隔开。

【案例 5-17】 inline_style.html

```
<svg width="300" height="150">
    <circle cx="80" cy="80" r="60" style="stroke:#A020F0;stroke-width:4;
        stroke-dasharray:8,6;fill:#A2CD5A;"/>
    <circle cx="150" cy="80" r="60" style="fill:#FFFFFF;fill-opacity:0.8;
        stroke:#551A8B;stroke-width:4;stroke-opacity:0.9;"/>
</svg>
```

上述代码中，使用 style 属性来设置 circle 元素的描边样式和填充样式。代码运行结果如图 5-13 所示。

3. 使用 class 属性

与 HTML 元素相似，可以通过外部样式或内部样式来定义类样式，然后在 SVG 元素中使用 class 属性引用所定义的样式。

【案例 5-18】 class_style.html

```
<style type="text/css">
    .leftCircle{
        stroke:#A020F0;
        stroke-width:4;
        stroke-dasharray:8,6;
        fill:#A2CD5A;
    }
    .rightCircle{
        fill:#FFFFFF;
        fill-opacity:0.8;
        stroke:#551A8B;
        stroke-width:4;
        stroke-opacity:0.9;
    }
</style>
<svg width="300" height="150">
    <circle cx="80" cy="80" r="60" class="leftCircle"/>
    <circle cx="150" cy="80" r="60" class="rightCircle"/>
</svg>
```

上述代码中,在内部样式中定义了 leftCircle 和 rightCircle 两种类样式,然后在 circle 元素中通过 class 属性来引用所定义的样式,为 circle 元素设置描边样式和填充样式。代码运行结果如图 5-13 所示。

5.6.2 SVG 文件引用样式

SVG 继承了 XML 的样式风格,允许使用内部样式或外部样式来引用样式,详细用法读者可以参照 XML 中样式的使用。内部样式是指在 SVG 文件中通过 style 元素来定义样式。下述代码演示了使用内部样式来为 SVG 元素设置样式。

【案例 5-19】 class_style.svg

```
<?xml version="1.0" standalone="no"?>
<!DOCTYPE svg PUBLIC "-//W3C//DTD SVG 1.1//EN"
    "http://www.w3.org/Graphics/SVG/1.1/DTD/svg11.dtd">
<svg width="300" height="150" version="1.1" xmlns="http://www.w3.org/2000/svg">
    <style type="text/css">
        <![CDATA[
            .leftCircle{
                stroke:#A020F0;
                stroke-width:4;
                stroke-dasharray:8,6;
                fill:#A2CD5A;
            }
            .rightCircle{
```

```
                    fill:#FFFFFF;
                    fill-opacity:0.8;
                    stroke:#551A8B;
                    stroke-width:4;
                    stroke-opacity:0.9;
                }
            ]]>
        </style>
        <circle cx="80" cy="80" r="60" class="leftCircle"/>
        <circle cx="150" cy="80" r="60" class="rightCircle"/>
</svg>
```

上述代码中,SVG 作为一个独立的文件,使用 CSS 样式时需要预先定义,在 style 元素中定义了 leftCircle 和 rightCircle 两种类样式,然后在 circle 元素中通过 class 属性引用所定义的样式。<![CDATA[…]]>标签的作用是:当浏览器能够解析 CDATA 数据时将正常解析该数据,当浏览器不能解析 CDATA 数据时将忽略对该数据的解析。

外部样式是指在外部样式文件中定义样式,然后在 SVG 文件中通过<? xml-stylesheet?>标签来引入外部样式文件。首先,在外部样式文件中定义样式,代码如下所示。

【案例 5-20】 svg_styles.css

```
@charset "utf-8";
svg{
    border:1px solid #A4A4A4;
    border-radius:5px;
    box-shadow:1px 2px #555555;
    background-color:lightgoldenrodyellow;
}
.leftCircle{
    stroke:#A020F0;
    stroke-width:4;
    stroke-dasharray:8,6;
    fill:#A2CD5A;
}
.rightCircle{
    fill:#FFFFFF;
    fill-opacity:0.8;
    stroke:#551A8B;
    stroke-width:4;
    stroke-opacity:0.9;
}
```

接下来,在 SVG 文件中使用<? xml-stylesheet?>来引入外部样式文件,代码如下所示。

【案例 5-21】 outer_class_style.svg

```
<?xml version = "1.0" standalone = "no"?>
<?xml-stylesheet href = "css/svg_styles.css" type = "text/css"?>
<!DOCTYPE svg PUBLIC " - //W3C//DTD SVG 1.1//EN"
    "http://www.w3.org/Graphics/SVG/1.1/DTD/svg11.dtd">
<svg width = "300" height = "150" version = "1.1" xmlns = "http://www.w3.org/2000/svg">
    <circle cx = "80" cy = "80" r = "60" class = "leftCircle"/>
    <circle cx = "150" cy = "80" r = "60" class = "rightCircle"/>
</svg>
```

上述代码中,在引入外部样式文件 svg_styles.css 之后,在 circle 元素中就可以使用 class 属性来引用外部文件中所定义的样式。

5.7 文本内容

与传统的点阵图不同,SVG 中可以嵌入具有图像效果的文本,文本可以按照不同国家的书写习惯进行排列,如从上到下、从右到左等形式。文本内容的操作比较灵活,可以实现选择、复制和粘贴等操作,结合 SVG 的交互性还可以实现文本内容以及样式的动态修改。SVG 中的文本内容能够作为图像的主题被搜索引擎收录,这也是其他格式的图片无法实现的功能。

在 SVG 中可以使用 text、tspan 和 textPath 等元素来描述文本,其中 text 元素用来定义一个由文字组成的图形,该元素的属性见表 5-10。

表 5-10 text 元素的属性

属 性	描 述
x	在用户坐标系统中的 x 轴坐标,默认为 0
y	在用户坐标系统中的 y 轴坐标,默认为 0
dx	表示该元素或其内容在 x 轴方向上的偏移量
dy	表示该元素或其内容在 y 轴方向上的偏移量
text-anchor	用来描述文本域所给点的对齐方式,取值范围为 start | middle | end | inherit

文本内容可以直接嵌入 text 元素中,在 text 元素中还可以使用 tspan 元素进行局部标注,以实现局部内容的文本调整、字体设置和位置定位,tspan 元素的属性与 text 元素的属性基本相同。

【案例 5-22】 text.html

```
<style type = "text/css">
    .textClass{
        font-family:Times New Roman;
        font-size:35pt;
        stroke:#0000ff;
        stroke-width:2px;
        fill:#00ff00;
```

```
        }
        tspan{
            fill:red;
            font-weight:bold;
            stroke-width:0;
        }
    </style>
    <svg width="500" height="150">
        <text x="30" y="80" class="textClass">
            欢迎来到<tspan>布谷鸟</tspan>直播平台!
        </text>
    </svg>
```

上述代码中,通过 text 元素来绘制文本,在文本中使用 tspan 元素来重点强调文本的局部内容。代码运行结果如图 5-14 所示。

图 5-14　text 元素

SVG 中的文本能够按照曲线路径进行排列。当实现文本曲线路径排列时,首先使用 path 元素来定义一个曲线路径,然后在 text 元素中使用 textPath 子元素来设置文本的曲线路径。

【案例 5-23】　textPath.html

```
<svg width="520" height="200">
    <defs>
        <path id="MyPath"
              d="M 30 100 C 50 50 100 20 200 80
                 C 300 160 400 10 500 100 " />
    </defs>
    <text x="30" y="150" class="baseClass textClass">
        欢迎来到<tspan>布谷鸟</tspan>直播平台!
    </text>
    <text x="30" y="200" class="baseClass">
        <textPath xlink:href="#MyPath">生活笑话不断,今晚8点不见不散.</textPath>
    </text>
    <use xlink:href="#MyPath" stroke="black" stroke-opacity="0.6"
         fill-opacity="0"></use>
</svg>
```

上述代码中,在 defs 元素中预定义了一个 M 型的曲线路径,通过 textPath 元素的 xlink:href 属性来设置文本的绘制路径。代码运行结果如图 5-15 所示。

图 5-15　textPath 路径

5.8　渐变填充

颜色渐变是指各种颜色之间的光滑过渡,使用颜色渐变时需要先定义渐变模式,然后在元素中引用所定义的渐变模式即可。颜色渐变包括线性渐变(linearGradient)和径向渐变(radialGradient)。

1. 线性渐变

线性渐变是指颜色沿着直线方向的渐变过渡。在 SVG 中,一般在 defs 元素的内部使用 linearGradient 元素来定义线性渐变模式,每个模式都有一个 id 标识,以便其他元素引用。linearGradient 元素的属性见表 5-11。

表 5-11　linearGradient 元素的属性

属　　性	描　　述
id	用于定义 linearGradient 元素的标识,其他元素通过 id 来引用
x1	用于指明线性渐变模式起点的 X 坐标,默认为 0
y1	用于指明线性渐变模式起点的 Y 坐标,默认为 0
x2	用于指明线性渐变模式终点的 X 坐标,默认为 100%
y2	用于指明线性渐变模式终点的 Y 坐标,默认为 0
gradientUnits	用于设置 x1、y1、x2 和 y2 坐标值的长度单位,取值范围为 userSpaceOnuse 或 objectBoundingBox。当 gradientUnits 为 userSpaceOnuse 时,说明长度单位取决于 linearGradient 元素所在的用户坐标系;当 gradientUnits 为 objectBoundingBox 时,说明长度单位使用当前渐变的图形对象的矩形外框为参考坐标系
spreadMethod	当渐变模式的定义区域小于引用元素的区域时,所超出部分的处理方法;pad 表示纯色填充,reflect 表示使用镜像重复填充,repeat 表示直接重复填充
xlink:href	使用该属性引用另外一个已经定义好的渐变模式
gradientTransform	用于指明渐变模式所采用的坐标变换方法

在创建线性渐变模式时,需要使用 stop 元素来设置颜色关键点的色彩和位置,通过关键点形成色彩渐变。stop 元素的属性见表 5-12。

表 5-12 stop 元素的属性

属性	描述
stop-color	用于设置关键点的颜色值,默认为黑色
stop-opacity	用于设置关键点的透明度,取值范围为 0(透明)~1(不透明)
offset	用于指明 linearGradient 或 radialGradient 中 stop 元素在渐变模式上的位置,0 表示模式的起点,100% 表示模式的终点

下述代码演示了使用 linearGradient 和 stop 元素创建一个线性渐变模式。

【案例 5-24】 linearGradient.html

```
<svg width="350" height="150">
    <defs>
        <linearGradient id="myGradient">
            <stop offset="5%" stop-color="#F60"/>
            <stop offset="50%" stop-color="#0E0"/>
            <stop offset="95%" stop-color="#FF6"/>
        </linearGradient>
    </defs>
    <rect fill="url(#myGradient)" stroke="black" stroke-width="1"
        x="20" y="30" width="300" height="60"/>
</svg>
```

上述代码中,在 defs 元素中定义了一个线性渐变模式 myGradient,然后在 rect 元素的 fill 属性中使用 url(#myGradient)形式来引用所定义的渐变模式。代码运行结果如图 5-16 所示。

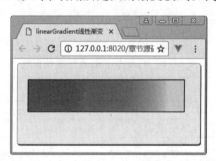

图 5-16 linearGradient 线性渐变(见彩插)

2. 径向渐变

径向渐变又称放射性渐变,是指沿着两个圆心的方向向外逐渐扩散的渐变过渡。在 SVG 中,一般在 defs 元素的内部使用 radialGradient 元素来定义径向渐变模式,每个模式都有一个 id 标识,以便其他元素引用。radialGradient 元素的属性见表 5-13。

表 5-13 radialGradient 元素的属性

属性	描述
id	用于定义 radialGradient 元素的标识,其他元素通过 id 来引用
cx	用于指明径向渐变模式内圆(即中心)的 X 坐标,默认为 50%
cy	用于指明径向渐变模式内圆(即中心)的 Y 坐标,默认为 50%

续表

属性	描述
fx	用于指明径向渐变模式外圆圆心的 X 坐标,默认为 cx
fy	用于指明径向渐变模式外圆圆心的 Y 坐标,默认为 cy
r	用于设置渐变圆的半径,默认为 50%
gradientUnits	用于设置 cx、cy、fx 和 fy 坐标值的长度单位,取值范围为 userSpaceOnuse 或 objectBoundingBox。当 gradientUnits 为 userSpaceOnuse 时,说明长度单位取决于 radialGradient 元素所在的用户坐标系;当 gradientUnits 为 objectBoundingBox 时,说明长度单位使用当前渐变的图形对象的矩形外框为参考坐标系
spreadMethod	当渐变模式的定义区域小于引用元素的区域时,所超出的部分的处理方法;pad 表示纯色填充,reflect 表示使用镜像重复填充,repeat 表示直接重复填充
xlink:href	使用该属性引用另外一个已经定义好的渐变模式
gradientTransform	用于指明渐变模式所采用的坐标变换方法

下述代码演示了使用 radialGradient 和 stop 元素来创建一个径向渐变模式。

【案例 5-25】 radialGradient.html

```
<svg width="360" height="150">
    <defs>
        <radialGradient id="myGradient" cx="0%" cy="0%" r="100%">
            <stop offset="0%" style="stop-color:#8E388E;"/>
            <stop offset="60%" style="stop-color:#FFFF00;"/>
            <stop offset="100%" style="stop-color:#FFA500;"/>
        </radialGradient>
        <radialGradient id="padded" xlink:href="#myGradient"
            spreadMethod="pad"/>
        <radialGradient id="repeated" xlink:href="#myGradient"
            spreadMethod="repeat"/>
        <radialGradient id="reflected" xlink:href="#myGradient"
            spreadMethod="reflect"/>
    </defs>
    <rect x="20" y="20" width="100" height="100"
        style="fill:url(#padded);stroke:black;"/>
    <rect x="130" y="20" width="100" height="100"
        style="fill:url(#repeated);stroke:black;"/>
    <rect x="240" y="20" width="100" height="100"
        style="fill:url(#reflected);stroke:black;"/>
</svg>
```

上述代码中,在 defs 元素中定义了一个径向渐变模式 myGradient,然后在 myGradient 模式基础上又定义了 pad、repeat 和 reflect 三种平铺形式的渐变模式,最后绘制了三个正方形,分别引用上述三种径向渐变模式。代码运行结果如图 5-17 所示。

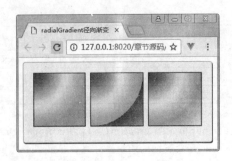

图 5-17　radialGradient 径向渐变（见彩插）

5.9　滤镜元素

滤镜效果是一种比较复杂的效果，通过混合模式、光源设置、立体变换等形式来实现图形的绚丽效果。SVG 不仅能够渲染 2D 效果，还能渲染出 3D 的影像效果，但在渲染绚丽效果的同时，需要消耗一定的系统资源，在实际应用中根据需要来权衡是否使用滤镜效果。

SVG 提供了一些基本的滤镜变换元素，如光照、偏移、高斯模糊、色彩变换等，具体见表 5-14。

表 5-14　滤镜变换元素

滤　镜	描　述
feBlend	将两个对象组合在一起，使其受特定的混合模式控制
feColorMatrix	该滤镜基于转换矩阵对颜色进行变换
feComponentTransfer	修改每个像素的颜色，将其 Red、Green、Blue 和 Alpha 通道变成子元素 feFuncR、feFuncB、feFuncG 和 feFuncA 并返回
feComposite	该滤镜用于执行两个输入图像的智能像素组合，在图像空间中使用 over、in、atop 或 xor 合成操作
feConvolveMatrix	矩阵卷积滤镜效果，在输入图像中把像素与邻近像素组合起来制作出结果图像
feDiffuseLighting	滤镜光照效果，使用 alpha 通道作为隆起映射
feDisplacementMap	映射置换滤镜，该滤镜将图像从 in2 到空间的像素值置换为图像从 in 到空间的像素值
feFlood	该滤镜使用 flood-color 元素定义的颜色，flood-opacity 元素定义的不透明度，来填充滤镜区域
feGaussianBlur	该滤镜对输入图像进行高斯模糊
feImage	该滤镜从外部来源取得图像数据，并以像素数据形式输出，可以对 SVG 图形进行栅格化
feMerge	创建一个滤镜叠加效果，可以包含一个或多个子滤镜
feMergeNode	feMergeNode 是 feMerge 的子滤镜，用于在 feMerge 滤镜中叠加其他滤镜效果
feOffset	将图像作为一个整体，提供 dx 和 dy 属性对其进行偏移
feSpecularLighting	该滤镜照亮一个原图形，使用 alpha 通道作为隆起映射；该光照计算遵守标准冯氏照明模式，且光照计算的结果是叠加的
feTile	使用平铺方式来填充目标
feTurbulence	该滤镜利用 Perlin 噪声函数创建了一个图像，如云纹、大理石纹等效果

下述代码演示了使用 feGaussianBlur、feOffset、feSpecularLighting、feComposite 和 feMerge 滤镜来实现 3D 渲染效果。

【案例 5-26】 filter.html

```
<svg width="400" height="240" viewBox="0 0 200 120">
    <defs>
        <filter id="myFilter" filterUnits="userSpaceOnUse" x="0" y="0"
                width="200" height="120">
            <feGaussianBlur in="SourceAlpha" stdDeviation="4" result="blur"/>
            <feOffset in="blur" dx="4" dy="4" result="offsetBlur"/>
            <feSpecularLighting in="blur" surfaceScale="5"
                specularConstant=".75" specularExponent="20"
                lighting-color="#bbbbbb" result="specOut">
                <fePointLight x="10" y="-10" z="200"/>
            </feSpecularLighting>
            <feComposite in="specOut" in2="SourceAlpha" operator="in"
                result="specOut"/>
            <feComposite in="SourceGraphic" in2="specOut" operator="arithmetic"
                k1="0" k2="1" k3="1" k4="0" result="litPaint"/>
            <feMerge>
                <feMergeNode in="offsetBlur"/>
                <feMergeNode in="litPaint"/>
            </feMerge>
        </filter>
    </defs>
    <g filter="url(#myFilter)">
        <g>
            <path fill="none" stroke="#D90000" stroke-width="10"
                d="M50,90 C0,90 0,30 50,30 L150,30 C200,30 200,90 150,90 z"/>
            <path fill="#87CEEB"
                d="M60,80 C30,80 30,40 60,40 L140,40 C170,40 170,80 140,80 z"/>
            <g fill="#FFFFFF" stroke="black" font-size="20" font-family="楷体">
                <text x="50" y="67">布谷鸟直播</text>
            </g>
        </g>
    </g>
</svg>
```

上述代码中，在 filter 元素中使用 feGaussianBlur、feOffset、feSpecularLighting、feComposite 和 feMerge 滤镜来合成一个 3D 滤镜效果，然后在 g 元素中通过 filter="url(#myFilter)"属性来引用所定义的滤镜。代码运行结果如图 5-18 所示。

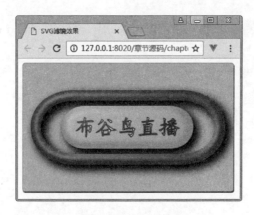

图 5-18　filter 滤镜 3D 效果

5.10　动画与事件响应

上述几节中所介绍的 SVG 都是静态效果，而 SVG 最显著的特点是动画效果。SVG 除了具有矢量特征之外，还可以让开发者轻松制作各种动画效果。SVG 动画的实现方式有 SMIL 方式和 SVG DOM 编程两种，此处重点介绍 SMIL 方式。

SVG 动画是一种基于 SMIL（Synchronized Multimedia Integration Language，同步多媒体集成语言）的动画。为了实现动画效果，SVG 中提供了 animate、animateMotion 等元素，具体见表 5-15。

表 5-15　动画元素

动画元素	描　述
animate	动画元素位于该形状元素的内部，使用该元素的属性来指定动画的持续时间和变化范围
animateColor	用于指定颜色的变换过程，目前各浏览器暂不支持该属性
animateMotion	用于指定元素沿着某一路径进行移动
animateTransform	用来设置元素坐标变化时的动画效果
set	用来设定一个属性值，并为该值赋予一个持续时间

下述代码演示了如何实现 SVG 动画效果。

【案例 5-27】　animate.html

```
< svg width = "400" height = "300" xmlns = "http://www.w3.org/2000/svg">
    < path stroke = "#FF4444" d = "M10,45 L400,45"></path>
    < rect x = "10" y = "20" width = "50" height = "50" class = "baseClass">
        < animate attributeName = "x" from = " - 50" to = "300"
            dur = "5s" repeatCount = "indefinite"/>
    </rect>
    < path stroke = "#FF4444" d = "M10,10 L150,200 200,100 L400,300"
        id = "theMotionPath"></path>
```

案例视频讲解

```
        <circle r = "30" class = "baseClass">
            <animateMotion dur = "6s" repeatCount = "indefinite">
                <mpath xlink:href = "#theMotionPath"/>
            </animateMotion>
            <set attributeName = "fill" to = "red" dur = "3s"></set>
        </circle>
        <ellipse cx = "80" cy = "220" rx = "25" ry = "50" class = "baseClass">
            <animateTransform attributeName = "transform" type = "rotate" dur = "5s"
                from = "0 80 220" to = "360 80 220" repeatCount = "indefinite"/>
        </ellipse>
    </svg>
```

上述代码中，分别定义了矩形、圆形和椭圆形，使用 animate 元素控制矩形，使其从左向右沿着水平线逐步移动；使用 animateMotion 元素控制圆形，使其沿着指定的路径进行运动，在前 3s 使用红色填充，3s 之后恢复初始颜色（黄色）填充；使用 animateTransform 元素控制椭圆，使其在原地沿着顺时针方向旋转。代码运行结果如图 5-19 所示。

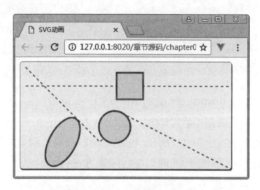

图 5-19　SVG 动画

与 HTML 元素一样，SVG 元素也能对键盘、鼠标事件进行响应，可以通过元素的 onmouseover 等属性来绑定事件处理方法，也可以通过 JavaScript 脚本动态绑定事件的处理方法。下述代码演示了 SVG 元素的鼠标事件响应过程。

【案例 5-28】 pathAction.html

```
<svg width = "400" height = "400" style = "cursor:hand;">
    <defs>
        <filter id = "blurFilter">
            <feGaussianBlur in = "SourceGraphic" stdDeviation = "10"/>
        </filter>
    </defs>
    <path d = "M200,200 L200,20 A180,180 0 0,1 377,231 z" fill = "#ff0000"/>
    <path d = "M200,200 L377,231 A180,180 0 0,1 138,369 z" fill = "#00ff00"/>
    <path d = "M200,200 L138,369 A180,180 0 0,1 20,194 z" fill = "#0000ff"/>
    <path d = "M200,200 L20,194 A180,180 0 0,1 75,71 z" fill = "#ff00ff"/>
    <path d = "M200,200 L75,71 A180,180 0 0,1 200,20 z" fill = "#ffff00"/>
```

```
        <circle cx="200" cy="200" r="20" fill="#FFF8DC"
            onmouseover="overCircle(this)" onmouseout="outCircle(this)"/>
</svg>
<script>
    var paths = document.getElementsByTagName("path");
    for(item in paths){
        console.log(item);
        paths[item].onmouseover = function(){
            this.style.strokeWidth = 6;
            this.setAttribute("filter","url(#blurFilter)");
        };
        paths[item].onmouseout = function(){
            this.style.strokeWidth = 2;
            this.setAttribute("filter","");
        };
    }
    function overCircle(object){
        object.setAttribute("r",30);
    }
    function outCircle(object){
        object.setAttribute("r",20);
    }
</script>
```

上述代码中，演示了通过 onmouseout、onmouseover 属性为 circle 元素绑定鼠标滑入和滑出事件的处理方法，演示了通过 JavaScript 动态地为 path 元素绑定鼠标滑入和滑出事件的处理方法。代码运行结果如图 5-20 所示，当鼠标在扇形上滑动时，相应的扇形将显示高斯滤镜效果；当鼠标滑动到中心圆形上时，圆形区域呈现放大效果。

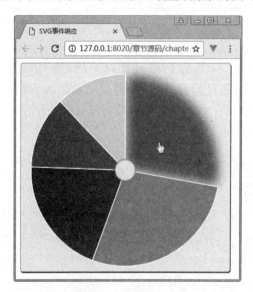

图 5-20　SVG 事件响应

在实际开发过程中，除了根据需要自行设计外，还可以使用网络中开源的共享图标库，如 toicon 矢量图标库（http://www.toicon.com）和阿里巴巴矢量图标库（http://www.

iconfont.cn)。toicon 矢量图标库如图 5-21 所示,阿里巴巴矢量图标库如图 5-22 所示,感兴趣的读者可以浏览网站进行研究与学习。

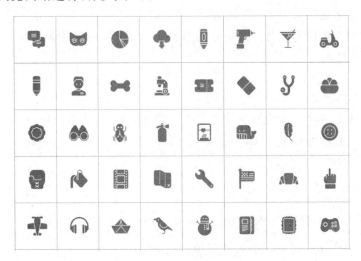

图 5-21　toicon 矢量图标库

图 5-22　iconfont 矢量图标库

本章总结

- SVG(Scalable Vector Graphics)是一种可缩放的矢量图形,通过 XML 语言格式来描述定义图形。
- SVG 具有文本独立性、高品质矢量图、超强交互性、超强颜色控制、基于 XML 等特点。
- SVG 中提供了多种数据类型,除了整型(integer)、数值型(number)、百分比(percentage)和日期型(date)外,还有角度值、颜色值、坐标值、频率值等数据类型。
- 在 SVG 中,svg 元素作为根元素,其他元素都是 svg 元素的子元素。
- g 元素是一种容器,用于将多个子元素组合成一个整体;g 元素的属性允许被子元素继承;当 g 元素的属性发生变化时,子元素也将随之改变。

- SVG 中常见的形状元素有矩形(rect)、圆形(circle)、椭圆(ellipse)、线段(line)、折线(polyline)和多边形(polygon)等。
- SVG 样式主要分为字体、文本、媒体、裁剪遮罩、渐变、滤镜、交互、绘图等类型。
- SVG 中的文本内容以及样式可以被动态修改,文本内容还能够作为图像的主题被搜索引擎收录。
- 颜色渐变包括线性渐变(linearGradient)和径向渐变(radialGradient),一般在 defs 元素的内部定义。
- SVG 提供了一些基本的滤镜变换元素,如光照、偏移、高斯模糊、色彩变换等。
- SVG 动画是一种基于 SMIL(Synchronized Multimedia Integration Language,同步多媒体集成语言)的动画。

本章练习

1. 下列关于 SVG 的描述中不正确的是_____。
   A. SVG 可以在网页上绘制出各种各样的高品质矢量图形
   B. SVG 和 Canvas 都可以在浏览器中创建图形,原理非常相似
   C. SVG 是一种高品质矢量图
   D. SVG 是通过 XML 形式来组织和传递数据的,具有 XML 所具有的特点
2. 下列选项中不属于 SVG 特点的是_____。
   A. 文本独立性   B. 高品质矢量图
   C. 基于 XML 等特点   D. 超高清像素图
3. 下列_____能够在页面中嵌入 SVG 外包文件。
   A. 使用 embed 元素嵌入 SVG   B. 使用 object 元素嵌入 SVG
   C. 使用 iframe 元素嵌入 SVG   D. 使用 svg 元素嵌入 SVG
4. 在 SVG 中,使用_____元素作为根元素。
   A. root   B. g   C. svg   D. symbol
5. _____元素是 SVG 的一个基本形状,用来创建一个矩形。
   A. rect   B. circle   C. ellipse   D. polyline
6. _____元素是 SVG 的一个基本形状,用来创建一个多边形。
   A. polyline   B. polygon   C. multilateral D. multedge
7. 在 HTML 页面中为 SVG 元素设置样式,可以_____这几种方式。
   A. 使用 SVG 元素的样式属性   B. 使用 style 属性
   C. 使用 class 属性   D. 使用 className 属性
8. 关于 SVG 动画说法错误的是_____。
   A. SVG 动画是基于 SMIL(同步多媒体集成语言)的动画
   B. animateMotion 属性用来指定元素沿着某一路径进行移动
   C. animateTransform 属性用来设置元素坐标变化时的动画效果
   D. animate 属性用来指定颜色的变换过程

第6章 多媒体API

本章目标

- 熟悉多媒体视频的格式。
- 了解 HTML 5 对多媒体格式的支持情况。
- 掌握 HTML 5 多媒体元素的使用。
- 熟练使用多媒体 API 控制视频和音频的播放。
- 掌握摄像头捕获原理。
- 熟练使用 Canvas 元素进行视频截图。

6.1 多媒体概述

多媒体(Multimedia)是指多种媒体的综合,一般包括文本、图片、音乐、音效、视频、动画等多种媒体形式。最初浏览器只能解析文本信息,仅限于单一字体和单一颜色,随着互联网的发展,浏览器逐步支持字体、颜色、文本样式等效果。图像、声音、视频、动画等媒体形式的出现,使得互联网信息的传递更加丰富多彩。

HTML 5 之前,在网页中播放视频或音频时需要借助第三方插件(如 Flash 插件或自主研发的多媒体插件)。这些插件不是浏览器厂商提供的,通常需要手动安装,比较烦琐,有时也会因为系统兼容性而导致浏览器的崩溃。

HTML 5 规范中新增了 video 和 audio 元素,用于支持浏览器直接播放视频或音频文件,无须事先在浏览器上安装多媒体插件,只要浏览器本身支持 HTML 5 规范即可。目前,Chrome、Firefox、Opera、Safari、IE 9+等主流浏览器都支持使用 video 和 audio 元素,能够较好地支持视频和音频的播放。

6.1.1 多媒体格式

多媒体元素(如视频、音频等)存储于媒体文件中,通过文件的扩展名可以确定媒体的形式,常见的视频格式有 AVI、WMV、MPEG、Flash、Mpeg-4 等,具体见表 6-1。

表 6-1 常见的视频格式

格式	扩展名	描述
AVI	.avi	AVI(Audio Video Interleave)格式是由微软公司开发的,所以 Windows 操作系统支持 AVI 格式,而其他操作系统不一定能够播放

续表

格式	扩展名	描述
WMV	.wmv	Windows Media 格式是由微软公司开发的,Windows 操作系统中必须安装 Windows Media Player 播放器(免费)才可以播放,而其他操作系统不一定能够播放
MPEG	.mpg .mpeg	MPEG(Moving Pictures Expert Group)格式是因特网上最流行的格式,具有跨平台特征,主流浏览器基本都支持
QuickTime	.mov	QuickTime 格式是由苹果公司开发的,必须安装指定的组件后,Windows 操作系统才能进行播放
RealVideo	.rm .ram	RealVideo 格式是由 Real Media 针对因特网开发的,该格式是一种低带宽条件下(在线视频、网络电视)的视频流。由于低带宽优先原则,故视频质量往往会被降低
Flash	.swf .flv	Flash(Shockwave)格式是由 Macromedia 开发的。Shockwave 格式需要额外的组件来播放,目前各浏览器逐步放弃对该格式的支持
Mpeg-4	.mp4	Mpeg-4(with H.264 video compression)是一种针对因特网的新格式。越来越多的视频发布者转到 MP4,将其作为 Flash 播放器或 HTML 5 的互联网共享格式

常见的音频格式有 MIDI、RealAudio、Wave、WMA 和 MP3 等,具体见表 6-2。

表 6-2 常见的音频格式

格式	扩展名	描述
MIDI	.mid .midi	MIDI(Musical Instrument Digital Interface)是一种针对电子音乐设备(比如合成器和声卡)的格式,多用于播放一些简单的音符
RealAudio	.rm .ram	RealAudio 格式是由 Real Media 针对因特网开发的,该格式也支持视频。该格式是一种低带宽条件下的音频流(在线音乐、网络音乐)。由于低带宽优先原则,故音频质量往往会被降低
Wave	.wav	Wave(waveform)格式由 IBM 和微软公司共同开发。除了 Chrome 浏览器外,其他浏览器都对其进行支持,Windows 操作系统也对其进行支持
WMA	.wma	WMA 格式(Windows Media Audio)质量优于 MP3,兼容大多数播放器,WMA 文件可作为连续的数据流来传输,适用于网络电台或在线音乐
MP3	.mp3 .mpga	MP3 文件实际上是 MPEG 文件的声音部分,MP3 也是最受欢迎的针对音乐的声音格式之一

6.1.2 HTML 5 对多媒体的支持

HTML 5 规范中新增了 video 和 audio 元素,实现对原生视频和音频的支持,但由于视频、音频的格式众多,部分格式受到专利限制,导致浏览器厂商无法自由选择视频和音频的解码器技术,从而使得浏览器对视频和音频格式的支持度有限。

到目前为止,HTML 5 中主要支持以下三种视频格式:MP4、Ogg 和 WebM 格式;其中,MP4 格式是一种具有 H.264 视频编码和 AAC 音频编码的格式,但具有专利约束的局限;Ogg 格式是一种具有 Theora 视频编码和 Vorbis 音频编码的格式,该格式具有开放性、免版税和无专利约束等特点;而 WebM 格式是一种具有 VP8 视频编码和 Vorbis 音频编码的格式,Google 对 WebM 格式大力支持,致力将其打造成一种无专利约束、免税版的格式。目前 HTML 5 推荐使用 VP8 格式作为视频编码格式。

主流浏览器对 MP4、Ogg 和 WebM 视频格式的支持情况，见表 6-3。

表 6-3　浏览器的视频格式支持情况

视频格式	IE 9+	Firefox	Opera	Chrome	Safari
MP4/H.264	√	×	×	√	√
Ogg/Theora	×	√	√	√	×
WebM	×	√	√	√	×

由于 Ogg Vobis 没有专利限制，易于浏览器厂商将其作为内置的音频解码器，所以 HTML 5 推荐使用 Ogg Vobis 音频格式。除此之外，经常使用的音频格式还有 MP3、Wav 等。主流浏览器对音频格式的支持情况，见表 6-4。

表 6-4　浏览器的音频格式的支持情况

音频格式	IE 9+	Firefox	Opera	Chrome	Safari
Ogg Vorbis	×	√	√	√	×
MP3	√	×	×	√	√
Wav	×	√	√	×	√

6.2　HTML 5 多媒体元素

video、audio 元素与普通元素相似，使用非常简单，只需要为其指定 src 和 controls 等属性即可。video 和 audio 元素的属性基本相同，具体见表 6-5。

表 6-5　video 和 audio 元素的属性

属　　性	描　　述
autoplay	当设置该属性时，表示视频或音频装载完成后会自动播放，属性取值为 autoplay
controls	当设置该属性时，表示视频或音频播放时显示播放控制条，属性取值为 controls
height	该属性仅对 video 元素有效，用于设置视频播放器的高度
loop	当设置该属性时，表示视频或音频播放完后会再次重复播放，属性取值为 loop
muted	当设置该属性时，表示视频或音频输出为静音模式，属性取值为 muted
poster	该属性仅对 video 元素有效，用于设置视频下载时所显示的图像，或者在用户单击播放按钮前所显示的图像
preload	用于设置是否预加载视频或音频，取值为 auto（预加载）、meta（只载入元数据）、none（不执行加载）； 当设置 autoplay 属性时，preload 属性将被忽略
src	用于指定要播放的视频或音频的 URL 资源地址
width	该属性仅对 video 元素有效，用于设置视频播放器的宽度

下述代码演示了使用 video 元素来播放视频。

【案例 6-1】　videoDemo.html

```
<!DOCTYPE html>
<html>
```

```
            <head>
                <meta charset = "UTF-8">
                <title>video 视频</title>
            </head>
            <body>
                <video id = "myVideo" width = "400" height = "240" src = "videos/timing.mp4"
                    controls preload = "meta" poster = "images/timing.jpg">
                        您的浏览器不支持<video />标签
                </video>
            </body>
</html>
```

上述代码中,使用 video 元素来播放视频文件,其中 src 属性用于指定视频的 URL 地址,width 和 height 属性用于设置视频的宽度和高度,controls 属性用于设置在播放视频时是否显示控制条,poster 属性用于设置视频下载时所显示的图像。代码运行结果如图 6-1 所示,单击"播放"按钮时播放视频。当为 video 元素添加 autoplay 或 autoplay = "autoplay" 属性时,视频加载完毕将会立即播放该视频。

图 6-1　video 元素(见彩插)

下述代码演示了使用 audio 元素来播放音频。

【案例 6-2】　audioDemo.html

```
<!DOCTYPE html>
<html>
    <head>
        <meta charset = "UTF-8">
        <title>audio 音频</title>
    </head>
    <body>
        <img src = "images/tenYears.jpg" width = "300px" /><br/>
        <audio id = "myAudio" src = "audios/tenYears.mp3"
            controls autoplay = "autoplay" preload = "meta">
                您的浏览器不支持<audio/>标签
        </audio>
```

```
    </body>
</html>
```

上述代码中,使用 audio 元素来播放音频文件,其中 src 属性用于指定音频的 URL 地址,controls 属性用于显示播放控制条。由于 audio 元素带有 autoplay="autoplay"属性,所以在页面加载完毕时自动播放音频文件。代码运行结果如图 6-2 所示。

图 6-2 audio 元素(见彩插)

各浏览器对视频(音频)的支持格式有所不同,需要为 video(audio)元素提供多种类型的视频(音频)源,来解决浏览器的兼容性问题。为了解决浏览器对视频、音频格式的支持问题,HTML 5 中提供了 source 元素,用于为 video(audio)元素提供多种类型的视频(音频)媒体源,浏览器可以根据自身情况来选择适合自己播放的媒体源。source 元素的属性见表 6-6。

表 6-6 source 元素的属性

属性	说明
media	用于设置媒体资源的类型,目前所有浏览器暂不支持该属性
src	用于指定要播放的视频或音频的 URL 地址
type	用于设置媒体资源的 MIME 类型,视频的 MIME 类型为 video/ogg、video/mp4、video/webm;音频的 MIME 类型为 audio/ogg、audio/mpeg、audio/x-wav

下述代码演示了使用 source 元素指定视频源或音频源。

【案例 6-3】 audioDemo.html

```
<div id="videoDiv">
    <video poster="images/timing.jpg" height="300px" controls>
        <source src="videos/timing.mp4" type="video/mp4" />
        <source src="videos/timing.webm" type="video/webm" />
        <source src="videos/timing.ogv" type="video/ogg" />
            您的浏览器不支持<video />标签
    </video>
</div>
<div id="audioDiv">
    <img src="images/raining_girl.jpg" height="265px"/><br />
```

```
    <audio controls>
        <source src = "audios/raining.mp3" type = "audio/mpeg" />
        <source src = "audios/raining.ogg" type = "audio/ogg" />
        <source src = "audios/raining.wav" type = "audio/x-wav" />
            您的浏览器不支持<audio />标签
    </audio>
</div>
```

上述代码中,使用 source 元素为 video 和 audio 元素提供了多种类型的媒体源,不同的浏览器可以根据自身特点来选择适合自己播放的媒体源,以保障各浏览器都能够正常播放视频或音频。代码运行结果如图 6-3 所示,左侧是由 video 和 source 元素实现的视频播放器,右侧是由 audio 和 source 元素实现的音频播放器。

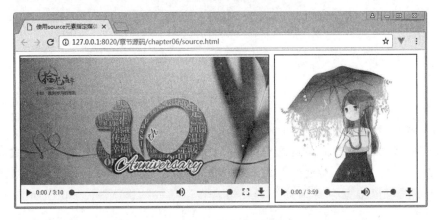

图 6-3　source 元素

　IE 8 及更早的版本不支持 video、audio 和 source 元素来播放视频或音频文件。

6.3　多媒体 API 的使用

HTML 5 不仅能够使用 video 和 audio 元素来播放视频和音频,还能够通过 HTML 5 Media API 来控制视频和音频的播放进度、播放速度及声音大小。

HTML 5 Media API 中提供了 video 和 audio 对象,用于控制视频或音频的回放,提供视频或音频的当前播放状态。video 和 audio 对象的功能非常相似,唯一区别在于所占屏幕空间不同,两者所具有的属性和方法也基本相同,常用的属性见表 6-7。

表 6-7　video(audio)对象的属性

属　　性	描　　述
controller	返回音视频的当前媒体控制器,返回一个 MediaController 对象
autoplay	用于设置或返回在加载完成时立即播放视频/音频

续表

属性	描述
controls	用于设置或返回视频/音频是否显示媒体控制器
currentSrc	用于返回当前视频/音频的 URL 地址
currentTime	用于设置或返回视频/音频的当前播放位置(单位以秒计)
defaultMuted	用于设置或返回视频/音频默认是否静音
duration	用于返回当前视频/音频的总长度(单位以秒计)
defaultPlaybackRate	用于设置或返回音频/视频的默认播放速度
ended	用于返回当前视频/音频的播放是否结束
error	用于返回表示视频/音频错误状态的 MediaError 对象
loop	用于设置或返回视频/音频在结束时是否再次播放
muted	用于设置或返回视频/音频是否静音
networkState	用于返回视频/音频的当前网络状态,NETWORK_EMPTY(0)表示视频/音频尚未初始化,NETWORK_IDLE(1)表示视频/音频是活动的且已选取资源,但并未使用网络,NETWORK_LOADING(2)表示浏览器正在下载数据,NETWORK_NO_SOURCE(3)表示未找到视频/音频来源
paused	用于设置或返回视频/音频是否处于暂停状态
playbackRate	用于设置或返回当前视频/音频的播放速度,1.0 表示正常速度,0.5 表示半速(更慢),2.0 表示倍速(更快),-1.0 表示向后正常速度,-0.5 表示向后半速
played	用于返回视频/音频已播放的部分
src	用于设置或返回视频/音频的 src 属性的值
readyState	用于返回视频/音频当前的就绪状态
volume	用于设置或返回视频/音频的音量

video 和 audio 对象的常用方法见表 6-8。

表 6-8 video(audio)对象的方法列表

方法	描述
addTextTrack()	向视频/音频添加新的文本轨道
canPlayType()	检查浏览器是否能够播放指定的视频/音频类型
load()	重新加载视频/音频元素
play()	开始播放视频/音频
pause()	暂停当前播放的视频/音频

下述代码演示了使用 HTML 5 Media API 来实现一个自定义视频播放器。

【案例 6-4】 videoPlayer.html

```
< div id = "videoDiv">
    < div class = "playHeader">
        < div class = "videoName">T-ara - 懂的那份感觉</div>
    </div>
    < video id = "myVideo" poster = "images/listenMusic.jpg" controls
        width = "100 %" height = "100 %">
        < source src = "videos/myVideo.mp4" type = "video/mp4"/>
```

案例视频讲解

```html
            <source src = "videos/myVideo.ogv" type = "video/ogg"/>
        </video>
        <div class = "playControll">
            <input id = "videoPlayer" class = "playPause" type = "button" value = "播放"/>
            <div class = "timebar">
                <span id = "currentDuration" class = "currentTime">00:00:00</span>
                <input id = "videoRange" class = "progress" type = "range"
                    value = "0" max = "100" />
                <span id = "duration" class = "duration">00:03:24</span>
            </div>
            <div class = "otherControl">
                <input id = "videoVoice" type = "button" value = "静音"/>
                <input id = "fullScreenBtn" type = "button" value = "全屏"/>
            </div>
        </div>
    </div>
    <script type = "text/javascript">
        var myVideo = document.getElementById("myVideo");
        var videoPlayer = document.getElementById("videoPlayer");
        var currentDuration = document.getElementById("currentDuration");
        var videoRange = document.getElementById("videoRange");
        var videoVoice = document.getElementById("videoVoice");
        var duration = document.getElementById("duration");
        var fullScreenBtn = document.getElementById("fullScreenBtn");
        //播放/暂停按钮
        videoPlayer.onclick = function(){
            if(myVideo.paused){
                myVideo.play();
                videoPlayer.value = "暂停";
            }else{
                myVideo.pause();
                videoPlayer.value = "播放";
            }
        };
        //视频播放时,滚动条同步
        myVideo.ontimeupdate = function(){
            var currentTime = Math.round(myVideo.currentTime,0);
            var totalTime = Math.round(myVideo.duration,0);
            currentDuration.innerHTML = dealTime(currentTime);
            duration.innerHTML = dealTime(totalTime);
            if(myVideo.ended){
                videoRange.innerHTML = 0;
            }
        };
        //拖动滚动条时,视频进度同步
        videoRange.onmousedown = function(){
            myVideo.pause();
        };
        videoRange.onmouseup = function(){
            myVideo.currentTime = myVideo.duration * (videoRange.value/videoRange.max);
```

```javascript
        myVideo.play();
        videoPlayer.value = "暂停";
    };
    //静音或取消静音
    videoVoice.onclick = function(){
        if(!myVideo.muted){
            videoVoice.value = "声音";
            myVideo.muted = true;
        }else{
            videoVoice.value = "静音";
            myVideo.muted = false;
        }
    };
    //视频全屏显示
    fullScreenBtn.onclick = function(){
        if(myVideo.requestFullScreen){
            myVideo.requestFullScreen();
        }else if(myVideo.mozRequestFullScreen){
            myVideo.mozRequestFullScreen();
        }else if(myVideo.webkitRequestFullScreen){
            myVideo.webkitRequestFullScreen();
        }
    }
    //对所传入的 secondNum 秒数,按照分秒形式显示
    function dealTime(secondNum){
        var hour = 0;
        var minute = 0;
        var second = secondNum % 60;
        minute = Math.floor(secondNum/60);
        if(minute > 60){
            hour = Math.floor(minute/60);
            minute = minute % 60;
        }
        return fixTime(hour) + ":" + fixTime(minute) + ":" + fixTime(second);
    }
    function fixTime(num){
        return num > 10?num:'0' + num;
    }
</script>
```

上述代码中,使用 video 对象自定义了一个视频播放器,如图 6-4 所示。单击"播放"按钮时播放视频,按钮的文本变为"暂停";单击"暂停"按钮时,视频暂停播放,按钮文本变为"播放"。进度条左侧文本用于显示当前视频的播放进度,进度条右侧文本用于显示当前视频的总长度。单击"静音"按钮时,视频处于静音状态,按钮文本变为"声音";当单击"声音"按钮时,视频恢复有声状态,按钮文本变为"静音"。单击"全屏"按钮时,视频切换为全屏状

态，按 Esc 键退出全屏。

图 6-4　自定义视频播放器

6.4　摄像头的捕获

　　WebRTC 是一种用于处理音频或视频数据流的流媒体 API，通过 MediaStream 对象来操作音频流或视频流。MediaStream 对象具有输入接口和输出接口，通过 navigator.getUserMedia()方法来获取媒体流，媒体流可以是本地的摄像头或麦克风，也可以是网络中的音频或视频。

　　下述代码演示了使用 HTML 5 WebRTC 实现摄像头拍照效果。

【案例 6-5】　captureCamera.html

```
<div class="contentarea">
    <div class="camera">
        <video id="video"></video>
        <button id="snapButton" class="buttons">拍照</button>
    </div>
    <div class="output">
        <img id="photo" />
        <button id="saveButton" class="buttons">捕获的照片</button>
    </div>
    <canvas id="hiddenCanvas"></canvas>
</div>
<script type="text/javascript" src="capture.js"></script>
```

【案例 6-6】　capture.js

```
(function(){
    //设置摄像头与所捕获图像的宽度
```

```javascript
var width = 320;
var height = 0;          //高度是根据视频流的高度进行计算获得的
var streaming = false;
var video = null;
var canvas = null;
var photo = null;
var snapButton = null;
//初始化
function init(){
    video = document.getElementById('video');
    canvas = document.getElementById('hiddenCanvas');
    photo = document.getElementById('photo');
    snapButton = document.getElementById('snapButton');
    //兼容各主流浏览器
    navigator.getMedia = navigator.getUserMedia
            ||navigator.webkitGetUserMedia||navigator.mozGetUserMedia
            ||navigator.msGetUserMedia;
    //从摄像头读取视频流,并在video元素中显示
    navigator.getMedia({
        video: true,
        audio: false
    },
    function(stream){  //读取成功,对视频流进行处理
        if (navigator.mozGetUserMedia){
            video.mozSrcObject = stream;
        }else{
            var vendorURL = window.URL||window.webkitURL;
            video.src = vendorURL.createObjectURL(stream);
        }
        video.play();
    },
    function(err){     //读取失败
        console.log("错误信息: " + err);
    });
    //为video绑定canplay事件;当浏览器能够开始播放指定的视频时,触发canplay事件
    video.addEventListener('canplay',function(ev){
        if(!streaming){
            height = video.videoHeight/(video.videoWidth/width);
            if(isNaN(height)){
                height = width/(4/3);
            }
            video.setAttribute('width',width);
            video.setAttribute('height',height);
            canvas.setAttribute('width',width);
            canvas.setAttribute('height',height);
            streaming = true;
        }
    },false);
```

```
        //为拍照按钮绑定click事件
        snapButton.addEventListener('click', function(ev){
            takepicture();
            ev.preventDefault();
        }, false);
        clearphoto();
    }
    function clearphoto(){
        var context = canvas.getContext('2d');
        context.fillStyle = "#AAA";
        context.fillRect(0,0,canvas.width,canvas.height);
        var data = canvas.toDataURL('image/png');
        photo.setAttribute('src', data);
    }
    function takepicture(){
        var context = canvas.getContext('2d');
        if(width&&height){
            canvas.width = width;
            canvas.height = height;
            context.drawImage(video,0,0,width,height);
            var data = canvas.toDataURL('image/png');
            photo.setAttribute('src',data);
        }else{
            clearphoto();
        }
    }
    //为窗口添加load事件
    window.addEventListener('load',init,false);
})();
```

上述代码中,通过 navigator.getUserMedia()方法从摄像头获取视频流,并在 video 元素中实时显示视频流中的数据。当单击"拍照"按钮时,从视频流中捕获当前时刻的影像数据,并通过隐藏的 canvas 元素进行处理,然后将处理后的数据在 img 元素中显示(即被捕获的图形),效果如图 6-5 所示。

图 6-5 摄像头的捕获

6.5 视频截图

在使用 video 元素播放视频时，可以将 video 元素作为 context.drawImage()方法的图像来源，通过此种方式对视频进行截图。下述代码演示了使用 canvas 元素和 video 元素来实现从视频流中截取图像。

【案例 6-7】 captureVideo.html

```
<div class="videoDiv">
    <video id="myVideo" autoplay controls>
        <source src="../videos/timing.mp4" type="video/mp4"/>
        <source src="../videos/timing.webm" type="video/webm"/>
        <source src="../videos/timing.ogv" type="video/ogg"/>
    </video>
    <button id="snapButton" class="buttons">视频截图>></button>
</div>
<div>
    <canvas id="myCanvas" width="400px" height="230px"></canvas>
</div>
<script>
    var snapButton = document.getElementById("snapButton");
    var myVideo = document.getElementById("myVideo");
    var myCanvas = document.getElementById("myCanvas");
    var context = myCanvas.getContext("2d");
    snapButton.onclick = function(){
        context.drawImage(myVideo,0,0,myCanvas.width,myCanvas.height);
    };
</script>
```

上述代码中，使用 video 元素来播放指定的视频，当单击"视频截图>>"按钮时，将正在播放的视频进行截图，并在 canvas 元素中绘制出来，效果如图 6-6 所示。

图 6-6 视频截图（见彩插）

本章总结

- 多媒体（Multimedia）是指多种媒体的综合，一般包括文本、图片、音乐、音效、视频、动画等多种媒体形式。
- HTML 5 规范中新增了 video 和 audio 元素，用于支持浏览器直接播放视频或音频文件，无须事先在浏览器上安装多媒体插件，只要浏览器本身支持 HTML 5 规范即可。
- 多媒体元素（如视频、音频等）存储于媒体文件中，通过文件的扩展名可以确定媒体的形式，常见的视频格式有 AVI、WMV、MPEG、Flash、Mpeg-4 等。
- 到目前为止，HTML 5 中主要支持以下三种视频格式：MP4、Ogg 和 WebM 格式。
- 目前各主流浏览器，如 Chrome、Firefox、Opera、Safari、IE 9+ 等都支持使用 video 和 audio 元素来播放视频和音频文件。
- HTML 5 中提供了 source 元素，用于为 video（audio）元素指定多种类型的视频（音频）媒体源，浏览器可以根据自身情况来选择适合自己播放的媒体源。
- 通过 HTML 5 Media API 可以控制视频与音频的播放进度、播放速度及声音大小。
- WebRTC 是一种用于处理音频或视频数据流的流媒体 API，通过 MediaStream 对象来操作音频流或视频流。
- 通过 navigator.getUserMedia() 方法来获取媒体流，媒体流可以是本地的摄像头或麦克风，也可以是网络中的视频或音频。
- 在使用 video 元素播放视频时，可以将 video 元素作为 context.drawImage() 方法的图像来源，从而实现对视频的截图。

本章练习

1. 下列选项中 _____ 不是 HTML 5 规范中所支持的视频格式。
   A. MP4　　　　　　B. avi　　　　　　C. Ogg　　　　　　D. WebM
2. HTML 5 推荐使用 _____ 格式作为音频格式。
   A. Ogg Vobis　　　B. MP3　　　　　C. Wav　　　　　　D. Wma
3. 下列关于 video 元素的属性说法错误的是 _____。
   A. poster 属性用于设置视频下载时所显示的图像，或在单击"播放"按钮前所显示的图像
   B. preload 属性用于设置是否预加载视频或音频
   C. controls 属性用于设置视频或音频播放速度
   D. video 元素与普通元素相似，在使用时只需要为其指定 src 和 controls 等属性即可
4. 以下关于视频格式说法错误的是 _____。
   A. MPEG 格式是目前 Internet 中最流行的格式，具有跨平台特征
   B. RealVideo 格式是一种低带宽条件下（在线视频、网络电视）的视频流，由于遵循

低带宽优先原则,视频质量往往会被降低

C. Shockwave 格式是由 Macromedia 开发的,需要额外的组件来播放

D. AVI(Audio Video Interleave)格式是由微软公司开发的,所有的操作系统支持 AVI 格式

5. 关于 HTML 5 多媒体 API 说法错误的是_____。

A. 在 HTML 5 规范之前,网页播放视频或音频时需要借助第三方插件

B. HTML 5 规范中新增了 video 和 audio 元素,用来支持在浏览器中直接播放视频或音频文件

C. 多媒体格式众多,浏览器视频格式和音频格式的选择范围比较随意

D. 通过 HTML 5 Media API 来控制视频与音频的播放进度、播放速度及声音大小

第7章 本地存储

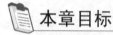

- 了解 Cookie 存储技术。
- 熟悉 Web Storage API 接口。
- 熟练使用 Web Storage 存储数据。
- 熟悉 IndexedDB API 接口。
- 熟练使用 IndexedDB 对数据进行存储。

7.1 Cookie 技术

随着互联网的深层次发展，人们需要更复杂的互联网交互活动，就必须与服务器保持会话状态。Cookie 是一种在客户端保持会话跟踪的解决方案，在浏览器客户端保存用户会话信息，以便服务端对客户端身份进行识别。在用户第一次访问服务端时，由服务端通过响应头的方式发送给客户端浏览器；当用户再次向服务端发送请求时会附带这些文本信息，服务端通过对请求头进行分析从而得到客户端特有的信息。无论用户何时连接到服务器，Web 服务端都能够访问 Cookie 文件中的信息，客户端通过 JavaScript 也可以对 Cookie 信息进行操作。

Cookie 以文本方式进行存储，本质上是一个字符串，使用方式如下。

```
document.cookie = cookieString;
```

其中，cookieString 是浏览器保存的 Cookie 信息，使用时需要注意以下几项。
- Cookie 所存储的信息量较少，每个 Cookie 所存放的数据不能超过 4KB；
- Cookie 信息由多个键值对（key/value）构成，使用 key 来检索 Cookie 信息，如 domain、expires 和 path 等信息；
- domain 表示域，用来告知浏览器应该提交哪个 Cookie 到该域中的服务端，当 Cookie 中没有指定域时，domain 表示当前页面所在的域；
- expires 表示 Cookie 的过期时间，其格式是 UTC 格式，可以通过 Date.toGMTString() 方法来生成，当 Cookie 到达该时间点时，Cookie 将会被删除，默认情况下，在浏览器关闭时 Cookie 立即失效；

- path 用于设置 Cookie 的访问路径，只有此路径下的页面才能读写该 Cookie，一般将 path 设为"/"，表示当前站点中的所有页面都可以访问该 Cookie。

默认情况下，Cookie 信息是一种纯文本信息，且没有经过编码处理。当 Cookie 中包含空格、分号、逗号等特殊符号时，需要使用 escape() 方法进行编码，从 Cookie 中取出数据时，需要使用 unescape() 方法进行解码。

下述代码演示了使用 Cookie 技术保存用户名和密码。

【案例 7-1】 cookie.html

```
<section class = "container">
    <div class = "login">
    <h1>用户登录</h1>
    <form name = "myform" method = "post">
        <p><input type = "text" name = "loginName" placeholder = "用户名"></p>
        <p><input type = "password" name = "password" placeholder = "密码"></p>
        <p class = "rememberMe">
        <input type = "checkbox" name = "rememberMe">记住密码
        <select name = "saveTime">
            <option value = "1">1 天</option>
            <option value = "7">7 天</option>
            <option value = "30">30 天</option>
            <option value = "-1" selected>-不保存-</option>
        </select>
        </p>
        <p class = "submit"><input type = "button" name = "loginBtn" value = "登录"></p>
    </form><br/><hr/>
    <div id = "cookieDiv">cookie 信息显示位置</div>
    </div>
</section>
<script>
    //Cookie 信息直接的分隔符(用户可任意指定分隔符)
    var cookieSplit = "#";
    var cookieName = "userLoginPage";
    var rememberMe = document.myform.rememberMe;
    var loginBtn = document.myform.loginBtn;
    //保存 Cookie 信息
    loginBtn.onclick = function(){
        var loginName = document.myform.loginName.value;
        var password = document.myform.password.value;
        var saveTime = document.myform.saveTime.value;
        var expireDate = new Date();
        if(saveTime!= "-1"){
            expireDate.setDate(expireDate.getDate() + saveTime);
        }
        //向 Cookie 中写入信息
        document.cookie = cookieSplit + cookieName + " = " + escape(loginName)
            + "," + escape(password) + ";expires = " + expireDate.toGMTString();
        loadCookie();
    }
```

```javascript
        //加载Cookie信息
        function loadCookie(){
            //读取页面的Cookie信息
            var currentCookie = document.cookie;
            //Cookie的开始部分
            var beginPart = cookieSplit + cookieName + " = ";
            //Cookie数据部分的开始位置
            var startPosition = currentCookie.indexOf(beginPart);
            //Cookie的关键数据部分
            var cookieData = "";
            //没有找到相关的cookie
            if(startPosition == -1){
                document.myform.loginName.value = "";
                document.myform.password.value = "";
                document.myform.rememberMe.checked = "";
            }else{
                //Cookie数据部分的结束位置
                var endPosition = currentCookie.indexOf(";",startPosition);
                //当前cookie为cookie集合中的最后一个时(没有找到分号;)
                if(endPosition == -1){
                    endPosition = currentCookie.length;
                }
                cookieData = currentCookie.substring(startPosition
                        + (beginPart).length,endPosition);
                //对Cookie数据进行分割
                var datas = cookieData.split(",");
                document.myform.loginName.value = unescape(datas[0]);
                document.myform.password.value = unescape(datas[1]);
                document.myform.rememberMe.checked = "checked";
                //获取Cookie信息的保存时间
                var expireDate = currentCookie.indexOf(endPosition);
                document.myform.saveTime.value = 30;
            }
            document.getElementById("cookieDiv").innerHTML =
                    "所存储的cookie信息:" + (document.cookie == ""
                    ?"<font color = 'red'>暂无cookie信息</font>":document.cookie);
        }
        //选中"记住密码"时,默认记住时间为30天
        rememberMe.onclick = function(){
            if(this.checked){
                document.myform.saveTime.value = 30;
            }else{
                document.myform.saveTime.value = -1;
            }
        }
        loadCookie();
</script>
```

上述代码运行结果如图7-1所示,在用户输入用户名和密码后,选中"记住密码"时下拉

列表框自动选择"30 天";当单击"登录"按钮时,将用户的登录信息保存到 Cookie 中,然后将 Cookie 信息解析出来并在 cookieDiv 元素中显示。当用户再次访问登录该页面时,从 Cookie 中把用户名和密码信息解析出来,并在输入框中显示。用户取消"记住密码"后,单击"登录"按钮时将会清空 Cookie 中所保存的信息。

图 7-1 Cookie 技术的使用

 在 Web 应用程序中,本地持久化存储已经成为广大网络用户和 Web 开发人员争论的一个焦点,特别是在数据的存储格式和数据安全性方面。大部分网络用户甚至部分资深 Web 专家对 Cookie 技术持有否定态度,这并不是因为 Cookie 技术的功能太弱或其他技术性能上的原因,而是因为 Cookie 的使用会对网络用户的隐私构成一定的威胁。

7.2 Web Storage

在 HTML 5 出现之前,当需要在浏览器客户端存储信息时,只能通过 Cookie 技术来实现。但 Cookie 技术存在一定的局限性,如安全性不够高、数据操作烦琐、数据存储量受限等。HTML 5 中新增了 Web Storage 存储机制,是一种对 Cookies 存储机制的改善。

Web Storage 用于在浏览器客户端保存数据,数据存储形式分为 Session Storage 和 Local Storage 两种,具体如下。

- Session Storage:将数据保存在 Session 会话中。Session 会话是指在用户浏览网站时,从进入网站开始到浏览器关闭所经历的时间,即用户浏览该网站所花费的时间。Session 对象用于保存用户浏览网站这段时间内所需保存的任何数据,当 Session 失效时,Session Storage 存储的数据也将随之丢失。
- Local Storage:将数据保存在客户端的硬件设备中。在浏览器关闭之后,数据继续保存在浏览器客户端,当使用浏览器重新访问该页面时,Local Storage 中的数据仍然有效,除非用户或程序显式地清除该数据,否则数据将一直存在。

HTML 5规范提供了Storage接口,语法格式如下。

【语法】

```
interface Storage{
    readonly attribute unsigned long length;
    DOMString key(unsigned long n);
    DOMString getItem(DOMString key);
    void setItem(DOMString key, DOMString value);
    void removeItem(DOMString key);
    void clear();
};
```

其中:
- length属性为只读属性,返回一个整数,表示存储在Storage中数据项的数量;
- key()方法用于返回Storage中的第n个键名;
- getItem()方法用于根据键名返回对应的value值;
- setItem()方法用于将key/value数据添加到Storage中,当key存在时更新相应的value值;
- removeItem()方法用于根据键名将数据从Storage中删除;
- clear()方法用于清空Storage中的所有key/value值。

在Windows中提供了sessionStorage和localStorage两个子对象,分别用来实现Session Storage和Local Storage形式的数据存储。sessionStorage和localStorage对象都是Storage接口的实例,两者的属性和方法基本相同,区别在于数据的生命周期有所不同。

7.2.1 Session Storage

Session Storage是一种针对Session会话的数据存储。当用户关闭浏览器窗口时,数据会被同时清除。目前几乎所有浏览器都支持Session Storage,其中IE 10+也对Session Storage提供了支持,但是直接预览本地页面时没有效果,需要将页面上传至服务端后,通过URL地址进行访问时才能使用Session Storage来存储数据。

下述代码演示了使用Session Storage来存储在线用户的信息。

【案例7-2】 sessionStorage.html

```
<div id = "loginDiv">
    <div class = "header">
        <embed src = "svg/cuckoo.svg" width = "100" type = "image/svg+xml"/>
        <span class = "title">布谷鸟直播室</span>
    </div><hr/>
    用户名:<input type = "text" id = "userName"/>
    <input type = "button" id = "inputButton" value = "进入直播间"/>
</div>
<div>
    <table width = "400px">
        <thead>
            <tr><th>在线用户</th><th width = "180px">登录时间</th></tr>
        </thead>
        <tbody id = "resultTable">
```

```html
            <tr><td colspan="2">暂无用户</td></tr>
        </tbody>
    </table>
</div>
<script type="text/javascript">
    var i = 1;
    //防止每次刷新页面时 i 重新计数
    if(sessionStorage.getItem("i") != null){
        i = sessionStorage.getItem("i");
    }
    var inputButton = document.getElementById("inputButton");
    //向 sessionStorage 记录用户名
    inputButton.onclick = function(){
        var userName = document.getElementById("userName");
        if(userName.value == ""){
            alert("用户名不能为空");
            return;
        }
        var loginTime = formateTime(new Date());
        var user = {
            userName:userName.value,
            loginTime:loginTime
        }
        sessionStorage.setItem("user" + i,JSON.stringify(user));
        sessionStorage.setItem("i",++i);
        userName.value = "";
        showOnLineUser();
    };
    //将 sessionStorage 中的在线用户以表格形式显示出来
    function showOnLineUser(){
        var result = "";
        if(sessionStorage.length == 0){
            result = result + "<tr><td colspan='2'>暂无用户</td></tr>";
        }else{
            for(var j = 0;j < sessionStorage.length;j++){
                var key = sessionStorage.key(j);
                if(key != "i"){
                    var user = JSON.parse(sessionStorage.getItem(key));
                    result = result + "<tr><td>" + user.userName
                        + "</td><td>" + user.loginTime + "</td></tr>";
                }
            }
        }
        var resultTable = document.getElementById("resultTable");
        resultTable.innerHTML = result;
    };
    //定义显示时间的方法
    function formateTime(myDate){
        var year = myDate.getFullYear();
```

```
                var month = myDate.getMonth() + 1;
                var date = myDate.getDate();
                var hour = myDate.getHours();
                var minute = myDate.getMinutes();
                var dateString = year + "年" + month + "月" + date + "日" + hour + ":" + minute;
                return dateString;
            }
        showOnLineUser();
    </script>
```

上述代码中,使用sessionStorage来缓存用户输入的信息。sessionStorage只能用来存储字符串,对于结构比较复杂的数据可以使用JSON字符串格式进行存储。在用户进入直播间时,将该用户名和登录时间封装成JSON对象,然后使用JSON.stringify()方法将其转为JSON字符串格式存储到sessionStorage中。在显示数据时,将sessionStorage中的数据逐条读取出来,并使用JSON.parse()方法将JSON字符串格式的数据转成JSON对象,通过表格行的形式输出。代码运行结果如图7-2所示,当用户刷新页面时,可以继续保持现有的sessionStorage信息;当用户关闭浏览器时,sessionStorage数据也随之消失;当用户再次访问该页面时,sessionStorage之前保存的数据已经被清空。

图7-2 sessionStorage

使用F12打开Chrome浏览器的开发者工具,在Application选项卡的Session Storage选项中,查看所存储的用户在线信息,如图7-3所示。

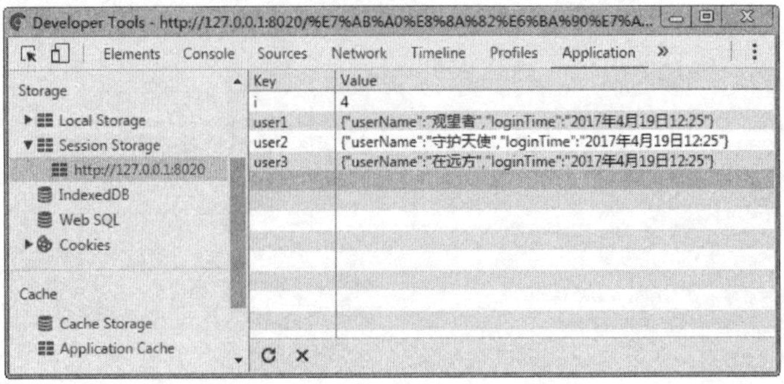

图7-3 Chrome开发者工具窗口

在 Firefox 浏览器的开发者工具中，也可以查看 Session Storage 中所存储的信息，如图 7-4 所示。

图 7-4 Firefox 开发者工具窗口

 对于具有 Session Storage 存储功能的页面，不管是通过本地访问还是远程访问，Firefox 和 Chrome 浏览器均支持，并且可以通过开发者工具（F12）来查看已保存的数据信息。IE 浏览器只有 10 以上版本才支持 Session Storage，且只能通过远程方式访问时才有效，IE 浏览器的开发者工具中目前没有提供 Session Storage 等本地存储的查看功能，只能在控制台通过 sessionStorage 命令来输出所存储的对象信息。

7.2.2 Local Storage

与 Session Storage 的用法基本相同，Local Storage 也是以 key/value 的形式来存储数据，区别在于 Local Storage 中的数据保存在浏览器客户端的存储介质上，且没有时间限制。浏览器关闭之后，当再次访问该页面时，数据依然存在，除非用户或程序显式地清除该数据，否则数据将一直存在。

【案例 7-3】 localStorage.html

```
< div class = "container">
    < dl >
        < dt >< img src = "images/peopleLive.jpg"></dt >
        < dd onclick = "addFavorites('people')">收藏</dd >
    </dl >
    < dl >
        < dt >< img src = "images/longzhuLive.jpg"></dt >
        < dd onclick = "addFavorites('longzhu')">收藏</dd >
    </dl >
    < dl >
        < dt >< img src = "images/douyuLive.jpg"></dt >
        < dd onclick = "addFavorites('douyu')">收藏</dd >
    </dl >
    < dl >
        < dt >< img src = "images/yyLive.jpg"></dt >
```

```html
            <dd onclick="addFavorites('yy')">收藏</dd>
        </dl>
    </div>
    <hr />
    <table width="400px">
        <caption>直播平台收藏列表</caption>
        <thead>
            <tr><th>在线用户</th><th width="180px">收藏时间</th><th>操作</th></tr>
        </thead>
        <tbody id="resultTable">
            <tr><td colspan="3">暂未收藏</td></tr>
        </tbody>
    </table>
    <script>
        //清除localStorage中存储的数据
        //localStorage.clear();
        //直播平台数据集合
        var liveChannels = [{name:'全民直播',key:'people'},
                            {name:'龙珠直播',key:'longzhu'},
                            {name:'斗鱼直播',key:'douyu'},
                            {name:'YY直播',key:'yy'}];
        //收藏直播平台
        function addFavorites(channel){
            var channelObject = searchChannel(channel);
            var currentChannel = {
                name:channelObject.name,
                key:channel,
                addTime:formateTime(new Date())
            }
            localStorage.setItem(channel,JSON.stringify(currentChannel));
            showFavorites()
        }
        //显示已收藏的直播平台信息
        function showFavorites(){
            var result = "";
            if(localStorage.length == 0){
                result = result + "<tr><td colspan='3'>暂未收藏</td></tr>";
            }else{
                for(var j = 0;j<localStorage.length;j++){
                    var key = localStorage.key(j);
                    var favorite = JSON.parse(localStorage.getItem(key));
                    result = result + "<tr><td>" + favorite.name
                            + "</td><td>" + favorite.addTime + "</td>";
                    result = result + "<td><button onclick=deleteFavorite('"
                            + favorite.key + "')>删除</button></td></tr>"
                }
            }
            var resultTable = document.getElementById("resultTable");
            resultTable.innerHTML = result;
```

```
}
//删除指定的收藏
function deleteFavorite(key){
    localStorage.removeItem(key);
    showFavorites();
}
//在数据集合中进行检索
function searchChannel(channel){
    for(var i in liveChannels){
        if(liveChannels[i].key == channel){
            return liveChannels[i];
        }
    }
}
function formateTime(myDate){
    var year = myDate.getFullYear();
    var month = myDate.getMonth() + 1;
    var date = myDate.getDate();
    var hour = myDate.getHours();
    var minute = myDate.getMinutes();
    var sencod = myDate.getSeconds();
    var dateString = year + "年" + month + "月" + date + "日" + hour + ":"
                        + minute + ":" + sencod;
    return dateString;
}
    showFavorites();
</script>
```

上述代码中，使用 localStorage 来存储用户所收藏的频道信息。与 sessionStorage 相似，localStorage 只能存储字符串，复杂的信息需要以 JSON 字符串的形式来存储。代码运行结果如图 7-5 所示，当单击页面中某直播平台下的"收藏"按钮时，将该直播平台的信息保存到 localStorage 中，如果 localStorage 已经存在该直播平台信息则对数据进行更新。单击直播平台收藏列表中的"删除"按钮，将删除当前行对应的信息。

图 7-5　localStorage

使用F12打开Chrome浏览器开发者工具,在Application选项卡的Local Storage选项中,查看用户所收藏的直播平台信息,如图7-6所示。

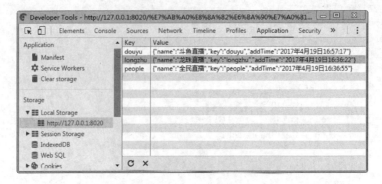

图7-6　Chrome开发者工具窗口

7.2.3　Storage Event

当sessionStorage和localStorage所存储的数据发生改变时,将会触发Storage事件。与click事件不同的是,当Storage数据改变时将会触发当前域下其他窗口的Storage事件,而不会触发当前窗口的Storage事件,该事件既不能取消也不能冒泡。

Storage Event对象的常用属性见表7-1。

表7-1　Storage Event对象的属性

属　性	描　述
key	只读属性,表示被更改的键名,如果key为空表示clear()被调用
oldValue	更新之前的值,当向Storage添加数据时,oldValue为null
newValue	更新之后的值,当从Storage中删除数据时,newValue为null
url	Storage事件触发源的网页网址

在案例7-3中localStorage.html页面的基础上,新增一个storageEvent.html页面用于演示Storage Event的事件响应机制。在localStorage.html页面中,单击"收藏"或"删除"按钮时,将在storageEvent.html页面中触发一个Storage事件,代码如下所示。

【案例7-4】　storageEvent.html

```
<div class = "container">
    <table width = "400px">
        <caption>直播平台收藏列表</caption>
        <thead>
            <tr><th>图标</th><th>在线用户</th><th width = "170px">收藏时间</th></tr>
        </thead>
        <tbody id = "resultTable">
            <tr><td colspan = "3">暂未收藏</td></tr>
        </tbody>
    </table>
</div>
```

```html
<hr />
<div id="operatorResult"></div>
<script>
    //为窗体绑定 storage 事件
    window.addEventListener("storage",function(e){
        showEventObject(e)
        showFavorites();
    });
    //显示已收藏的直播平台信息
    function showFavorites(){
        var result = "";
        if(localStorage.length == 0){
            result = result + "<tr><td colspan='3'>暂未收藏</td></tr>";
        }else{
            for(var j = 0;j<localStorage.length;j++){
                var key = localStorage.key(j);
                var favorite = JSON.parse(localStorage.getItem(key));
                result = result + "<tr><td><img src='images/"
                    + favorite.key + "Live.jpg'></td>";
                result = result + "<td>" + favorite.name
                    + "</td><td>" + favorite.addTime + "</td></tr>";
            }
        }
        var resultTable = document.getElementById("resultTable");
        resultTable.innerHTML = result;
    }
    //显示 Storage Event 对象中的信息
    function showEventObject(event){
        var operatorResult = document.getElementById("operatorResult");
        var result = "<p>StorageEvent 对象中的信息如下：</p>event.key = " + event.key;
        result = result + "<br/>event.oldValue = " + event.oldValue;
        result = result + "<br/>event.newValue = " + event.newValue;
        operatorResult.innerHTML = result;
    }
    showFavorites();
</script>
```

在浏览器中同时浏览 localStorage.html 和 storageEvent.html 两个页面，在 localStorage.html 页面（图 7-5）中，单击"收藏"或"删除"铵钮时将会触发 storageEvent.html 页面中的 Storage 事件，在事件处理方法中使用 Storage Event 对象来传递数据，在"直播平台收藏列表"中对数据进行更新。当再次"收藏"一个已经被收藏过的直播平台时，Storage Event 对象中的 key、oldValue 和 newValue 属性均被赋值，其中 oldValue 表示在 localStorage 中更新之前的数据，newValue 表示 localStorage 中更新之后的数据，如图 7-7 所示。

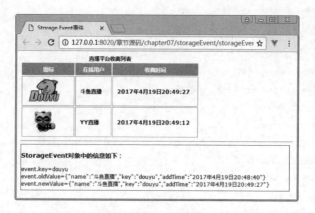

图 7-7　Storage Event

尽管使用 Storage 比较方便，但当大量数据需要保存时应避免使用 Storage 来存储，否则会有灾难性的后果。Storage 存储在安全性方面也有一定的局限性，敏感数据在存储时应使用加密技术进行处理。

7.3　Indexed Database

　　本地数据库是 HTML 5 新增的一个功能，用于在客户端本地创建一个数据库，将原来保存在服务器上的数据库中的数据直接保存在客户本地，大大减轻了服务器端的压力，提高了数据访问速度。

　　HTML 5 中内置了两种类型的本地数据库：SQLite 和 IndexedDB。SQLite 数据库是一种使用 SQL 语言进行访问的文件型 SQL 数据库；而 Indexed 数据库是一种轻量级 NoSQL 数据库。虽然 SQLite 数据库在一些浏览器（如 Chrome 6+、Opera 10+和 Safari 5+等）中得到支持，但 W3C 在 2010 年 11 月宣布暂停对该规范的更新与维护，转向重点对 Web Storage 和 IndexedDB 规范进行维护和更新。

　　与 SQLite 相比，IndexedDB 是一种轻量级 NoSQL 数据库，在索引、事务处理以及高性能搜索等方面更具有优势。IndexedDB 是一种低级 API，用于在客户端存储大量结构化数据（如文件或 blobs 数据）。DOM 存储一般用于存储少量的数据，对于存储量较大的结构化数据来说，IndexedDB 提供了一个解决方案。

　　与传统的关系型数据库不同，IndexedDB 通过数据存储空间（即对象仓库）实现对数据的存取。在数据库中可以包含一个或多个对象仓库（相当于关系数据库中的表），每个对象仓库是一个记录集合。在对象仓库中，每条记录由键和值两部分构成，数据以 key/value 的形式进行保存，每一个数据都有键名，且键名不能重复。

IndexedDB API 非常强大，但对于简单的应用来说过于复杂，读者可以使用 localForage、ZangoDB 和 dexie.js 等类库来实现，以上各种类库均可在 https://github.com 中找到相关资源。

7.3.1　IndexedDB API

IndexedDB 为同步访问和异步访问分别提供了 API 接口。同步 API 仅在 Web Workers 内部使用，但是目前还没有任何浏览器对其提供支持。异步 API 在 Web Workers 内部和外部都可以使用，此处重点介绍 IndexedDB 的异步 API 接口。

IndexedDB 的异步 API 接口见表 7-2。

表 7-2　IndexedDB 的异步 API 接口

接　　口	描　　述
IDBFactory	由全局对象 IndexedDB 实现的接口，提供对数据库的访问入口
IDBRequest	用于向数据库发出异步访问请求
IDBOpenDBRequest	用来接收一个打开数据库的请求
IDBDatabase	数据库连接，通过该连接来获得一个数据库事务
IDBTransaction	数据库中的一个事务处理
IDBObjectStore	数据存储空间（对象仓库）
IDBCursor	用于遍历对象存储空间和索引
IDBCursorWithValue	用于遍历对象存储空间和索引并返回游标的当前值
IDBIndex	索引元数据，针对具有索引的属性值进行检索
IDBKeyRange	用于定义访问键值的范围

下面针对 IndexedDB 的异步 API 接口分别进行介绍。

1. IDBFactory 接口

在浏览器中使用 IndexedDB 时，使用 window.indexedDB 对象来获得数据库的操作入口，即 IDBFactory 类型的对象。

【示例】　获得 indexedDB 对象

```
var indexedDB = window.indexedDB||window.webkitIndexedDB||window.mozIndexedDB
    ||window.msIndexedDB;
```

IDBFactory 接口的语法格式如下。

【语法】

```
interface IDBFactory{
    IDBOpenDBRequest open(DOMString name,[unsigned long long version]);
    IDBOpenDBRequest deleteDatabase(DOMString name);
    short cmp(any first,any second);
};
```

其中：

- open()方法用于请求与数据库建立连接，参数 name 表示所连接数据库的名称，参数 version（可选）表示数据库的版本号。
- deleteDatabase()方法用于删除指定的数据库，参数 name 表示所要删除的数据库名称。当数据库存在并且已经有客户端连接到数据库时,删除数据库操作将被挂起,直到所有连接释放时才对数据库进行删除。删除操作成功后将返回一个空对象。
- cmp()方法用来比较两个键值的大小,当参数 first < second 时返回 -1,当参数 first > second 时返回 1,当参数 first = second 时返回 0。

2. IDBRequest 和 IDBOpenDBRequest 接口

IDBRequest 接口用于向数据库发起一个异步访问请求,语法格式如下。

【语法】

```
interface IDBRequest:EventTarget{
    readonly attribute any result;
    readonly attribute DOMException? error;
    readonly attribute (IDBObjectStore or IDBIndex or IDBCursor)? source;
    readonly attribute IDBTransaction? transaction;
    readonly attribute IDBRequestReadyState readyState;
    // Event handlers:
    attribute EventHandler onsuccess;
    attribute EventHandler onerror;
};
```

其中:

- 属性 result 是一个只读属性,用于在请求完成时返回一个请求结果,当请求失败时该属性为 undefined;当请求一直处于等待状态,则抛出 InvalidStateError 异常。
- 属性 error 是一个只读属性,用于在请求出错时返回一个错误信息,当请求成功时该属性为 null;当请求一直处于等待状态,则抛出 InvalidStateError 异常。
- 属性 source 是一个只读属性,在请求成功时该属性为 null;当请求被拒绝时该属性返回一个 IDBObjectStore、IDBIndex 或 IDBCursor 类型的对象。
- 属性 transaction 是一个只读属性,表示请求的事务,当请求为创建数据库连接时该属性是一个 upgrade 事务。
- 属性 readyState 是一个只读属性,当请求处于等待状态时该属性为 pending,当请求完成时该属性为 done。
- 事件 onsuccess 表示当请求成功时所触发的事件处理程序。
- 事件 onerror 表示当请求失败时所触发的事件处理程序。

IDBOpenDBRequest 接口继承自 IDBRequest 接口,用于创建数据库连接的请求。IDBOpenDBRequest 接口的语法格式如下。

【语法】

```
interface IDBOpenDBRequest:IDBRequest{
    // Event handlers
    attribute EventHandler onblocked;
    attribute EventHandler onupgradeneeded;
};
```

其中：
- 事件 onblocked 表示当请求阻塞时所触发的事件处理程序；
- 事件 onupgradeneeded 表示当版本更新时所触发的事件处理程序。

下述代码演示了使用 IDBFactory 对象来创建一个 IDBOpenDBRequest 数据库连接请求。

【示例】 创建一个 indexedDB 数据库连接请求

```
var dbRequest = indexedDB.open(dbName,dbVersion);
```

上述代码中，indexedDB 对象是 IDBFactory 类型，dbRequest 对象是 IDBOpenDBRequest 类型。通过 indexedDB 对象的 open()方法来创建一个数据库连接请求。

3．IDBDatabase 接口

成功创建一个数据库连接之后，在 IDBOpenDBRequest 对象的 onsuccess 事件处理方法的参数 event.target 中包含一个 IDBDatabase 类型的对象，用于获取成功连接数据库时的连接对象。IDBDatabase 接口的语法格式如下。

【语法】

```
interface IDBDatabase:EventTarget{
    readonly attribute DOMString name;
    readonly attribute unsigned long long version;
    readonly attribute DOMStringList objectStoreNames;
    IDBTransaction transaction((DOMString or sequence<DOMString>) storeNames,
            optional IDBTransactionMode mode = "readonly");
    void close();
    IDBObjectStore createObjectStore(DOMString name,
            optional IDBObjectStoreParameters options);
    void deleteObjectStore(DOMString name);
    // Event handlers:
    attribute EventHandler onabort;
    attribute EventHandler onclose;
    attribute EventHandler onerror;
    attribute EventHandler onversionchange;
};
```

其中：
- 属性 name 表示数据库的名称；
- 属性 version 表示数据库的版本号；
- 属性 objectStoreNames 表示数据库的存储仓库集合；
- transaction()方法用于创建一个新的事务，事务可以是 readonly 或 readwrite 类型；
- createObjectStore()方法用于创建一个存储仓库；
- deleteObjectStore()方法用于删除指定的存储仓库，通常在数据库版本更新事件 onversionchange 的回调方法中使用，否则会抛出异常"Failed to execute 'deleteObjectStore' on 'IDBDatabase'：The database is not running a version change transaction."；

- close()方法用于关闭当前数据库连接。

下述代码演示了使用 IDBOpenDBRequest 对象来创建一个 IDBDatabase 数据库连接对象。

【示例】 创建一个 connection 数据库连接

```
var indexedDB = window.indexedDB||window.webkitIndexedDB||window.mozIndexedDB
            ||window.msIndexedDB;
var dbRequest = indexedDB.open('LiveBroadcast',1);
dbRequest.onsuccess = function(event){
    var connection = event.target.result;        //获取连接成功时的数据库连接
}
```

上述代码中,当数据库连接成功时,在 onsuccess 事件回调方法中通过 event.target 对象来获取 connection 数据库连接对象。

4. IDBTransaction 接口

在 IndexedDB 数据操作过程中,通常将数据操作放在事务(IDBTransaction)中进行处理,当事务处理过程中发生异常时,整个事务操作将被回滚。IDBTransaction 接口的语法格式如下。

【语法】

```
interface IDBTransaction:EventTarget{
    readonly attribute DOMStringList objectStoreNames;
    readonly attribute IDBTransactionMode mode;
    [SameObject] readonly attribute IDBDatabase db;
    readonly attribute DOMException error;
    IDBObjectStore objectStore(DOMString name);
    void abort();
    attribute EventHandler onabort;
    attribute EventHandler oncomplete;
    attribute EventHandler onerror;
};
```

其中:

- 属性 objectStoreNames 表示当前事务范围中的对象仓库名称列表;
- 属性 mode 表示当前事务模式,主要包括版本更新事务(versionchange)、只读事务(readonly)和读写事务(readwrite)三种模式;
- 属性 db 表示当前事务所对应的连接对象;
- objectStore()方法用于返回一个事务范围内的 IDBObjectStore 对象,通过该对象来完成数据的增删改查;
- abort()方法用于终止事务;
- 事件 oncomplete 表示当事务完成时所触发的事件处理程序;
- 事件 onabort 表示当事务终止时所触发的事件处理程序;
- 事件 onerror 表示当事务发生错误时所触发的事件处理程序。

下述代码演示了使用 IDBDatabase 来创建一个 IDBTransaction 事务对象。

【示例】 创建一个事务对象

```
var indexedDB = window.indexedDB||window.webkitIndexedDB||window.mozIndexedDB
          ||window.msIndexedDB;
var dbRequest = indexedDB.open('LiveBroadcast',1);
dbRequest.onsuccess = function(event){
    var connection = event.target.result;
    console.log("数据库连接成功");
    //开启读写事务
    var tx = connection.transaction('users','readwrite');
    //事务结束时所要执行的处理(事务结束时触发)
    tx.oncomplete = function(){
        alert("数据保存成功");
    };
    //事务终止时所要执行的处理(事务终止时触发)
    tx.onabort = function(){
        alert("数据保存失败");
    };
}
```

5. IDBObjectStore 接口

与关系数据库不同的是,Indexed 数据库使用数据存储空间(对象仓库)来存放数据,一个数据库中可以包含多个 IDBObjectStore 类型的对象仓库。IDBObjectStore 接口的语法格式如下。

【语法】

```
interface IDBObjectStore{
    attribute DOMString name;
    readonly attribute any keyPath;
    readonly attribute DOMStringList indexNames;
    readonly attribute IDBTransaction transaction;
    readonly attribute boolean autoIncrement;
    IDBRequest put(any value,optional any key);
    IDBRequest add(any value,optional any key);
    IDBRequest delete(any query);
    IDBRequest clear();
    IDBRequest get(any query);
    IDBRequest getKey(any query);
    IDBRequest getAll(optional any query,optional unsigned long count);
    IDBRequest getAllKeys(optional any query,optional unsigned long count);
    IDBRequest count(optional any query);
    IDBRequest openCursor(optional any query,
                    optional IDBCursorDirection direction = "next");
    IDBRequest openKeyCursor(optional any query,
                    optional IDBCursorDirection direction = "next");
    IDBIndex index(DOMString name);
    IDBIndex createIndex(DOMString name,
```

```
                        (DOMString or sequence<DOMString>)keyPath,
                        optional IDBIndexParameters options);
    void deleteIndex(DOMString name);
};
```

其中：
- 属性 name 表示对象仓库的名称；
- 属性 keyPath 表示对象仓库中记录的主键；
- 属性 indexNames 表示对象仓库中的索引名称列表；
- 属性 transaction 表示当前对象仓库所对应的事务；
- 属性 autoIncrement 用于返回对象仓库主键的生成方式，当主键自动生成时该属性返回 true，否则返回 false；
- put()方法用于向对象仓库中添加记录，当记录存在时将对记录进行更新操作；
- add()方法用于向对象仓库中添加记录，当记录存在时数据添加失败并抛出 ConstraintError 异常；
- delete()方法用于根据 key 或 key range 从对象仓库中删除符合条件的数据；
- clear()方法用于清空整个对象仓库；
- get()方法用于从对象仓库中返回满足 key 或 key range 条件的第一条记录的 value 值；
- getKey()方法用于从对象仓库中返回满足 key 或 key range 条件的第一条记录的 key 键名；
- getAll()方法用于从对象仓库中返回所有满足 key 或 key range 条件的记录的 value 集合；
- getAllKeys()方法用于从对象仓库中返回所有满足 key 或 key range 条件的记录的 key 集合；
- count()方法用于返回满足 key 或 key range 条件的记录个数；
- openCursor()方法用于根据查询的结果集返回一个游标对象(IDBCursorWithValue)，通过游标的移动实现数据的遍历，当查询条件为 null 时将返回所有记录的集合，当查询的结果集不为空时，游标指向结果集的第一条记录；
- openKeyCursor()方法用于根据查询的结果集返回一个游标对象(IDBCursor)，而结果集是一个仅包括 key 键的集合；
- index()方法用于根据索引名返回一个 IDBIndex 对象；
- createIndex()方法用于根据 name、keyPath 和 options 参数来创建一个索引，并返回一个 IDBIndex 类型的索引对象；
- deleteIndex()方法用于根据索引名来删除指定的索引。

下述代码演示了通过 IDBTransaction 对象来创建一个 IDBObjectStore 数据仓库。

【示例】 创建一个可读写的数据仓库

```
var tx = connection.transaction(storeName, 'readwrite');
var store = tx.objectStore(storeName);
store.put({name:"jCuckoo"});
```

【示例】 创建一个只读的数据仓库

```
var tx = connection.transaction(storeName,'readonly');
var store = tx.objectStore(storeName);
//根据条件进行查询,返回一个结果集
var query = store.openCursor();
query.onsuccess = function(event){
    //获得游标
    var cursor = event.target.result;
}
```

上述代码中,使用 openCursor()方法返回一个符合条件的结果集,当方法参数为空时,将返回所有记录的集合。

6. IDBCursor 接口

游标(Cursor)对象实现了 IDBCursor 接口,通过移动游标来遍历查询的结果集。IDBCursor 接口的语法格式如下。

【语法】

```
interface IDBCursor{
    readonly attribute (IDBObjectStore or IDBIndex) source;
    readonly attribute IDBCursorDirection direction;
    readonly attribute any key;
    readonly attribute any primaryKey;
    void advance([EnforceRange] unsigned long count);
    void continue(optional any key);
    void continuePrimaryKey(any key, any primaryKey);
    [NewObject] IDBRequest update(any value);
    [NewObject] IDBRequest delete();
};
```

其中:
- 属性 source 用于返回游标的打开方式;
- 属性 direction 表示游标的移动方向,该属性取值可以为 next(下一条)、nextunique(下一条不同的记录)、prev(上一条)和 prevunique(上一条不同的记录);
- 属性 key 用于返回游标行所对应的键;
- 属性 primaryKey 用于返回游标行所对应的主键;
- advance()方法用于在查询的结果集中将游标向后移动 count 条记录;
- continue()方法用于在查询的结果集中将游标向后移动一条记录,或将游标移到 key 记录的下一条记录;
- continuePrimaryKey()方法用于在查询的结果集中将游标移动并指向 primaryKey 所对应的记录;
- update()方法用于更新游标所指向的记录;
- delete()方法用于删除游标所指向的记录。

下述代码演示了使用 openCursor()来获得一个游标对象。

【示例】 获得一个游标对象

```
var tx = connection.transaction(storeName,'readonly');
var store = tx.objectStore(storeName);
//根据条件进行查询,返回一个结果集
var query = store.openCursor();
query.onsuccess = function(event){
    //获得游标
    var cursor = event.target.result;
    //当结果集不为空时,游标默认指向结果集的第一条记录
    if(cursor){
        console.log(cursor.value.id + "," + cursor.value.name)
        //游标移动到下一条记录
        cursor.continue();
    }
}
```

7. IDBCursorWithValue 接口

IDBCursorWithValue 接口继承自 IDBCursor 接口,具有 IDBCursor 接口中的属性和方法,除此之外,还提供了一个 value 属性。与 IDBCursor 接口相似,IDBCursorWithValue 接口也能够实现对查询的结果集进行遍历,语法格式如下。

【语法】

```
interface IDBCursorWithValue:IDBCursor{
    readonly attribute any value;
};
```

其中,属性 value 用于返回游标所对应的当前 value 值。

8. IDBIndex 接口

与关系型数据库中的索引相似,Indexed 数据库中的索引需要通过数据记录的某个属性值来创建。在创建索引之后,可以提高对数据仓库中记录检索的速度。在关系型数据库中能够对非索引字段进行检索,而在 Indexed 数据库中只能针对索引字段进行检索。IDBIndex 接口的语法格式如下。

【语法】

```
interface IDBIndex{
    attribute DOMString name;
    [SameObject] readonly attribute IDBObjectStore objectStore;
    readonly attribute any keyPath;
    readonly attribute boolean multiEntry;
    readonly attribute boolean unique;
    [NewObject] IDBRequest get(any query);
    [NewObject] IDBRequest getKey(any query);
    [NewObject] IDBRequest getAll(optional any query,
                    optional unsigned long count);
```

```
    [NewObject] IDBRequest getAllKeys(optional any query,
                         optional unsigned long count);
    [NewObject] IDBRequest count(optional any query);
    [NewObject] IDBRequest openCursor(optional any query,
                         optional IDBCursorDirection direction = "next");
    [NewObject] IDBRequest openKeyCursor(optional any query,
                         optional IDBCursorDirection direction = "next");
};
```

其中：
- 属性 name 用于设置或返回索引的名称；
- 属性 objectStore 用于说明当前索引所隶属的对象仓库；
- 属性 keyPath 用于返回索引所对应的 keyPath 项；
- 当索引使用 multiEntry 标志时，multiEntry 属性返回 true；
- 当索引使用 unique 标志时，unique 属性返回 true；

IDBIndex 接口的其他方法请参见 IDBObjectStore 接口中方法的说明。

下述代码演示了使用 IDBObjectStore.createIndex()方法来创建一个索引对象。

【示例】 获得一个索引对象

```
var name = "userNameIndex";
var keyPath = "userName";
var optionalParameters = {
    multiEntity:false,
    unique:false
};
var index = store.createIndex(name,keyPath,optionalParameters);
```

9. IDBKeyRange 接口

通过索引来检索数据时，使用 IDBKeyRange 对象来设置所要检索的数据 key 的范围。IDBKeyRange 接口的语法格式如下。

【语法】

```
interface IDBKeyRange{
    readonly attribute any lower;
    readonly attribute any upper;
    readonly attribute boolean lowerOpen;
    readonly attribute boolean upperOpen;
    static IDBKeyRange only(any key);
    static IDBKeyRange lowerBound(any lower,optional boolean open = false);
    static IDBKeyRange upperBound(any upper,optional boolean open = false);
    static IDBKeyRange bound(any lower,any upper,
        optional boolean lowerOpen = false,optional boolean upperOpen = false);
    boolean includes(any key);
};
```

其中：

- 属性 lower 表示 Range 范围的下限，未设置时为 undefined；
- 属性 upper 表示 Range 范围的上限，未设置时为 undefined；
- 当 Range 范围中包含下限值时，属性 lowerOpen 为 false，否则为 true；
- 当 Range 范围中包含上限值时，属性 upperOpen 为 false，否则为 true；
- only()方法用于生成一个仅包含一个 key 的 Range 范围；
- lowerBound()方法用于生成一个仅有下限、无上限的 Range 范围；
- upperBound()方法用于生成一个仅有上限、无下限的 Range 范围；
- bound()方法用于生成一个既有下限又有上限的 Range 范围；
- includes()用于判断 key 是否位于 Range 范围内。

下述代码演示了 Range 范围的几种创建方式。

【示例】 创建 Range 范围

```
var boundRange = IDBKeyRange.bound(10,20,false,true);      //[10,20]
var onlyRange = IDBKeyRange.only(35);                      //[35]
var lowerRange = IDBKeyRange.lowerBound(10,false);         //[10, … )
var upperRange = IDBKeyRange.upperBound(100,false);        //( … ,100]
```

7.3.2 Indexed 数据操作

与关系型数据库操作相似，Indexed 数据库操作也分为数据修改和数据查询两大类型，其中数据修改的操作步骤如下。

（1）获得 IndexedDB 对象；
（2）向数据库发出连接请求；
（3）获得数据连接请求对象 connection；
（4）获得事务对象 transaction；
（5）获得数据仓库对象 objectStore；
（6）对数据进行添加、修改或删除等操作。

下述代码演示了向 Indexed 数据库中添加记录的过程。

【案例 7-5】 saveData.html

```
//1.获得 IndexedDB 对象
var indexedDB = window.indexedDB||window.webkitIndexedDB||window.mozIndexedDB
                ||window.msIndexedDB;
//2.向数据库发出连接请求
var dbRequest = indexedDB.open('testDB',1);
dbRequest.onsuccess = function(event){
    //3.获得数据连接请求对象 connection
    var connection = event.target.result;  //获取连接成功时的数据库连接
    //4.获得事务对象 transaction
    var tx = connection.transaction('test','readwrite');
    //5.获得数据仓库对象 objectStore
    var objectStore = tx.objectStore('test');
```

```
    //6.对数据进行添加
    objectStore.add({user:"jCuckoo"});
};
dbRequest.onupgradeneeded = function(event){
    var connection = event.target.result;
    //创建数据仓库 test
    var store = connection.createObjectStore("test",{
        keyPath:"id",
        autoIncrement:true
    });
}
dbRequest.onerror = function(event){
};
```

使用游标对 Indexed 数据库中的数据进行遍历,操作步骤如下。
(1) 获得 IndexedDB 对象;
(2) 向数据库发出连接请求;
(3) 获得数据连接请求对象 connection;
(4) 获得事务对象 transaction;
(5) 获得数据仓库对象 objectStore;
(6) 获得数据查询请求对象 query;
(7) 获得游标对象 cursor;
(8) 使用游标遍历数据。

下述代码演示了 Indexed 数据库的数据遍历过程。

【案例 7-6】 iteratorData.html

```
//1.获得 IndexedDB 对象
var indexedDB = window.indexedDB||window.webkitIndexedDB||window.mozIndexedDB
                ||window.msIndexedDB;
//indexedDB.deleteDatabase('testDB');
//2.向数据库发出连接请求
var dbRequest = indexedDB.open('testDB',1);
dbRequest.onsuccess = function(event){
    //3.获得数据连接请求对象 connection
    var connection = event.target.result; //获取连接成功时的数据库连接
    //4.获得事务对象 transaction
    var tx = connection.transaction('test','readonly');
    //5.获得数据仓库对象 objectStore
    var objectStore = tx.objectStore('test');
    //6.获得数据查询请求对象 query
    var query = objectStore.openCursor();
    query.onsuccess = function(event){
        //7.cursor.value
        var cursor = event.target.result;
        //8.使用游标遍历数据
```

```
            if(cursor){
                console.log(cursor.key + " " + JSON.stringify(cursor.value));
                cursor.continue();
            }
        }
    };
    dbRequest.onupgradeneeded = function(event){
        var connection = event.target.result;
        //创建数据仓库 test
        var store = connection.createObjectStore("test",{
            keyPath:"id",
            autoIncrement:true
        });
    }
    dbRequest.onerror = function(event){
    };
```

下述代码演示了使用 Indexed 数据库实现直播频道的喜好评价，用户可以对喜欢的直播频道献花，或对不喜欢的频道扔鸡蛋。将用户献花或扔蛋的数量存储到浏览器客户端的 Indexed 数据库中，然后使用 cursor 游标来遍历用户评价的数据集合并显示出来。

【案例 7-7】 presentFlowers.html

```html
<h3>请选择您喜欢的直播栏目</h3>
<hr />
<div class = "channelDiv">
    <dl id = "peopleLive">
        <dt><img src = "images/peopleLive.jpg"></dt>
        <dd>
            <input type = "button" class = "flowerBtn hvr-grow"
            onclick = "presentGift('peopleLive','flower',this)"/>
<span>0</span>
            <input type = "button" class = "eggBtn hvr-grow"
            onclick = "presentGift('peopleLive','egg',this)"/><span>0</span>
        </dd>
    </dl>
    <dl id = "longzhuLive">
        <dt><img src = "images/longzhuLive.jpg"></dt>
        <dd>
            <input type = "button" class = "flowerBtn hvr-grow"
            onclick = "presentGift('longzhuLive','flower',this)"/><span>0</span>
            <input type = "button" class = "eggBtn hvr-grow"
            onclick = "presentGift('longzhuLive','egg',this)"/><span>0</span>
        </dd>
    </dl>
    <dl id = "douyuLive">
        <dt><img src = "images/douyuLive.jpg"></dt>
        <dd>
            <input type = "button" class = "flowerBtn hvr-grow"
            onclick = "presentGift('douyuLive','flower',this)"/><span>0</span>
```

```html
                <input type="button" class="eggBtn hvr-grow"
                    onclick="presentGift('douyuLive','egg',this)"/><span>0</span>
            </dd>
        </dl>
        <dl id="yyLive">
            <dt><img src="images/yyLive.jpg"></dt>
            <dd>
                <input type="button" class="flowerBtn hvr-grow"
                    onclick="presentGift('yyLive','flower',this)"/><span>0</span>
                <input type="button" class="eggBtn hvr-grow"
                    onclick="presentGift('yyLive','egg',this)"/><span>0</span>
            </dd>
        </dl>
</div>

<script>
    var dbName = "LiveBroadcast";          //数据库名
    var dbVersion = 1;                      //版本号
    var storeName = "channelStore";        //数据仓库名称
    var connection = null;                  //数据库连接

    //1.IDBFactory
    var indexedDB = window.indexedDB||window.webkitIndexedDB
                    ||window.mozIndexedDB||window.msIndexedDB;
    //删除指定的数据库,关闭浏览器重新打开后会发现所删除的数据库已经不存在了
    //indexedDB.deleteDatabase(dbName);
    //数据库初始化
    function init(){
        //2.IDBRequest
        var dbRequest = indexedDB.open(dbName,dbVersion);
        dbRequest.onsuccess = function(event){
            connection = event.target.result;    //获取连接成功时的数据库连接
            console.log("数据库连接成功.");
            loadGiftData();
        };
        dbRequest.onerror = function(event){
            console.log('数据库连接失败!');
        };
        dbRequest.onupgradeneeded = function(event){
            connection = event.target.result;
            if(!connection.objectStoreNames.contains(storeName)){
                var optionalParameters = {
                    keyPath:"id",
                    autoIncrement:true
                };
                var objectStore = connection
                            .createObjectStore(storeName,optionalParameters);
                console.log("对象仓库创建成功!");
            }
```

```javascript
            var tx = event.target.transaction;
            console.log("数据库版本更新成功!版本" + event.oldVersion + " =>版本"
                + event.newVersion);
    };
}
//加载 Indexdb 数据库中的数据
function loadGiftData(){
    var nodeList = document.getElementsByTagName("dl");
    var tx = connection.transaction(storeName,'readonly');
    var objectStore = tx.objectStore(storeName);
    var query = objectStore.openCursor();
    query.onsuccess = function(event){
        var cursor = event.target.result;
        if(cursor){
            var data = cursor.value;
            for(var i in nodeList){
                if(nodeList[i].id == data.channel){
                    var spanList = nodeList[i].getElementsByTagName("span");
                    spanList[0].innerHTML = data.flowerNum;
                    spanList[1].innerHTML = data.eggNum;
                }
            }
            cursor.continue();
        }
    }
}
//鲜花与鸡蛋
function presentGift(channel,type,object){
    var tx = connection.transaction(storeName,'readwrite');
    var objectStore = tx.objectStore(storeName);
    var query = objectStore.openCursor();
    query.onsuccess = function(event){
        var cursor = event.target.result;
        try{
            //当记录存在时,对数据进行更新
            var num = 0;
            if(cursor&&cursor.value.channel == channel){
                var data = cursor.value;
                if(type == "flower"){
                    data.flowerNum = data.flowerNum + 1;
                    num = data.flowerNum;
                }else{
                    data.eggNum = data.eggNum + 1;
                    num = data.eggNum;
                }
                cursor.update(data);
                object.nextSibling.innerHTML = num;
                return;
            }else if(cursor){
                cursor.continue();
```

```
            }else{
                //当记录不存在时,插入一条新纪录
                var flowerNum = 0,eggNum = 0;
                num = 1;
                if(type == "flower"){
                    flowerNum = 1;
                }else{
                    eggNum = 1;
                }
                var data = {
                    channel:channel,
                    flowerNum:flowerNum,
                    eggNum:eggNum
                }
                objectStore.put(data);
                object.nextSibling.innerHTML = num;
                return;
            }
        }finally{
            cursor = null;
        }
    }
}
    window.onload = init;
</script>
```

上述代码运行结果如图 7-8 所示。在页面加载时,init()方法用于对数据连接进行初始化;当连接请求成功时获取一个数据库连接对象,然后调用 loadGiftData()方法将 Indexed 数据库中的数据加载并在页面中显示;当数据请求失败时,打印错误提示信息;在第一次初始化或数据版本更新时,通过 onupgradeneeded 事件回调方法来创建一个 LiveBroadcast 数据库或对数据库版本进行更新。

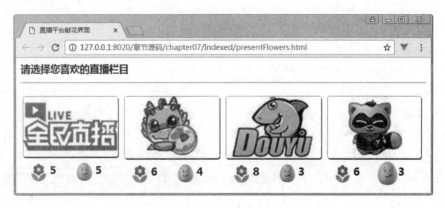

图 7-8 献花扔蛋

在 loadGiftData()方法中,使用 cursor 游标对数据库中的数据进行检索,并将检索到的数据显示到页面中;cursor.continue()方法用于将 cursor 游标指向下一个符合条件的数据,通过 cursor.value 来获得游标所指向记录的 value 值。

在 presentGift()方法中,参数 channel 表示将要献花或扔鸡蛋的直播频道。当单击页面中的鲜花或鸡蛋时,鲜花或鸡蛋的数值增加 1,并在 Indexed 数据库中对数据进行更新。

通过 Chrome 浏览器的开发者工具,查看 Application 选项卡的 Storage/IndexedDB 选项,发现创建了一个 LiveBroadcast 数据库,其中包含一个 channelStore 数据仓库,在该仓库中可找到每个直播频道所收到的鲜花和鸡蛋的数量,如图 7-9 所示。

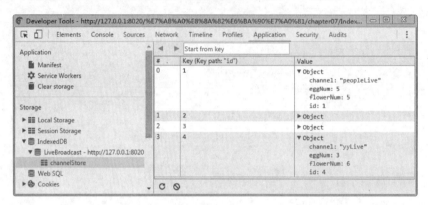

图 7-9 使用 Chrome 开发者工具查看 IndexedDB

7.3.3 Indexed 检索

在数据检索时,除了使用游标对数据检索外,还可以根据索引对数据进行检索。与关系型数据库的索引相似,Indexed 数据库中的索引也需要根据记录的某个属性来创建,通过索引可以有效地提高数据的检索速度。

使用索引对 Indexed 数据库中的数据进行检索,操作步骤如下。

(1)获得 IndexedDB 对象;
(2)向数据库发出连接请求;
(3)获得数据连接请求对象 connection;
(4)获得事务对象 transaction;
(5)获得数据仓库对象 objectStore;
(6)获得数据仓库中指定的索引 index;
(7)通过索引对象 index 的 get()和 getAll()方法直接获得索引数据;也可以通过索引对象 index 来获得一个数据查询请求对象 query,在 query 请求对象的 onsuccess 回调方法中获得游标对象 cursor 对数据进行检索和遍历。

下述代码演示了使用索引来遍历 Indexed 数据库中的数据。首先修改 presentFlowers.html 代码,在 onupgradeneeded 事件处理方法中添加一段创建索引的代码。

【案例 7-8】 presentFlowers.html

```
…此处代码省略…
//1.IDBFactory
```

```
var indexedDB = window.indexedDB||window.webkitIndexedDB||window.mozIndexedDB
                ||window.msIndexedDB;
//使用以下语句删除原来的数据库
indexedDB.deleteDatabase(dbName);
//数据库初始化
function init(){
    //2.IDBRequest
    var dbRequest = indexedDB.open(dbName,dbVersion);
    dbRequest.onsuccess = function(event){
        connection = event.target.result; //获取连接成功时的数据库连接
        console.log("数据库连接成功.");
        loadGiftData();
    };
    dbRequest.onerror = function(event){
        console.log('数据库连接失败!');
    };
    dbRequest.onupgradeneeded = function(event){
        connection = event.target.result;
        if(!connection.objectStoreNames.contains(storeName)){
            var optionalParameters = {
                keyPath:"id",
                autoIncrement:true
            };
            var objectStore = connection
                    .createObjectStore(storeName,optionalParameters);
        objectStore.createIndex('channelIndex','channel',{unique:true});
            console.log("对象仓库创建成功!");
        }
        var tx = event.target.transaction;
        console.log("数据库版本更新成功!版本"
                + event.oldVersion + " =>版本" + event.newVersion);
    };
}
…此处代码省略…
```

通过 presentFlowers.html 页面中的献"鲜花"或扔"鸡蛋"操作来增加直播频道的鲜花和鸡蛋的数量,然后在 loadDataByIndex.html 页面中对各直播频道的鲜花和鸡蛋的数据进行统计,代码如下所示。

【案例 7-9】 loadDataByIndex.html

```
<div>
    <table width = "500px">
        <caption>直播平台赠送列表</caption>
        <thead>
            <tr><th>频道 ID</th><th>频道名称</th><th>Logo</th>
                <th>鲜花数量</th><th>鸡蛋数量</th></tr>
        </thead>
        <tbody id = "resultTable"></tbody>
```

```html
        </table>
</div>
<dialog id="myDialog">
        频道ID：<span id="idSpan"></span><br/>
        频道名称：<span id="channelSpan"></span><br/>
        鲜花数量：<span id="flowerSpan"></span><br/>
        鸡蛋数量：<span id="eggSpan"></span><br/><br/>
        <input type="button" value="关闭窗口"
                onclick="this.parentElement.close()"/>
</dialog>
<script>
    var dbName = "LiveBroadcast";           //数据库名
    var dbVersion = 1;                      //版本号
    var storeName = "channelStore";         //数据仓库名称
    var connection = null;                  //数据库连接对象
    function openIndexedDB(){
        var indexedDB = window.indexedDB||window.webkitIndexedDB
                        ||window.mozIndexedDB||window.msIndexedDB;
        //创建数据库连接请求
        var dbRequest = indexedDB.open(dbName,dbVersion);
        dbRequest.onerror = function(event){
            console.log('数据库连接失败!' + event.currentTarget.error.message);
        };
        //请求成功时
        dbRequest.onsuccess = function(event){
            //获得数据库连接对象
            connection = event.target.result;
            console.log("数据库连接成功");
            getMultipleData();
        }
        dbRequest.onupgradeneeded = function(event){
            connection = event.target.result;
            if(!connection.objectStoreNames.contains(storeName)){
                var optionalParameters = {
                    keyPath:"id",
                    autoIncrement:true
                };
                var objectStore = connection
                        .createObjectStore(storeName,optionalParameters);
                objectStore.createIndex('channelIndex','channel',
                                        {unique:true});
                console.log("对象仓库创建成功!");
            }
            alert("数据库版本更新成功!版本"
                    + event.oldVersion + "=>版本" + event.newVersion);
        };
    }
    //根据索引查找指定的记录
    function getChannelByIndex(channelName){
```

```javascript
            var tx = connection.transaction(storeName,'readonly');
            var objectStore = tx.objectStore(storeName);
            var index = objectStore.index("channelIndex");
            index.get(channelName).onsuccess = function(event){
                var channel = event.target.result;
                document.getElementById("idSpan").innerHTML = channel.id;
                document.getElementById("channelSpan").innerHTML = channel.channel;
                document.getElementById("flowerSpan").innerHTML = channel.flowerNum;
                document.getElementById("eggSpan").innerHTML = channel.eggNum;
                var myDialog = document.getElementById("myDialog");
                myDialog.show();
            }
        }
        //根据索引查找符合条件的多条记录
        function getMultipleData(){
            var tx = connection.transaction(storeName,'readonly');
            var objectStore = tx.objectStore(storeName);
            var index = objectStore.index("channelIndex");
            var query = index.openCursor(null,IDBCursor.prev);
            query.onsuccess = function(event){
                var cursor = event.target.result;
                var resultTable = document.getElementById("resultTable");
                if(cursor){
                    var channel = cursor.value;
                    var row = resultTable.insertRow(resultTable.rows.length);
                    var idCell = row.insertCell(0);
                    var channelNameCell = row.insertCell(1);
                    var presenterNameCell = row.insertCell(2);
                    var flowerCell = row.insertCell(3);
                    var eggCell = row.insertCell(4);
                    idCell.innerHTML = channel.id;
                    channelNameCell.innerHTML = "< a href = '#'"
                            + "onclick = getChannelByIndex('" + channel.channel + "')>"
                            + channel.channel + "</a>";
                    presenterNameCell.innerHTML = "< img src = 'images/"
                            + channel.channel + ".jpg'>";
                    flowerCell.innerHTML = channel.flowerNum;
                    eggCell.innerHTML = channel.eggNum;
                    cursor.continue();
                }
            }
        }
        window.onload = function(){
            openIndexedDB();
        }
</script>
```

上述代码中,getChannelByIndex()方法用于根据索引字段来检索一条符合条件的记录,getMultipleData()方法根据索引来获取游标对象,然后通过游标来遍历数据。代码运行结果如图 7-10 所示。代码中根据直播频道名称来创建了一个索引 channelIndex，所以网页中表格的数据是根据"频道名称"升序排列的。

图 7-10　直播频道的赠送列表

单击某个频道名称，将弹出该频道的详细信息，如图 7-11 所示。

图 7-11　直播频道的详细信息

本章总结

- Cookie 是一种在客户端保持会话跟踪的解决方案，在浏览器客户端保存用户会话信息，以便服务端对客户端身份进行识别。
- HTML 5 中新增了 Web Storage 存储机制，是一种对 Cookies 存储机制的改善。
- Web Storage 用于在浏览器客户端保存数据，数据存储形式分为 Session Storage 和 Local Storage 两种。
- Session Storage 将数据保存在 Session 对象中，Local Storage 将数据保存在客户端的硬件设备中。
- HTML 5 中内置了两种类型的本地数据库：SQLite 和 IndexedDB。SQLite 数据库是一种使用 SQL 语言进行访问的文件型 SQL 数据库，而 IndexedDB 是一种轻量级 NoSQL 数据库。
- 与传统的关系型数据库不同，IndexedDB 通过数据存储空间（即对象仓库）实现对数据的存取。
- 在浏览器中使用 Indexed 数据库时，需要通过 window.indexedDB 来获得数据库的操作入口。
- 针对 IndexedDB 数据操作时,通常将数据操作放在事务(IDBTransaction)中进行处理;当事务处理过程中发生异常时,整个事务操作将被回滚。
- 游标(Cursor)对象实现了 IDBCursor 接口,可以通过移动游标来遍历查询的结果集。
- 与关系型数据库中的索引相似,Indexed 数据库中的索引需要通过数据记录的某个属性值来创建。在创建索引之后,可以提高对数据仓库中记录检索的速度。

本章练习

1. 下列选项中关于 Cookie 技术说法错误的是_____。
   A. Cookie 所存储的信息量较少
   B. Cookie 存储在客户端,存在一定的安全问题
   C. Cookie 技术存在众多缺点,应该完全废弃
   D. Cookie 本质上是以文本方式进行存储的
2. 关于 Web Storage 说法正确的是_____。
   A. Web Storage 用于在浏览器客户端保存数据
   B. Web Storage 数据存储形式分为 Session Storage 和 Local Storage 两种形式
   C. 当 Session 失效时,Session Storage 存储的数据也将随之丢失
   D. Local Storage 将数据保存在客户端的硬件设备中,在浏览器关闭后数据仍然存在
3. 关于 Storage 接口说法错误的是_____。
   A. length 属性为只读属性,用于返回 Storage 对象中的数据项数量
   B. size 属性为只读属性,用于返回 Storage 对象中的数据项数量
   C. Storage 中的数据以 key/value 的形式进行保存
   D. 当 sessionStorage 或 localStorage 中的数据发生改变时,会触发 Storage 事件
4. 下列关于 IndexDB 说法正确的是_____。
   A. Indexed 数据库是一种轻量级 NoSQL 数据库
   B. Indexed 数据库是通过对象仓库实现对数据的存取
   C. 在 Indexed 数据库中可以包含一个或多个对象仓库,每个对象仓库是一个记录集合
   D. 在对象仓库中,每条记录是由键和值两部分构成,数据以 key/value 形式保存
5. 关于 Storage Event 对象说法错误的是_____。
   A. key 属性是一个只读属性,用来表示被更改的键名
   B. oldValue 属性表示更新之前的值
   C. currentValue 属性表示当前值
   D. newValue 属性表示更新之后的值
6. 关于 IDBCursor 接口说法错误的是_____。
   A. 属性 direction 表示游标的移动方向

B. delete()方法用于删除游标所指向的记录

C. update()方法用于更新游标所指向的记录

D. insert()方法用于向结果集中插入一条记录

7. 下列关于 IDBKeyRange 接口说法错误的是_____。

　　A. 属性 lower 表示 Range 范围的下限

　　B. only()方法用于生成一个仅包含一个 key 的 Range 范围

　　C. bound()方法用于生成一个既不包含下限又不包含上限的 Range 范围

　　D. includes()用于判断 key 是否位于 Range 范围内

8. 使用索引从 Indexed 数据库中检索数据,操作步骤是_____。

　　A. 向数据库发出连接请求

　　B. 获得数据仓库对象 objectStore

　　C. 获得 IndexedDB 对象

　　D. 获得事务对象 transaction

　　E. 获得数据连接请求对象 connection

　　F. 通过索引对象 index 的 get()和 getAll()方法来获得数据,然后进行遍历操作

　　G. 获得数据仓库中指定的索引 index

第 8 章 文件API

本章目标

- 了解沙箱模型概念。
- 熟练使用 File API 接口对文件和目录进行操作。
- 能够使用 FileWriter API 接口保存文件。
- 熟悉 FileSystem API 接口。
- 能够使用 FileSystem API 对文件进行操作。
- 能够使用 FileSystem API 对目录进行操作。

8.1 文件 API 概述

对 Web 应用而言,JavaScript 代码和插件都存在一定风险,特别是故意设计侵入浏览器的代码更加危险,通过侵入代码或者浏览器漏洞来获取主机的管理权限,这对主机系统来说是非常危险的,所以不仅要保证网页自身不存在危险,还要保证浏览器和操作系统不存在安全漏洞,从而有效保障 Web 应用的安全性。

由于网页可能存在各种有意的或无意的攻击,所以浏览器通常认为网络中的网页是不安全的。这时希望有一种机制能够将网页的运行限制在一个特定的环境中,使其只能访问有限的功能,从而保证系统的安全,即使在浏览器的渲染引擎被攻击的情况下,也不可能获取主机系统中的任何权限,这一思想称为浏览器的沙箱(sandbox)模型。

沙箱模型在一定程度上保证了系统的安全,但同时 Web 应用程序也受到一定的限制,不能像 C/S 架构的客户端那样灵活地对本地文件进行操作。如果 Web 应用程序能够对本地文件进行读取和写入,程序功能将变得更加强大。

在 HTML 5 中,Web 应用程序可以请求临时或永久的存储空间来访问客户端文件。临时存储空间使用相对比较方便,但有一定的硬盘空间限制,在使用临时存储空间时不需要提示用户,具有一定的便利性,但是临时存储空间中的数据可能会被用户不慎清除,如当用户在清除浏览器数据时临时存储空间中的数据也一起被清除了。HTML 5 中新增了 FileSystem API,用于将数据永久保存在磁盘的文件系统中,该空间下的数据相对比较安全,必须由用户通过应用程序来删除,而不会在用户不知情的情况下被清除。

8.2 File API

HTML 5 规范中提供了 File API,主要包括 Blob、File、FileList、FileReader 和 BlobURL 接口。Blob 对象表示原始的二进制数据,File 对象表示用户选择的一个文件,FileList 对象表示用户选择的文件列表,FileReader 对象用来将文件读取到内存中,而 URL 对象为 Blob(或 File)二进制数据提供一个可访问的 URL 地址,以便在 Web 页面中引用 Blob 类型的数据。

在 HTML 5 规范中,File Reader API 接口用于读取数据,该接口中包含 File、FileList、FileReader 和 BlobURL 等接口。FileWriter API 接口用于向文件中写入数据,其中包含 BlobBuilder、FileSaver 和 FileWriter 接口。FileWriter API 接口目前并没有得到浏览器厂商的支持,有关细节读者可以关注 https://www.w3.org/TR/file-writer-api/ 网站。

8.2.1 Blob 接口

HTML 5 规范中新增了 Blob 接口,用来表示二进制数据。Blob 接口的语法格式如下。
【语法】

```
interface Blob{
    readonly attribute unsigned long long size;
    readonly attribute DOMString type;
    readonly attribute boolean isClosed;
    Constructor(sequence<(ArrayBuffer or ArrayBufferView or Blob or DOMString)>
            blobParts, optional BlobPropertyBag options)
    Blob slice([Clamp] optional long long start, optional long long end,
            optional DOMString contentType);
};
```

其中:
- size 属性用于返回 Blob 的字节长度;
- type 属性用于返回 Blob 的 MIME 类型,如果是未知类型则返回一个空字符串;
- isClosed 属性用于返回 Blob 数据是否处于关闭状态;
- Constructor()方法是一个构造方法,参数数量为 0~2 个,其中参数 blobParts 是一个 ArrayBuffer、ArrayBufferView、Blob 或 DOMString 类型的序列,参数 options 表示所创建 Blob 对象的媒体类型;
- slice()方法用于从 Blob 数据中截取部分数据并返回一个新的 Blob 对象,参数数量为 0~3 个,其中参数 start 表示截取的开始位置,参数 end 表示截取的结束位置(不包含 end 位置),参数 contentType 用于设置所创建的 Blob 对象的媒体类型。

下述代码演示了使用 Blob 的构造方法来创建一个 Blob 对象。

【示例】 使用 Blob 构造方法来创建 Blob 对象

```
var buffer = new ArrayBuffer(1024);
var shorts = new Uint16Array(1,2,3);
var bytes = new Uint8Array(1,2);
var b1 = new Blob();
var b2 = new Blob(["欢迎来到新闻直播间"],{type:"text/plain;charset = UTF - 8"});
var b3 = new Blob(['<a href = "♯">欢迎来到布谷鸟直播间</a>'],{type:'text/html'});
var b4 = new Blob([b2,shorts]);
var b5 = new Blob([buffer,b2,b3,bytes]);
```

下述代码演示了使用 Blob 的 slice()方法创建一个新的 Blob 对象。

【示例】 slice()方法的使用

```
var blob = new Blob(['<a href = "♯">欢迎来到布谷鸟直播间</a>'],{type:'text/html'});
var newBlob = blob.slice(13,23,{type:'text/html'});
```

下述代码演示了 Blob 对象的 size 和 type 属性的用法。

【案例 8-1】 blob.html

```
选择文件: < input type = "file" id = "myFile" multiple/>
< input type = "button" value = "显示文件信息" onclick = "getInfoFromFile()"/>< hr/>
文件大小: < span id = "fileSize"></ span >字符< br/>
文件类型: < span id = "fileType"></ span >
< script >
    function getInfoFromFile(){
        var files = document.getElementById("myFile").files;
        document.getElementById("fileSize").innerHTML = files[0].size;
        document.getElementById("fileType").innerHTML = files[0].type;
    }
</ script >
```

上述代码运行结果如图 8-1 所示。当用户单击"选择文件"按钮时,返回一个 FileList 对象,其中包含 1~n 个 File 对象。由于 File 接口继承自 Blob 接口,所以 File 接口拥有 Blob 接口中所有的属性和方法。关于 File 接口和 FileList 接口将在后续小节中进行介绍。

图 8-1 Blog 对象的属性

8.2.2 File 接口

在 HTML 4 中,使用 File 控件一次只能选择一个文件;而在 HTML 5 中,可以通过

multiple 属性来设置 File 控件,从而一次能够选择多个文件;在 File 控件中,用户所选择的文件都是 File 类型的文件对象。File 接口的语法格式如下。

【语法】

```
interface File:Blob{
    readonly attribute DOMString name;
    readonly attribute long long lastModified;
    Constructor(sequence<(Blob or DOMString or ArrayBufferView or ArrayBuffer)>
        fileBits,DOMString fileName,optional FilePropertyBag options)
};
```

其中:
- name 属性用于返回文件的名称;
- lastModified 属性用于返回文件的最后修改时间;
- Constructor()方法是一个构造方法,参数数量为 0~3 个,其中参数 fileBits 是一个 Blob、DOMString、ArrayBufferView 或 ArrayBuffer 类型的序列,用于生成文件的内容;参数 fileName 表示所创建文件的名称;参数 options 由 type 和 lastModified 两部分组成,用于设置文件的 MIME 类型和创建时间。

下述代码演示了使用 File 对象读取文件的基本信息和创建一个新的文件。

【案例 8-2】 file.html

```
选择文件:<input type="file" id="myFile" multiple/>
<input type="button" value="显示文件信息" onclick="getInfoFromFile()"/><hr/>
文件名称:<span id="fileName"></span><br/>
文件大小:<span id="fileSize"></span>字符<br/>
文件类型:<span id="fileType"></span><br/>
修改时间:<span id="lastModified"></span><hr/>
<input type="button" value="创建一个文件" onclick="createFile()"/><br/>
<script>
    function getInfoFromFile(){
        var files = document.getElementById("myFile").files;
        if(files!=null&&files.length!=0){
            document.getElementById("fileName").innerHTML = files[0].name;
            document.getElementById("fileSize").innerHTML = files[0].size;
            document.getElementById("fileType").innerHTML = files[0].type;
            document.getElementById("lastModified").innerHTML
                = new Date(files[0].lastModified);
        }else{
            alert("请选择文件!");
        }
    }
    function createFile(){
        var date = new Date(2013,12,5,16,23,45,600);
        var file = new File(["斗鱼栏目正在直播美食联赛"],"myText.txt",
                {type:"text/plain",lastModified:date});
        document.getElementById("fileName").innerHTML = file.name;
```

```
            document.getElementById("fileSize").innerHTML = file.size;
            document.getElementById("fileType").innerHTML = file.type;
            document.getElementById("lastModified").innerHTML
                    = new Date(file.lastModified);
        }
</script>
```

上述代码运行结果如图 8-2 所示。选择文件后,单击"显示文件信息"按钮,将被选中文件的名称、大小、类型和最后修改时间显示出来。单击"创建一个文件"按钮,使用 new File()方式来创建一个文件,同时为文件指定文件的名称、MIME 类型和修改时间,并将指定的内容写入该文件中,在写入内容之后再将文件读取并在页面中显示。

图 8-2　File 对象的使用

 UTF-8 是 Unicode 的一种实现方式,对字节结构有特殊要求。对于 Unicode 编码,汉字的范围是 0x4E00～0x9FA5,而标准 UTF-8 编码中需要 4 个字节,修正后的 UTF-8 编码则需要 6 个字节(即 3 个字符)。

8.2.3　FileList 接口

在表单中使用 File 控件上传文件时,使用 FileList 对象来接收用户所选择的文件列表,无论用户选择一个文件还是多个文件,FileList 对象都是 File 类型的对象集合。FileList 接口的语法格式如下。

【语法】

```
interface FileList{
    readonly attribute unsigned long length;
    getter File item(unsigned long index);
};
```

其中:
- length 属性用于返回 FileList 集合中 File 对象的数量;
- item()方法用于获取第 index 位置的文件对象。

下述代码演示了使用 FileList 对象来显示用户所选择的文件列表。

【案例 8-3】 fileList.html

```html
<a href="javascript:;" class="file">选择文件
    <input type="file" id="myFile" multiple>
</a><hr/>
<input type="button" value="item()方法遍历" onclick="iteratorByItem()"/>
<input type="button" value="files属性遍历" onclick="iteratorByFile()"/><hr/>
<div id="listItemDiv" class="basic-grey"><h3>item()方法遍历结果如下:</h3></div>
<div id="fileListDiv" class="basic-grey"><h3>files属性遍历结果如下:</h3></div>
<script>
    function iteratorByItem(){
        var fileList = document.getElementById("myFile").files;
        var listItemDiv = document.getElementById("listItemDiv");
        for(var i = 0; i < fileList.length; i++){
            var file = fileList.item(i);
            listItemDiv.innerHTML += file.name + "<br/>";
        }
    }
    function iteratorByFile(){
        var fileList = document.getElementById("myFile").files;
        var fileListDiv = document.getElementById("fileListDiv");
        for(var i = 0; i < fileList.length; i++){
            var file = fileList[i];
            fileListDiv.innerHTML += file.name + "<br/>";
        }
    }
</script>
```

上述代码中,使用 fileList 对象来接收用户所选择的文件列表,fileList 对象是一个 File 类型的对象集合;在 File 集合中,使用 item()方法或数组下标形式来获取指定位置的 File 对象。代码运行结果如图 8-3 所示,单击"选择文件"按钮,弹出一个文件选择对话框,在对话框中选择多个文件后,单击"item()方法遍历"和"files 属性遍历"按钮,所产生的结果完全相同。

图 8-3 FileList 对象的使用

8.2.4　FileReader 接口

FileReader 接口用于将磁盘中的文件读入内存中，能够使用二进制数据、文本、DataURL 和 ArrayBuffer 等格式来读取文件。FileReader 接口的语法格式如下。

【语法】

```
interface FileReader:EventTarget{
    const unsigned short EMPTY = 0;
    const unsigned short LOADING = 1;
    const unsigned short DONE = 2;
    readonly attribute unsigned short readyState;
    readonly attribute (DOMString or ArrayBuffer) result;
    readonly attribute DOMError error;
    void readAsArrayBuffer(Blob blob);
    void readAsText(Blob blob, optional DOMString label);
    void readAsDataURL(Blob blob);
    void abort();
    attribute EventHandler onloadstart;
    attribute EventHandler onprogress;
    attribute EventHandler onload;
    attribute EventHandler onabort;
    attribute EventHandler onerror;
    attribute EventHandler onloadend;
};
```

其中：
- 属性 readyState 用于返回 FileReader 的当前状态，FileReader 具有 EMPTY、LOADING 和 DONE 三种状态。
- 属性 result 将根据 FileReader.readAsXxx()方法来返回一个 DOMString 类型的 Blob 数据、ArrayBuffer 数组或者空对象。
- 属性 error 用于返回 FileReader 读取数据时发生的 DOMError 错误。
- readAsArrayBuffer()方法是一个异步方法，用于读取 Blob 数据并返回一个 ArrayBuffer 对象；在数据读取时，如果 FileReader 处于 LOADING 状态则直接抛出 InvalidStateError 异常；如果 Blob 处于关闭状态时，将对 FileReader 对象的 error 属性进行赋值并抛出 InvalidStateError 异常；如果 FileReader 能够正常读取数据，此时将 readyState 属性设置为 LOADING 状态。
- readAsText()方法的功能与 readAsArrayBuffer()方法基本相同，区别在于返回的数据是文本类型；参数 label 用于设置读取文件时的编码方式，以解决乱码问题。
- readAsDataURL()方法用于读取 Blob 对象或 File 对象中的内容，当读取操作完成时，readyState 属性变为 DONE；在 onloadend 事件处理方法中，result 属性将包含一个 data:URL 格式的字符串（即所读取的文件内容）表示；与 Canvas.toDataURL()方法作用相似，可以将 data:URL 赋给 img 元素的 src 属性，从而将图像显示出来。
- abort()方法用于终止数据的读取并返回 null。

FileReader 接口中提供了 EMPTY、LOADING 和 DONE 三种状态，其中 EMPTY 表示已经创建 FileReader 对象、且未开始读取数据的状态；LOADING 表示正在读取数据的状态；DONE 表示整个 Blob 数据读取完毕后的状态。

除此之外，FileReader 接口拥有一套完整的事件模型，用于捕获读取文件时的各种状态，具体见表 8-1。

表 8-1　FileReader 事件机制

事　　件	描　　述
onloadstart	数据读取操作开始时触发
onprogress	数据读取进行中
onload	数据读取成功完成时触发
onabort	数据读取中断时触发
onerror	数据读取错误时触发
onloadend	数据读取完成时触发，无论读取成功还是失败都会触发该事件

下述代码演示了使用 FileReader 接口读取本地文件。

【案例 8-4】　fileReader.html

```
<div>
    <input type="file" id="myFile" multiple class="file" value=
        "选择文件"/><br/>
    <input type="button" value="加载图像(DataURL)"
            onclick="readFileAsDataURL()"/>
    <input type="button" value="读取文本(Text)" onclick=
            "readFileAsText()"/>
    <input type="button" value="加载文件(ArrayBuffer)"
            onclick="readFileAsArrayBuffer()"/><hr/>
    <div id="resultDiv"></div>
</div>
<script>
    var resultDiv = document.getElementById("resultDiv");
    function readFileAsDataURL(){
        var file = document.getElementById("myFile").files[0];
        if(!/image\/\w+/.test(file.type)){
            alert("请确保所选择的文件是图像类型!")
            return false;
        }
        var reader = new FileReader();
        reader.readAsDataURL(file);
        reader.onload = function(event){
            resultDiv.innerHTML = "<img src = '" + this.result + "'/>";
        }
    }
    function readFileAsText(){
        var file = document.getElementById("myFile").files[0];
        if(!/text\/\w+/.test(file.type)){
            alert("请选择文本类型的文件!")
            return false;
        }
```

```
            var reader = new FileReader();
            reader.readAsText(file,"gb2312");
            reader.onload = function(event){
                resultDiv.innerHTML = this.result;
            }

        }
        function readFileAsArrayBuffer(){
            var file = document.getElementById("myFile").files[0];
            var reader = new FileReader();
            reader.readAsArrayBuffer(file);
            reader.onload = function(event){
                //var arrayBuffer = event.target.result;
                var arrayBuffer = this.result;
                var result2String = String.fromCharCode.apply(null,
                    new Uint8Array(arrayBuffer));
                resultDiv.innerHTML = result2String;
            }
        }
    </script>
```

上述代码中,使用 readAsDataURL()方法来读取图像文件,在 onload 回调方法中将 Data:URL 类型的 result 数据赋值给 img 元素的 src 属性,从而实现将本地图像加载到网页中;readAsText()方法用于读取本地文本文件,参数 gb2312 用于解决在加载文本时的乱码问题;readAsArrayBuffer()方法用于将文件以二进行数据形式加载到内存中。代码运行结果如图 8-4 所示,在选择图像文件之后,单击"加载图像"按钮,将选择的图像将加载到页面中;当选择文本文件时,单击"读取文本"按钮将文本内容加载到页面中。

图 8-4 FileReader 对象的使用

8.2.5 URL 接口

URL 接口用于创建 Blob 或 File 对象的 URL 引用地址,所创建的 URL 形式如 blob:http://127.0.0.1:8020/9aa84362-ed63-4af7-b3d6-53b8d0d13f66。URL 接口的语法格式

如下。

【语法】

```
interface URL{
    static DOMString createObjectURL(Blob blob);
    static void revokeObjectURL(DOMString url);
};
```

其中：
- createObjectURL()方法是一个静态方法，用于为blob对象随机生成一个URL引用地址；
- revokeObjectURL()方法是一个静态方法，用于将createObjectURL()方法所创建的URL失效，使其无法继续使用。

下述代码演示了使用URL接口为File对象创建一个URL引用地址，从而隐藏文件的真实路径。

【案例8-5】 url.html

```
<div>
    <input type="file" id="myFile" multiple class="file" value="选择文件"/><br/>
    <input type="button" value="加载图像" onclick="createObjectURL()"/>
    <input type="button" value="撤销图像" onclick="revokeObjectURL()"/><hr/>
    <img id="myImage" />
</div>
<script>
    var blobURLref = "";
    var myImage = document.getElementById('myImage');
    function createObjectURL(){
        var file = document.getElementById('myFile').files[0];
        if(file){
            blobURLref = URL.createObjectURL(file);
            myImage.src = blobURLref;
        }
    }
    function revokeObjectURL(){
        URL.revokeObjectURL(blobURLref);
        myImage.src = blobURLref;
    }
</script>
```

上述代码运行结果如图8-5所示，在文件选择框选取文件之后，单击"加载图像"按钮时，使用createObjectURL()方法为newsBroadcast.jpg图像随机生成一个URL引用地址：blob:http://127.0.0.1:8020/4f5dd6cf-5597-42b6-93d5-1b5ee0aac222，并将URL引用地址赋给img元素的src属性，从而实现图像的加载。当单击"撤销图像"按钮时，页面将提示img元素的引用地址无效。

图 8-5　URL 接口的使用

8.3　FileWriter API

在 HTML 5 规范中，FileWriter API 不是一个"独立"存在的规范，需要依赖于 File API 和 FileSystem API。FileWriter API 中包括 BlobBuilder、FileSaver 和 FileWriter 接口。BlobBuilder 接口用于创建 Blob 对象；FileSaver 接口中提供了 abort()方法和一系列事件监听方式；FileWriter 继承自 FileSaver 接口，并提供了 write()、seek()和 truncate()等数据处理方法。

1．BlobBuilder 接口

在 HTML 5 中，使用 BlobBuilder 接口来创建 Blob 二进制对象，该接口的语法格式如下。

【语法】

```
interface BlobBuilder{
    Blob getBlob(optional DOMString contentType);
    void append(DOMString text, optional DOMString endings);
    void append(Blob data);
    void append(ArrayBuffer data);
};
```

其中：

- getBlob()方法用于返回一个含有 BlobBuilder 内容的 Blob 对象；
- append（）方法用于将 ArrayBuffer、Blob 或 DOMString 类型的数据追加到 BlobBuilder 对象中。

由于浏览器对 BlobBuilder 接口的支持度不高，且操作相对复杂，目前 Firefox 和

Chrome 浏览器已将其废除,建议使用 Bob 接口来代替 BlobBuilder 接口。

2. FileSaver 接口

FileSaver 接口用于实现文件的保存,该接口提供了一系列的 abort()方法和事件监听方式。FileSaver 接口的语法格式如下。

【语法】

```
interface FileSaver:EventTarget{
    void abort();
    const unsigned short INIT = 0;
    const unsigned short WRITING = 1;
    const unsigned short DONE = 2;
    readonly attribute unsigned short readyState;
    readonly attribute DOMError error;
    attribute EventHandler onwritestart
    attribute EventHandler onprogress;
    attribute EventHandler onwrite;
    attribute EventHandler onabort;
    attribute EventHandler onerror;
    attribute EventHandler onwriteend;
};
```

其中:
- abort()方法用于终止当前文件操作,并将 readyState 属性设为 DONE 状态;
- 属性 error 用于返回在写入数据时所产生的 DOMError 错误;
- FileSaver 接口中提供了 INIT、WRITING 和 DONE 三种状态,其中 INIT 表示已经创建 FileSaver 对象、且未开始写入数据的状态,WRITING 表示正在写入数据的状态,DONE 表示数据写入完毕后的状态。

除此之外,FileSaver 接口拥有一套完整的事件模型,用于捕获写入数据时的各种状态,具体见表 8-2。

表 8-2 FileSaver 事件机制

事件	描述
onwritestart	数据写入操作开始时触发
onprogress	数据写入进行中
onwrite	数据写入成功完成时触发
onabort	数据写入中断时触发
onerror	数据写入错误时触发
onwriteend	数据写入完成时触发,无论写入成功还是失败都会触发该事件

3. FileWriter 接口

FileWriter 接口继承自 FileSaver 接口,其提供更丰富的文件操作,如写入操作、写入位置定位和文件截断等操作。FileWriter 接口的语法格式如下。

【语法】

```
interface FileWriter:FileSaver{
    readonly attribute unsigned long long position;
    readonly attribute unsigned long long length;
    void write(Blob data);
    void seek(long long offset);
    void truncate(unsigned long long size);
};
```

其中：
- position 属性（只读）用于返回下一个即将写入文件的字节偏移量，在创建文件时 position 默认为 0；
- length 属性（只读）用于返回文件的总长度；
- write()方法用于将 data 数据写入文件的 position 位置；
- seek()方法用于查找并设置文件的写入位置；
- truncate()方法用于设置文件的长度设置，当文件长度大于指定长度时将对文件进行截断处理；当文件长度小于指定长度时将使用 0 填充新增的部分。

 由于 FileWriter 和 FileSaver 都是基于浏览器的沙箱系统，所以需要配合 FileSystem API 才能进行使用。

8.4 FileSystem API

当应用程序中需要使用大量的二进制数据或与其他非 Web 程序共享数据时，本地数据库并不能满足用户的需求，可以使用 FileSystem API 来解决上述问题，将用户的数据临时或永久地存储到计算机中。

8.4.1 申请磁盘配额

当使用 FileSystem API 存储数据时，首先需要向浏览器申请一定的磁盘配额，然后才能将数据进行存储。在 Chrome 浏览器中使用 window.webkitStorageInfo.requestQuota() 方法来申请磁盘配额，通过参数 TEMPORARY 和 PERSISTENT 来设置所申请空间的类型是临时的还是永久的。requestQuota()方法的语法格式如下。

【语法】

```
window.webkitStorageInfo.requestQuota(storageType,storageSize,
        successHandler,errorHandler)
```

其中：
- 参数 storageType 用于指定申请磁盘配额的类型，取值为 PERSISTENT 和 TEMPORARY，当参数 storageType 为 TEMPORARY 时，表示临时数据申请磁盘配额,当参数 storageType 为 PERSISTENT 时表示永久数据申请磁盘配额,在永久的磁盘配额中保存数据之后,关闭浏览器或计算机时所保存的数据不会丢失;
- 参数 storageSize 表示所申请的磁盘空间的大小,参数类型为整数,单位为 byte;
- 参数 successHandler 表示当申请磁盘配额成功时所触发的事件处理程序;
- 参数 errorHandler 表示当申请磁盘配额失败时所触发的事件处理程序。

【示例】 **window.webkitStorageInfo.requestQuota()方法申请磁盘配额**

```
//申请永久性磁盘空间
window.webkitStorageInfo.requestQuota(PERSISTENT,1024*1024,
    //successHandler 回调方法
    function(grantedBytes){
        alert("磁盘空间申请成功(PersistentStorage)!");
    },
    //errorHandler 回调方法
    function(errorCode){
        alert("磁盘空间申请失败");
    }
);
//申请临时性磁盘空间
window.webkitStorageInfo.requestQuota(TEMPORARY,1024*1024,
    //successHandler 回调方法
    function(grantedBytes){
        alert("磁盘空间申请成功(TemporaryStorage)!");
    },
    //errorHandler 回调方法
    function(errorCode){
        alert("磁盘空间申请失败");
    }
);
```

目前 Chrome 浏览器逐步弃用 window.webkitStorageInfo 形式来申请磁盘配额,推荐使用 navigator.webkitTemporaryStorage 和 navigator.webkitPersistentStorage 来申请临时磁盘配额和永久磁盘配额,两者均提供了 requestQuota()方法用于申请磁盘配额,语法格式如下。

【语法】

```
navigator.webkitPersistentStorage.requestQuota(storageSize,successHandler,
            errorHandler)
```

其中:
- 参数 storageSize 表示所申请的磁盘空间的大小,该参数的数据类型为整数值,单位为 byte;
- 参数 successHandler 表示当申请磁盘配额成功时所触发的事件处理程序;
- 参数 errorHandler 表示当申请磁盘配额失败时所触发的事件处理程序。

【示例】 navigator.webkitPersistentStorage.requestQuota()方法申请磁盘配额

```
navigator.webkitPersistentStorage.requestQuota(1024*1024,
    //successHandler 回调方法
    function(grantedBytes){
        alert("磁盘空间申请成功(PersistentStorage)!");
    },
    //errorHandler 回调方法
    function(errorCode){
        alert("磁盘空间申请失败");
    }
);
```

8.4.2 请求访问系统

在 HTML 5 中，window 对象提供了 requestFileSystem()方法，用于请求浏览器沙箱中的本地文件系统，该方法的语法格式如下。

【语法】

```
window.requestFileSystem(storageType,storageSize,successCallback,
            errorCallback)
```

其中：
- 参数 storageType 用来指定请求访问的文件系统的存储空间类型，当参数 storageType 为 TEMPORARY 时表示请求临时的存储空间，当参数 storageType 为 PERSISTENT 时表示请求永久的存储空间；在临时存储空间中存储的数据能够被浏览器进行清理，无须通过应用程序来实现，如用户清除浏览数据时，临时空间中的数据将被一起删除；而存储在永久存储空间中的数据只能通过用户或应用程序来清除。
- 参数 storageSize 表示请求文件系统的存储空间大小，参数类型为整数，单位为 byte。
- 参数 successCallback 表示当请求成功时所触发的事件处理程序。
- 参数 errorCallback 表示当请求失败时所触发的事件处理程序，处理方法中的参数是一个 DOMError 类型的对象，用于保存请求失败时的信息。

DOMError 对象具有一个 name 属性，用于返回请求失败时的错误信息，name 属性的取值范围是 FileSystem API 预定义的常量值，具体见表 8-3。

表 8-3 DOMError.name 的取值范围

属性值	描述
IndexSizeError	索引不在允许的范围内
HierarchyRequestError	节点树层次结构不正确
WrongDocumentError	对象在错误的文档中
InvalidCharacterError	无效字符串

续表

属性值	描述
NoModificationAllowedError	对象不允许被修改
NotFoundError	对象未找到
NotSupportedError	不支持该操作
InvalidStateError	无效状态
SyntaxError	模式不匹配
InvalidModificationError	无效的修改方式
NamespaceError	不允许使用名称空间
InvalidAccessError	无效的访问方式
TypeMismatchError	类型不匹配
SecurityError	不安全的操作
NetworkError	网络错误
AbortError	操作被中止
URLMismatchError	URL匹配错误
QuotaExceededError	配额超标
TimeoutError	操作超时
InvalidNodeTypeError	节点类型无效
DataCloneError	数据无法复制

下述代码演示了使用 requestFileSystem() 方法来请求访问本地文件系统。

【案例8-6】 requestFileSystem.html

```
<input type="button" value="发出请求" onclick="createFile()"/><hr/>
<output id="result"></output>
<script>
    window.requestFileSystem = window.requestFileSystem
                    ||window.webkitRequestFileSystem;
    navigator.webkitPersistentStorage.requestQuota(1024*1024,
        function(grantedBytes){
            console.log("磁盘空间申请成功,空间大小为:" + grantedBytes);
        },
        function(errorCode){
            console.log("磁盘空间申请失败");
        }
    );
    function createFile(){
        window.requestFileSystem(window.PERSISTENT,1024*1024,
            // successCallback 回调方法
            function(fileSystem){
                console.log("fileSystem.name = " + fileSystem.name);
            },
            // errorCallback 回调方法
            function(error){
                console.log(error.name);
            }
        );
    }
</script>
```

上述代码中，通过 navigator.webkitPersistentStorage.requestQuota()方法来申请一个 PERSISTENT 类型的磁盘配额；当单击"发出请求"按钮时，通过 window.requestFileSystem()方法向浏览器沙箱中的本地文件系统发出请求，在请求成功时执行 successCallback 回调方法，请求失败时执行 errorCallback 回调方法。代码运行结果如图 8-6 所示。

图 8-6　window.requestFileSystem()方法

8.4.3　文件操作

文件操作包括创建文件、写入文件、追加文件、读取文件、删除文件和复制文件等。HTML 5 规范中提供了 FileSystemEntry 接口，用于对文件和目录进行操作。FileSystemEntry 接口中提供的属性见表 8-4。

表 8-4　FileSystemEntry 对象的属性

属　　性	描　　述
filesystem	当前对象所对应的 FileSystem 对象
fullPath	相对于根目录的路径
isDirectory	当前对象是否是一个目录
isFile	当前对象是否是一个文件
name	当前对象的名称

FileSystemEntry 接口中提供的方法见表 8-5。

表 8-5　FileSystemEntry 对象的方法

方　　法	描　　述
copyTo()	将文件或目录复制到指定的位置
getMetadata()	获取文件的元数据，如文件的修改日期和大小等
getParent()	返回当前对象的父目录
moveTo()	将文件或目录移动到指定的位置，或者对文件和目录重命名
remove()	删除指定的文件或目录
toURL()	创建并返回当前对象的 URL

FileSystemDirectoryEntry 接口和 FileSystemFileEntry 接口均继承于 FileSystemEntry 接口。在 FileSystemEntry 接口中提供了一个 filesystem 属性，用于返回当前对象所对应的 FileSystem 对象；在 FileSystem 对象中提供了一个 FileSystemDirectoryEntry 类型的 root 属性，该属性是一个只读属性，用于实现文件或目录的基本操作。

FileSystemDirectoryEntry 对象中提供了许多操作文件和目录的方法，见表 8-6。

表 8-6　FileSystemDirectoryEntry 对象的方法

方法	描述
createReader()	创建一个 FileSystemDirectoryReader 对象，来读取该目录中的条目
getDirectory()	返回一个 FileSystemDirectoryEntry 对象，用于操作指定路径的目录
getFile()	返回一个 FileSystemFileEntry 对象，用于操作指定路径的文件
removeRecursively()	删除目录及其所有内容，包括子目录的内容，该方法正被逐步废弃

FileSystemFileEntry 接口除了继承 FileSystemEntry 接口中的属性和方法之外，还提供了一个 file() 方法，用于创建一个读取文件的新文件对象。通过 FileSystemFileEntry 接口可以实现创建文件、写入文件、在文件中追加数据、读取文件以及删除文件等操作。

1．创建文件

通过 FileSystem.root.getFile() 方法来获得一个用于操作指定路径的文件对象，且该文件对象的父目录必须存在。getFile() 方法的语法格式如下。

【语法】

```
FileSystemDirectoryEntry.getFile([path][,options][,successCallback]
    [,errorCallback]);
```

其中：
- 参数 path（可选）表示请求文件的路径；
- 参数 options（可选），当指定文件存在时将根据 options 参数来决定是否创建文件对象；
- 参数 successCallback 是一个回调方法，参数类型是 FileSystemFileEntry，是当 getFile() 方法成功创建对象时所调用的方法；
- 参数 errorCallback 是一个回调方法，是当 getFile() 方法创建对象失败时所调用的方法。

在 getFile() 方法中，参数 options 由 create 和 exclusive 两部分构成，两者默认均为 false，取值情况见表 8-7。

表 8-7　options 参数的取值情况

options 取值情况		文件或目录条件	结果描述
create	exclusive		
false	n/a	路径存在、类型匹配	将调用 successCallback 回调方法
false	n/a	路径存在、类型不匹配	将调用 errorCallback 回调方法
true	false	路径存在	将删除现有的文件或目录，并创建一个新的文件或目录，然后调用 successCallback 回调方法
true	false	路径不存在	创建指定的文件或目录，并调用 successCallback 回调方法
true	true	路径存在	将调用 errorCallback 回调方法
true	true	路径不存在	创建指定的文件或目录，并调用 successCallback 回调方法

下述代码演示了使用 getFile() 方法来创建一个文件。

【案例 8-7】 createFile.html

```html
<div>
    文件名:<input type="text" id="fileName" value="test.txt"/><br/>
    文件大小:<input type="text" id="fileSize" value="1024"/><br/>
    <input type="button" value="创建文件" onclick="createFile()"/><hr/>
    <output id="result"></output>
</div>
<script>
    window.requestFileSystem = window.requestFileSystem
            ||window.webkitRequestFileSystem;
    navigator.webkitPersistentStorage.requestQuota(1024*1024,
        function(grantedBytes){
            console.log("磁盘空间申请成功,空间大小为:"+grantedBytes);
        },
        function(errorCode){
            console.log("磁盘空间申请失败");
        }
    );
    function createFile(){
        var fileSize = document.getElementById("fileSize").value;
        window.requestFileSystem(window.PERSISTENT,fileSize,
            successCallback,errorCallback);
    }
    function successCallback(fileSystem){
        var fileName = document.getElementById("fileName").value;
        fileSystem.root.getFile(fileName,
            {create:true},
            function(fileEntry){
                var text = "完整路径:"+fileEntry.fullPath+"<br/>文件名:"
                    +fileEntry.name;
                document.getElementById("result").innerHTML = text;
            },
            function(error){
                console.log(error.name);
                switch(error.name){
                    case "TypeMismatchError":
                        console.log("类型不匹配");
                        break;
                    case "InvalidModificationError":
                        console.log("无效的修改方式");
                        break;
                    case "NotFoundError":
                        console.log("对象未找到");
                        break;
                }
            }
        )
```

```
            }
            function errorCallback(error){
                console.log("请求系统失败时所执行的回调方法" + error);
            }
        </script>
```

上述代码中,使用 window.requestFileSystem()方法请求访问本地文件系统,当请求成功时回调 successCallback()方法,并传入一个 fileSystem 对象。使用 fileSystem.root.getFile()方法来创建一个文件,当文件创建成功时回调第一个方法并传入一个 fileEntry 对象,通过 fileEntry 对象来获得所创建文件的相关信息;当文件创建失败时回调第二个方法并传入一个 error 对象,根据 error 对象的 name 属性来判断失败原因,具体见表 8-3。

2. 写入文件

在 HTML 5 规范中,使用 FileWriter 接口来实现文件的写入操作。在 FileSystem API 中,使用 FileSystem.root.getFile()方法来获得指定路径的文件,当成功获得文件对象时回调 successCallback 方法并传入一个 FileSystemEntry 类型的对象 fileEntry;通过 fileEntry 对象的 createWriter()方法获得一个 FileWriter 对象。

【示例】 创建 FileWriter 对象

```
fileSystem.root.getFile(fileName,
    {create:true},
    //successCallback 回调方法
    function(fileEntry){
        fileEntry.createWriter(function(fileWriter){
            //… 文件操作代码 …
        });
    },
    // errorCallback 回调方法
    function(error){
        console.log(error.name);
    }
);
```

下述代码演示了使用 FileWriter 对象向文件中写入文本数据。

【案例 8-8】 writeFile.html

```
<div>
    文件名: <input type = "text" id = "fileName" value = "test.txt"/><br/>
    文件大小: <input type = "text" id = "fileSize" value = "1024"/><br/>
    写入内容: <input type = "text" id = "content" value = "你好,欢迎来到直播间!"/><br/>
    <input type = "button" value = "向文件写入内容" onclick = "writeFile()"/><hr/>
    <output id = "result"></output>
</div>
<script>
    var result = document.getElementById("result");
    window.requestFileSystem = window.requestFileSystem
```

```
                ||window.webkitRequestFileSystem;
        function writeFile(){
            var fileSize = document.getElementById("fileSize").value;
            window.requestFileSystem(window.PERSISTENT,fileSize,
                    successCallback,errorCallback);
        }
        function successCallback(fileSystem){
            var fileName = document.getElementById("fileName").value;
            fileSystem.root.getFile(fileName,
                {create:true},
                function(fileEntry){
                    fileEntry.createWriter(function(fileWriter){
                        //文件开始写入时的回调方法
                        fileWriter.onwritestart = function(event){
                            result.innerHTML += "文件开始写入< hr/>";
                        };
                        fileWriter.onwrite = function(event){
                            result.innerHTML += "文件 Writing...操作!";
                        };
                        //文件完成写入时的回调方法
                        fileWriter.onwriteend = function(event){
                            result.innerHTML += "< hr/>文件写入结束";
                        };
                        //文件写入失败时的回调方法
                        fileWriter.onerror = function(event){
                            result.innerHTML += "< hr/>文件写操作失败!" + event;
                        };
                        var content = document.getElementById("content").value;
                        var blob = new Blob([content],{type:"text/plain"});
                        fileWriter.write(blob);
                    });
                },
                function(error){
                    console.log(error.name);
                }
            );
        }
        function errorCallback(error){
            console.log("请求系统失败时所执行的回调方法" + error);
        }
    </script>
```

上述代码中,使用 window.requestFileSystem()方法请求文件系统操作。在 successCallback()回调方法中,通过 fileSystem.root.getFile()方法来获得指定路径的文件,当成功获取到文件对象时回调第一个方法,在回调方法中提供了一个 FileSystemEntry 类型的文件对象 fileEntry;通过 fileEntry 对象来创建一个 FileWriter 对象,用于向文件中写入数据。代码运行结果如图 8-7 所示,当单击"向文件写入内容"按钮时,将依次触发 FileWriter 对象的 onwritestart、onwrite 和 onwriteend 事件处理方法。

图 8-7 FileWriter 对象的使用

3. 文件追加数据

向文件中追加数据和写入数据的操作非常相似,区别在于:在获取文件对象之后,需要使用 FileWriter 对象的 seek() 方法来定位文件的读写位置,将读写位置定位到文件的末尾时即可实现文件数据的追加。

【示例】 将读写位置定位到文件的末尾

```
fileWriter.seek(fileWriter.length);
```

下述代码演示了使用 FileWriter 对象向文件中追加数据。

【案例 8-9】 append2File.html

```
<div>
    文件名:<input type="text" id="fileName" value="test.txt"/><br/>
    写入内容:<input type="text" id="content" value="我是主播布谷鸟~"/><br/>
    <input type="button" value="向文件追加内容" onclick="appendData2File()"/>
    <output id="result"></output>
</div>
<script>
    var result = document.getElementById("result");
    window.requestFileSystem = window.requestFileSystem
                || window.webkitRequestFileSystem;
    function appendData2File(){
        window.requestFileSystem(window.PERSISTENT,1024,
                successCallback,errorCallback);
    }
    function successCallback(fileSystem){
        var fileName = document.getElementById("fileName").value;
        fileSystem.root.getFile(fileName,
            {create:true},
            function(fileEntry){
                fileEntry.createWriter(function(fileWriter){
                    //文件开始写入时的回调方法
                    fileWriter.onwritestart = function(event){
                        result.innerHTML += "向文件中开始追加数据!<hr/>";
```

```javascript
            };
            fileWriter.onwrite = function(event){
                result.innerHTML += "文件 Appending...操作!";
            };
            //文件完成写入时的回调方法
            fileWriter.onwriteend = function(event){
                result.innerHTML += "<hr/>追加文件数据结束";
            };
            //文件写入失败时的回调方法
            fileWriter.onerror = function(event){
                result.innerHTML += "<hr/>文件追加操作失败!" + event;
            };
            var content = document.getElementById("content").value;
            var blob = new Blob([content],{type:"text/plain"});
            fileWriter.seek(fileWriter.length);
            fileWriter.write(blob);
        });
    },
    function(error){
        console.log(error.name);
    }
    );
}
function errorCallback(error){
    console.log("请求系统失败时所执行的回调方法" + error);
}
</script>
```

上述代码中,使用 fileWriter.write()方法向文件中写入数据时,默认在文件的开始位置开始写入,如果文件中已有数据将会覆盖原有数据。当需要在文件末尾追加数据时,使用 fileWriter.seek()方法将文件的读写位置定位到文件的末尾处,然后使用 fileWriter.write()方法将数据追加到文件的末尾处。代码运行结果如图 8-8 所示。

图 8-8　追加文件内容

4. 读取文件

在 FileSystem API 中,使用 FileSystem.root.getFile()方法来获得指定路径的文件,当成功获得文件对象时将回调 successCallback 方法,并向方法中传入 FileSystemEntry 类型的参数fileEntry，通过fileEntry.file()方法来获得文件操作对象，然后使用FileReader对象实现文件的读取操作。

【示例】 FileReader读取文件

```
fileSystem.root.getFile(fileName,
    {create:true},
    function(fileEntry){
        fileEntry.file(function(file){
            var fileReader = new FileReader();
            //…文件操作代码…
        });
    },
    function(error){
        console.log(error.name);
    }
);
```

下述代码演示了使用FileReader对象从文件中读取数据。

【案例8-10】 readFile.html

```
<div>
    文件名：<input type="text" id="fileName" value="test.txt"/>
    <input type="button" value="读取文件中的内容" onclick="readFromFile()"/><hr/>
    <h3>从文件中读取的数据如下：</h3>
    <output id="resultDiv"></output>
</div>
<script>
    var resultDiv = document.getElementById("resultDiv");
    window.requestFileSystem = window.requestFileSystem
                || window.webkitRequestFileSystem;
    function readFromFile(){
        window.requestFileSystem(window.PERSISTENT,1024,
            successCallback,errorCallback);
    }
    function successCallback(fileSystem){
        var fileName = document.getElementById("fileName").value;
        fileSystem.root.getFile(fileName,
            {create:true},
            function(fileEntry){
                fileEntry.file(function(file){
                    var fileReader = new FileReader();
                    fileReader.onloadend = function(event){
                        resultDiv.value = this.result;
                    };
                    fileReader.readAsText(file);
                });
            },
            function(error){
```

```
                console.log(error.name);
            }
        );
    }
    function errorCallback(error){
        console.log("请求系统失败时所执行的回调方法" + error);
    }
</script>
```

上述代码中，使用 window.requestFileSystem()方法请求文件系统操作。在 successCallback()回调方法中，通过 fileSystem.root.getFile()方法来获得指定路径的文件，当成功获取到文件对象时回调第一个方法，并向方法中传入一个 FileSystemEntry 类型的文件对象 fileEntry，通过 fileEntry 对象的 file()方法来实现文件的读取操作。

在 writeFile.html 页面向 test.txt 文件中写入"你好，欢迎来到直播间！"文本数据；接下来，在 append2File.html 页面向 test.txt 文件中追加"我是主播布谷鸟～"文本数据；最后，在 readFile.html 页面单击"读取文件中的内容"按钮，将 test.txt 文件内容加载到页面中，效果如图 8-9 所示。

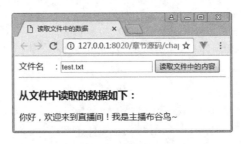

图 8-9　读取文件

5．删除文件

在 FileSystem API 中，FileSystemEntry 对象中提供了 remove()方法，用于删除指定的文件。下述代码演示了使用 FileSystemEntry.remove()方法来删除指定的文件。

【案例 8-11】　deleteFile.html

```
<div>
    文件名：<input type="text" id="fileName" value="test.txt"/>
    <input type="button" value="删除文件" onclick="deleteFile()"/><hr/>
    <output id="resultDiv"></output>
</div>
<script>
    var resultDiv = document.getElementById("resultDiv");
    window.requestFileSystem = window.requestFileSystem
                || window.webkitRequestFileSystem;
    function deleteFile(){
        window.requestFileSystem(window.PERSISTENT,1024,
                successCallback,errorCallback);
    }
```

```
        function successCallback(fileSystem){
            var fileName = document.getElementById("fileName").value;
            fileSystem.root.getFile(fileName,
                {create:true },
                function(fileEntry){
                    fileEntry.remove(function(){
                        resultDiv.innerHTML = fileEntry.name + "文件已被删除!";
                    });
                },
                function(error){
                    console.log(error.name);
                }
            );
        }
        function errorCallback(error){
            console.log("请求系统失败时所执行的回调方法" + error);
        }
</script>
```

8.4.4 目录操作

在 FileSystem API 中，FileSystemDirectoryEntry 接口继承了 FileSystemEntry 接口，具有该接口中的所有属性和方法，见表 8-4 和表 8-5。除此之外，FileSystemDirectoryEntry 接口还拥有自己的方法，见表 8-6。FileSystemDirectoryEntry 对象代表一个目录，通过 FileSystem.root.getDirectory()方法来获得一个 FileSystemDirectoryEntry 类型的目录对象。8.4.3 节中所介绍的 FileSystem.root 属性本身也是一个 FileSystemDirectoryEntry 类型的对象。

常见的目录操作包括创建目录、遍历目录、删除目录、复制目录、移动目录和目录重命名等。

1. 创建目录

通过 FileSystem.root.getDirectory()方法获得一个指定路径的目录对象，该方法的语法格式如下。

【语法】

```
FileSystemDirectoryEntry.getDirectory([path][,options][,successCallback]
        [,errorCallback]);
```

其中：
- 参数 path(可选)表示所要获取的目录路径；
- 参数 options(可选)用于设置当目录不存在时是否创建目录对象，当目录存在时返回目录对象还是抛出一个错误；
- 参数 successCallback 是一个回调方法，是当 getDirectory()方法成功获得一个目录对象时所调用的方法；
- 参数 errorCallback 是一个回调方法，是当 getDirectory()方法获得目录对象失败时所调用的方法。

下述代码演示了使用 getDirectory()方法来创建一个目录。

【案例 8-12】 createDirectory.html

```
<div>
    目录名:<input type="text" id="directoryName" value="test"/><br/>
    <input type="button" value="创建目录" onclick="createDirectory()"/>
    <hr/>
    <output id="result"></output>
</div>
<script>
    window.requestFileSystem = window.requestFileSystem
                        ||window.webkitRequestFileSystem;
    navigator.webkitPersistentStorage.requestQuota(1024*1024,
        function(grantedBytes){
            console.log("磁盘空间申请成功,空间大小为:" + grantedBytes);
        },
        function(errorCode){
            console.log("磁盘空间申请失败");
        }
    );
    function createDirectory(){
        window.requestFileSystem(window.PERSISTENT,1024*1024,
                successCallback,errorCallback);
    }
    function successCallback(fileSystem){
        var directoryName = document.getElementById("directoryName").value;
        fileSystem.root.getDirectory(directoryName,
            {create:true,exclusive:true},
            function(directoryEntry){
                var text = "完整路径:" + directoryEntry.fullPath + "<br/>目录名:"
                    + directoryEntry.name;
                document.getElementById("result").innerHTML = text;
            },
            function(error){
                console.log(error.name);
                switch(error.name){
                    case "InvalidModificationError":
                        alert("目录已存在");
                        break;
                    case "NotFoundError":
                        alert("父目录不存在");
                        break;
                    default:
                        alert("其他错误");
                }
            }
        );
    }
    function errorCallback(error){
```

```
            console.log("请求系统失败时所执行的回调方法" + error);
        }
</script>
```

上述代码中,使用 FileSystem.root.getDirectory()方法来创建一个目录,当在文件框中输入 workspace 后,单击"创建目录"按钮来创建一个 workspace 目录,如图 8-10 所示。由于 options 参数为"{create：true,exclusive：true}",表示当目录不存在时创建一个目录,并回调 successCallback 方法;当目录存在时抛出 InvalidModificationError 错误,并回调 errorCallback 方法;所以当再次单击"创建目录"按钮时,将弹出"目录已存在"提示框。

图 8-10 创建目录

在文本框中继续输入 workspace/liveRoom,单击"创建目录"按钮时,将在 workspace 中创建一个 liveRoom 子目录,如图 8-11 所示。如果此时在文本框中直接输入 work/live 来创建 work/live 子目录时,由于 work 父目录不存在,将会抛出 NotFoundError 错误,并弹出"父目录不存在"提示框。

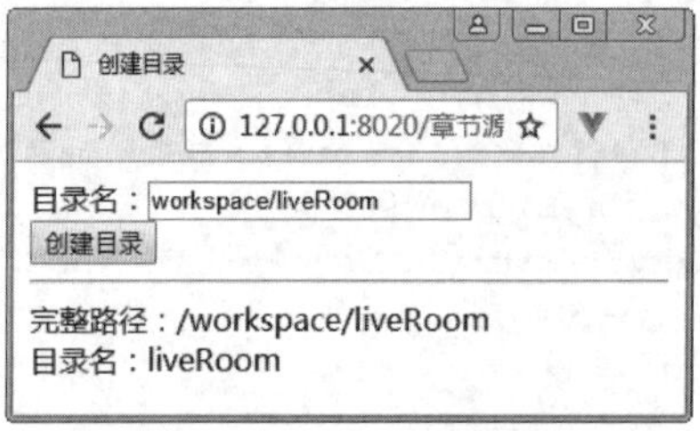

图 8-11 创建子目录

当需要创建嵌套目录时,可以通过递归方式来实现。下述代码演示了使用递归方法 createDirectory()来创建一个嵌套目录。

【案例 8-13】 createMultLevelDirectory.html

```
<div>
    目录名：<input type = "text" id = "path" value = "test"/><br/>
    <input type = "button" value = "创建目录" onclick = "createMultLevelDirectory()"/>
    <hr/><output id = "result"></output>
</div>
<script>
    window.requestFileSystem = window.requestFileSystem
```

```javascript
                    ||window.webkitRequestFileSystem;
        navigator.webkitPersistentStorage.requestQuota(1024 * 1024,
            function(grantedBytes){
                console.log("磁盘空间申请成功,空间大小为:" + grantedBytes);
            },
            function(errorCode){
                console.log("磁盘空间申请失败");
            }
        );
        function createMultLevelDirectory(){
            window.requestFileSystem(window.PERSISTENT,1024 * 1024,
                    successCallback,errorCallback);
        }
        function successCallback(fileSystem){
            var path = document.getElementById("path").value;
            var folders = path.split("/");
            createDirectory(fileSystem.root,folders);
        }
        //递归创建目录层次
        function createDirectory(rootDirecotryEntry,folders){
            //过滤路径中的./或/,例如:/test/./guoqy//img
            if(folders[0] == "."||folders[0] == ""){
                //slice()用于返回从第一个参数到第二个参数(默认是数组长度)之间的数据
                folders = folders.slice(1);
            }
            rootDirecotryEntry.getDirectory(folders[0],
                {create:true},
                function(directoryEntry){
                    if(folders.length){
                        document.getElementById("result").innerHTML += "目录"
                                + directoryEntry.name + "被创建<br/>";
                        createDirectory(directoryEntry,folders.slice(1));
                    }
                },
                function(error){
                    console.log(error.name);
                }
            );
        }
        function errorCallback(error){
            console.log("请求系统失败时所执行的回调方法" + error);
        }
</script>
```

上述代码中,从输入文本框中获得所要创建目录的字符串路径,然后使用 split() 方法将字符串路径中的目录分割成数组。通过 createDirectory() 递归方法来创建一个嵌套目录。slice() 方法用于从数组中返回指定的元素,其中参数 start 表示数据选取的开始位置,end 表示数据选取的结束位置,当 end 省略时将返回从 start 开始到数组末尾之间的元素。

代码运行结果如图 8-12 所示,在文本框中输入 work/space/block/context,单击"创建目录"按钮时,将依次创建 work、space、block 和 context 四层嵌套目录。

图 8-12 创建嵌套目录

2. 读取目录

使用 FileSystem API 遍历目录时,通过 DirectoryEntry 对象的 createReader()方法来创建一个 DirectoryReader 对象,用于读取指定目录下的文件或子目录。

【示例】 创建一个 DirectoryReader 对象

```
var directoryReader = fileSystem.root.createReader();
directoryReader.readEntries(
    //读取目录成功时执行 successCallback 回调方法
    function(results){ … },
    //读取目录失败时执行 errorCallback 回调方法
    function(error){ … },
);
```

上述代码中,DirectoryEntry 对象的 readEntries()方法中有两个回调方法,分别表示读取目录成功时所执行的回调方法和读取目录失败时所执行的回调方法。在成功读取目录时向 successCallback 回调方法中传入一个 results 对象,用于表示指定目录中的子目录和文件的集合。

在异步 FileSystem API 中不能保证一次读取目录中的所有子目录和文件,但是可以通过递归形式调用 readEntries()方法,直到参数集合的长度为 0 时结束,从而完成目录中的子目录和文件的遍历。

下述代码演示了使用 DirectoryReader 对象来遍历一个目录。

【案例 8-14】 listDirectory.html

```
<div>
    目录名:<input type="text" id="directoryName" />
    <input type="button" value="显示目录清单" onclick="listDirectory()"/><hr/>
    <output id="result"></output>
</div>
<script>
    window.requestFileSystem = window.requestFileSystem
                    ||window.webkitRequestFileSystem;
    navigator.webkitPersistentStorage.requestQuota(1024 * 1024,
        function(grantedBytes){ },
```

```javascript
        function(errorCode){ }
    );
function listDirectory(){
    document.getElementById("result").innerHTML = "";
    window.requestFileSystem(window.PERSISTENT,1024 * 1024,
            successCallback,errorCallback);
}
function successCallback(fileSystem){
    var directoryReader = fileSystem.root.createReader();
    var directoryEntries = [];
    var readEntity = function(){
        directoryReader.readEntries(function(results){
            if(!results.length){
                listResults(directoryEntries.sort());
            }else{
                directoryEntries = directoryEntries.concat(results);
                readEntity();
            }
        });
    };
    var directoryName = document.getElementById("directoryName").value;
    //当文本框中提供路径时,将指定的目录下的条目遍历出来
    if(directoryName!= ""){
        fileSystem.root.getDirectory(directoryName,
            {create:false},
            function(directoryEntry){
                directoryReader = directoryEntry.createReader();
                readEntity();
            },
            function(error){
                console.log(error.name);
            }
        );
    }else{
        //如果文本框为空(即未指定路径时),遍历根目录下的条目
        directoryReader = fileSystem.root.createReader();
        readEntity();
    }
}
function listResults(directoryEntries){
    var html;
    directoryEntries.forEach(function(entry){
        if(entry.isFile){
            html = "< span >< img src = 'images/file.jpg'>" + entry.name + "</span>";
        }else{
            html = "< span >< img src = 'images/folder.jpg'>" + entry.name
                + "</span>";
        }
        document.getElementById("result").innerHTML += html + "< br/>"
    })
```

```
        }
        function errorCallback(error){
            console.log("请求系统失败时所执行的回调方法" + error);
        }
</script>
```

上述代码运行结果如图8-13所示,当输入文本框为空时,将读取文件系统根目录中的所有子目录和文件,并在页面中显示出来;当文本框中输入指定的目录(如workspace)时,将显示指定目录下的所有子目录和文件。

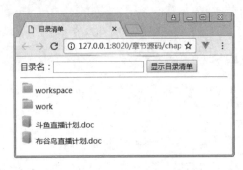

图8-13　目录清单

3. 删除目录

FileSystem API 中通过 DirectoryEntry 对象的 remove()方法来删除指定的目录。

【示例】　使用 directoryEntry.remove()方法来删除指定的目录

```
fileSystem.root.getDirectory(directoryName,
    {create:false},
    function(directoryEntry){
        directoryEntry.remove(
            function(){ … },
            function(){ … }
        );
    },
    function(error){ … }
);
```

directoryEntry 对象表示一个目录,通过 directoryEntry.remove()方法来删除指定的目录。remove()方法中提供了两个回调方法,分别表示目录删除成功时所执行的回调方法和目录删除失败时所执行的回调方法。当目录中含有子目录或者文件时,删除操作将失败,并抛出 InvalidModificationError 错误。

下述代码演示了使用 DirectoryEntry 对象的 remove()方法来删除指定的目录。

【案例 8-15】　deleteDirectory.html

```
<div>
    目录名:<input type="text" id="directoryName" value="test"/><br/>
    <input type="button" value="删除目录" onclick="deleteDirectory()"/><hr/>
```

```
        <output id = "result"></output>
    </div>
    <script>
        window.requestFileSystem = window.requestFileSystem ||
                                   window.webkitRequestFileSystem;
        navigator.webkitPersistentStorage.requestQuota(1024 * 1024,
            function(grantedBytes){ },
            function(errorCode){ }
        );
        function deleteDirectory(){
            window.requestFileSystem(window.PERSISTENT,1024 * 1024,
                    successCallback,errorCallback);
        }
        function successCallback(fileSystem){
            var directoryName = document.getElementById("directoryName").value;
            fileSystem.root.getDirectory(directoryName,
                {create:false},
                function(directoryEntry){
                    directoryEntry.remove(function(){
                        console.log(directoryEntry.name + ",目录删除成功!");
                    },function(error){
                        switch(error.name){
                            case "InvalidModificationError":
                                console.log(error.name
                                    + ",目录中含有子目录或文件,无法删除指定的目录");
                                break;
                            default:
                                console.log(error.name + ",其他错误");
                        }
                    });
                },
                function(error){
                    switch(error.name){
                        case "NotFoundError":
                            console.log(error.name + ",目录不存在");
                            break;
                    }
                }
            );
        }
        function errorCallback(error){ }
    </script>
```

上述代码中,使用 fileSystem.root.getDirectory()方法返回一个 DirectoryEntry 目录对象,通过 DirectoryEntry.remove()方法来删除指定的目录,当目录删除成功时回调第一个方法,当删除失败时回调第二个方法。

在文本框中输入一个不存在的目录时,将抛出 NotFoundError 错误;在文件框中输入一个含有子目录或文件的目录时,将抛出 InvalidModificationError 错误;在文件框中输入一个目录且目录中不包含任何文件和子目录时，单击"删除目录"按钮将指定的目录进行删除操作，效果如图 8-14 所示。

图 8-14　删除目录

本章总结

- HTML 5 规范提供了 File API，主要包括 Blob、File、FileList、FileReader 和 BlobURL 接口。
- HTML 5 规范新增了 Blob 接口，用来表示二进制数据。
- FileReader 接口用于将磁盘中的文件读入内存中，允许使用二进制数据、文本、DataURL 和 ArrayBuffer 等形式来读取文件。
- URL 接口用于创建 Blob(或 File)对象的 URL 引用地址。
- 在 HTML 5 规范中，FileWriter API 不是一个"独立"存在的规范，需要依赖于 File API 和 FileSystem API。
- FileWriter 接口继承于 FileSaver 接口，其提供更丰富的文件操作，如写入操作、写入位置定位和文件截断等操作。
- 在 HTML 5 中，window 对象提供了 requestFileSystem()方法，用于请求浏览器沙箱中的本地文件系统。
- 文件操作包括创建文件、写入文件、追加文件、读取文件、删除文件和复制文件等。HTML 5 中提供了 FileSystemEntry 接口，用于对文件和目录进行操作。
- 常见的目录操作包括创建目录、遍历目录、删除目录、复制目录、移动目录和目录重命名等。
- 通过 FileSystem.root.getDirectory()方法来获得一个 FileSystemDirectoryEntry 类型的目录对象。

本章练习

1. 在下列选项中，不属于 File API 接口的子接口的是_____。
   A. Blob　　　　　　B. FileList　　　　　C. FileReader　　　　D. FileWriter
2. 下列选项描述不正确的是_____。
   A. Blob 对象表示原始的二进制数据
   B. File 对象表示用户选择的一个文件
   C. FileWriter 对象用来将文件读取到内存

D. URL 对象为 Blob(或 File)二进制数据提供一个可访问的 URL 地址
3. 在下列选项中，不属于 FileWriter API 接口的子接口的是_____。
   A. Blob　　　　　B. BlobBuilder　　　C. FileSaver　　　　D. FileWriter
4. 下列选项中描述正确的是_____。
   A. 通过 BlobBuilder 接口来创建 Blob 二进制对象
   B. FileSaver 接口用于实现文件的保存
   C. FileWriter 接口继承于 FileSaver 接口，其提供更丰富的文件操作，如写入操作、写入位置定位、文件截断等操作
   D. FileWriter API 不是一个可以"独立"存在的规范，其依赖于 File API 和 FileSystem API
5. 关于 FileSystem API 目录操作说法错误的是_____。
   A. 通过 FileSystem.root.getDirectory()方法可以获得一个用于操作指定路径的目录对象
   B. 使用 DirectoryEntry.fileList()方法对指定目录下的文件或子目录进行遍历
   C. 使用 DirectoryEntry.remove()方法来删除指定的目录
   D. 使用 DirectoryEntry.createReader()方法来创建一个 DirectoryReader 对象，用于读取指定目录下的文件或子目录
6. 关于 FileSystemEntry 对象说法错误的是_____。
   A. isDirectory 属性用于判断当前对象是否是一个文件
   B. copyTo()方法能够将文件或目录复制到指定的位置
   C. remove()方法用于删除指定的文件或目录
   D. toURL()方法为当前对象创建一个 URL 地址

第 9 章 Server-Sent Events

本章目标

- 了解 Server-Sent Events 消息推送机制。
- 熟悉 MessageEvent 和 EventSource 接口。
- 能够通过服务端向客户端推送消息。
- 能够在客户端使用 SSE 技术接收数据。
- 了解 jQuery 自定义图形插件技术。

9.1 Server-Sent Events 概述

在浏览器和服务端之间,通过请求(Request)/响应(Response)模式实现数据的交互。当浏览器发出请求时,服务端接收到客户端所发送的请求,并对请求数据进行处理返回一个请求响应,服务端的响应格式通常为 HTML、XML 或 JSON 等。浏览器接收到服务端的响应后,在页面中将响应数据展现给用户。随着 REST 架构风格和 Ajax 的流行,在客户端与服务端交互时更多使用 JSON 格式作为数据交互的格式。

当用户在页面中单击或移动鼠标时,会触发相应的鼠标事件。在事件处理方法中,通常使用 Ajax 技术实现前后端交互,通过 XMLHttpRequest 对象向服务端发送请求,由服务端对请求数据进行处理和响应,浏览器接收到服务端返回的响应数据并在页面中动态显示。Ajax 方式的不足之处在于:当服务端的数据发生变化时,不能及时地通知浏览器,需要等到浏览器下次发送请求时服务端才能将更新后的数据发送到浏览器。对于某些对数据实时性要求很高的应用程序来说,这种延时是不能接受的。

为了满足应用程序的高实时性要求,需要以某种手段将服务端的最新数据及时推送到浏览器客户端,以保证当服务端数据发送变化时在第一时间通知给用户。根据传输协议,可将解决方式分为以下两大类:基于 TCP 协议的 WebSocket 规范;基于 HTTP 协议的简易轮询、COMET 技术以及服务器推送技术(Server-Sent Events)。

简易轮询是指浏览器定时向服务端发送请求,来查询服务端是否有数据更新,如图 9-1 所示。简易轮询方式相对简单,在一定程度上能够解决上述问题,但是也存在一定缺陷:当轮询的时间间隔过长时,会导致用户不能及时接收到服务端的更新数据;当轮询的时间间隔过短时,会因为查询请求过于频繁而影响服务端的性能。

COMET 技术针对简易轮询进行改进,采用的是长轮询方式;在服务端每次收到请求时，会保持该连接在一段时间内处于打开状态，而不是在响应完成之后就立即关闭。当连接处于打开状态的时间内时，服务端能够将更新数据及时发送给浏览器。当上一个长连接关闭时，浏览器会立即开启一个新的长连接来继续与服务端保持连接。在使用 COMET 技术时，服务端和客户端都需要第三方库的支持。

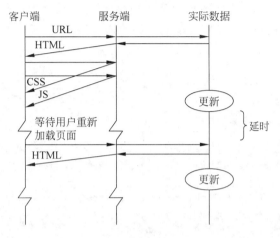

图 9-1　简易轮询的时序图

由于简易轮询自身的缺陷，并不推荐使用。而 COMET 技术并不是 HTML 5 规范中的一部分，从兼容标准的角度出发，也不推荐使用。WebSocket 规范和 Server-Sent Events 推送技术都属于 HTML 5 标准规范，目前主流浏览器都提供了原生的支持，所以推荐优先使用 WebSocket 和 Server-Sent Events 技术来实现客户端与服务端的数据交互。WebSocket 规范相对复杂，多用于双向数据通信。对于简单的服务器数据推送的场景，使用 Server-Sent Events 技术即可。

Server-Sent Events 规范是 HTML 5 规范的一个重要组成部分，是一种服务端与客户端的单向通信机制，允许服务端将数据推送到客户端，又称单向消息传递，如图 9-2 所示。

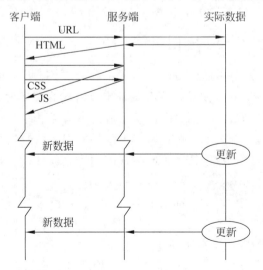

图 9-2　基于 SSE 消息推送的时序图

Server-Sent Events 规范相对比较简单,主要由通信协议和 EventSource 接口两部分组成。本章将重点介绍 Server-Sent Events 服务器推送技术。

9.1.1 MessageEvent 接口

在 Server-Sent Events、WebSocket、跨文档消息传递、通道消息传递和广播通道等技术中,通常使用 MessageEvent 接口来实现消息的传递。MessageEvent 接口的语法格式如下。

【语法】

```
interface MessageEvent:Event{
    readonly attribute any data;
    readonly attribute USVString origin;
    readonly attribute DOMString lastEventId;
    readonly attribute MessageEventSource? source;
    readonly attribute FrozenArray<MessagePort> ports;

    void initMessageEvent(DOMString type,optional boolean bubbles,
        optional boolean cancelable , optional any data, optional USVString origin,
        optional DOMString lastEventId,optional MessageEventSource? source,
        optional sequence<MessagePort> ports);
};
```

其中:
- 属性 data 表示消息的数据部分;
- 属性 origin 表示消息的来源,多用于服务器推送技术和跨文档消息传递;
- 属性 lastEventId 表示最后一个事件的 ID,多用于服务器推送技术;
- 属性 source 表示消息的源窗口,多用于跨文档消息传递;
- 属性 ports 表示与消息一起发送的 MessagePort 数组,用于跨文档消息传递和通道消息传递;
- initMessageEvent()方法用于对 MessageEvent 事件进行初始化。

9.1.2 EventSource 接口

Server-Sent Events 规范由通信协议和 EventSource 接口两部分组成。其中,通信协议是一种基于纯文本的简单协议,在服务端需要将响应内容的类型设为 text/event-stream 类型。响应文本的内容可以看作一个事件流,事件流由不同的事件组成,事件由类型和数据两部分构成,另外事件还有一个可选的标识符。事件的数据是由数据行和换行符(\n)连接而成,一个事件中可以包含多个数据行。不同事件的内容之间使用由回车符和换行符组成的空行(\r\n)进行分隔。

在服务端的响应信息中,每一行都是由类型、冒号(:)和数据三部分构成;冒号之前表示该行的数据类型,冒号之后则是数据内容。服务端的响应信息中,数据分为空白、data、event、id 和 retry 五种类型,具体如下所示。
- 当数据类型为空白时,表示该行是注释,在处理时将被忽略;
- 当数据类型为 data 时,表示该行包含的是数据信息;

- 当数据类型为 event 时,表示该行用于声明事件的类型;
- 当数据类型为 id 时,表示该行用来声明事件的标识符;
- 当数据类型为 retry 时,表示该行用于指定浏览器在连接断开之后再次连接之前的等待时间。

下述代码演示了服务端的响应信息的组成部分。

【示例】 服务端的响应信息

```
data: first event

data: second event
id: 101

event: myEvent
data: third event
id: 102

: this is a comment
data: fourth event
data: fourth event continue
```

在服务端的响应信息中,事件之间通过空行进行分隔。第一个事件是一个默认的事件类型,事件中仅包含数据部分(first event);在第二个事件中,id 表示事件的标识符(101),data 表示数据部分(second event);第三个事件是一个 myEvent 类型的事件,id 表示事件的标识符(102),数据部分为 third event;在第四个事件中,第一行为注释内容,后两行为数据部分,数据内容为 fourth event \n fourth event continue。

当浏览器接收服务端的响应数据时,需要借助 JavaScript 中的 EventSource 接口来处理响应数据。EventSource 采用了标准的事件监听方式,只需要在对象上添加对应的事件处理方法即可。EventSource 接口的语法格式如下。

【语法】

```
interface EventSource:EventTarget{
    readonly attribute USVString url;
    readonly attribute boolean withCredentials;

    // ready state
    const unsigned short CONNECTING = 0;
    const unsigned short OPEN = 1;
    const unsigned short CLOSED = 2;
    readonly attribute unsigned short readyState;

    // networking
    attribute EventHandler onopen;
    attribute EventHandler onmessage;
    attribute EventHandler onerror;
    void close();
};
```

其中：
- 属性 url 是一个只读属性，表示 EventSource 对象所对应的 URL；
- 属性 withCredentials 是一个只读属性，表示 EventSource 对象的最终初始状态；
- 属性 readyState 表示连接的状态，取值为 CONNECTING、OPEN 和 CLOSED 三种状态；
- close()方法用于关闭连接，并将 readyState 属性设置为 CLOSED 状态。

除此之外，EventSource 接口拥有一套完整的事件模型，用于捕获浏览器与服务器交互过程的各种状态，具体如表 9-1 所示。

表 9-1　EventSource 事件机制

事件	描述
onopen	当成功与服务器建立连接时触发该事件
onmessage	当从服务器接收到数据时触发该事件
onerror	当出现错误时触发该事件

下述代码演示了使用 EventSource 接口来创建事件监听对象。

【示例】　EventSource 对象的创建和使用

```
var eventSource = new EventSource('/services/events/');
eventSource.onmessage = function(event){
    console.log(event.data);
};
eventSource.addEventListener('myEvent',function(event){
    console.log(event.data);
});
```

上述代码中，使用 EventSource()构造方法来创建一个 EventSource 对象，其中参数 URL 表示 Server-Sent Events 服务端的访问地址。通过 onmessage 属性和 addEventListener()方法可以来绑定对应的事件处理方法。

9.2　基于 Servlet 的动态图形报表

对于通信协议来说，服务器推送技术是一个比较简单的协议。服务端只需要按照协议所规定的格式，向客户端发送响应数据即可。本节使用 Servlet 作为服务端技术，实现服务端的数据推送，客户端接收到服务端数据后，实时更新页面中的数据报表。

9.2.1　服务端的实现

由于 Servlet 是一种基于 Java 语言的服务端技术，所以事先需要安装并配置好 Java 环境，读者可自行查询相关文档。此处使用 JDK 8＋Tomcat 8 作为开发环境，使用 Eclipse 开发工具来实现编码。

首先编写 DataCreator 类，用于随机生成一组数据，代码如下所示。

【案例 9-1】 DataCreator.java

```java
import net.sf.json.JSONArray;
import net.sf.json.JSONObject;
public class DataCreator{
    //随机生成销售数据
    public static String createRandomData(){
        JSONArray jsonArray = new JSONArray();
        String []items = new String[]{"女装","男装","童装","运动","内衣"};
        for(int i = 0;i < 5;i++){
            int random = (int)Math.round(Math.random() * 100);
            JSONObject item = new JSONObject();
            item.put("name",items[i]);
            item.put("amount",random);
            jsonArray.add(item);
        }
        JSONObject data = new JSONObject();
        data.put("drawData",jsonArray);
        return data.toString();
    }
}
```

当用户与服务端建立连接时需要将用户会话 Session 保存到会话集合中,以便服务端逐一推送数据。在服务端推送数据时,向所有与服务端建立的请求连接推送相同的数据。

接下来创建 SessionOnLine 类,用于封装用户的 HttpSession 会话和 PrintWriter 输出对象,代码如下所示。

【案例 9-2】 SessionOnLine.java

```java
import java.io.PrintWriter;
import javax.servlet.http.HttpSession;
//用于封装用户的 session 会话和 out 输出流
public class SessionOnLine{
    private HttpSession session;
    private PrintWriter out;
    public SessionOnLine(){
        super();
    }
    public SessionOnLine(HttpSession session){
        super();
        this.session = session;
    }
    public HttpSession getSession(){
        return session;
    }
    public void setSession(HttpSession session){
        this.session = session;
    }
```

```java
    public PrintWriter getOut(){
        return out;
    }
    public void setOut(PrintWriter out){
        this.out = out;
    }
}
```

在 SessionCollection 类中封装了一个 < String, SessionOnLine > 类型的 Map 集合,用于保存所有的在线用户的会话信息;在集合中使用 SessionID 作为 Map 集合的键,SessionOnLine 对象作为 Map 集合的值,代码如下所示。

【案例 9-3】　SessionCollection.java

```java
import java.util.*;
public class SessionCollection{
    //在线用户的会话集合
    public static Map < String, SessionOnLine > sessionMap
                 = new HashMap < String, SessionOnLine >();
}
```

SessionOnLineListener 类实现了 HttpSessionListener 接口,用于监听用户的上线和离线操作。当用户上线时,在 sessionCreated()方法中将用户会话保存到 SessionCollection 集合中;当用户离线时,在 sessionDestroyed()方法中将用户会话从 SessionCollection 集合中移除。

【案例 9-4】　SessionCollection.java

```java
import javax.servlet.http.HttpSession;
import javax.servlet.http.HttpSessionEvent;
import javax.servlet.http.HttpSessionListener;
//用于监听用户连接和离线
public class SessionOnLineListener implements HttpSessionListener{
    @Override
    public void sessionCreated(HttpSessionEvent sessionEvent){
        HttpSession session = sessionEvent.getSession();
        SessionOnLine sessionOnLine = new SessionOnLine(session);
        //当用户上线时,将用户的 session 添加到会话集合中
        SessionCollection.sessionMap.put(session.getId(),sessionOnLine);
    }
    @Override
    public void sessionDestroyed(HttpSessionEvent sessionEvent){
        HttpSession session = sessionEvent.getSession();
        //当用户离线时,将用户的 session 从会话集合中移除
        SessionCollection.sessionMap.remove(session.getId());
    }
}
```

创建一个 ChartPushServlet 类,用于响应用户的请求,将用户的 out 输出对象保存到

sessionOnLine 对象中,然后定时向所有在线用户推送随机生成的销售数据,代码如下所示。

【案例 9-5】 SessionCollection.java

```java
import java.io.*;
import java.util.Map;
import javax.servlet.http.*;
import javax.servlet.ServletException;
public class ChartPushServlet extends HttpServlet{
    private static final long serialVersionUID = 1L;
    public ChartPushServlet() {
        super();
    }
    protected void doGet(HttpServletRequest request,
        HttpServletResponse response)throws ServletException,IOException{
        response.setContentType("text/event-stream");
        response.setCharacterEncoding("UTF-8");
        PrintWriter out = response.getWriter();
        //用户上线时,将 out 保存到会话集合中
        Map<String,SessionOnLine> sessionMap = SessionCollection.sessionMap;
        SessionOnLine sessionOnLine
                = sessionMap.get(request.getSession().getId());
        sessionOnLine.setOut(out);
        //循环向客户端发送数据
        while(true){
            String data = DataCreator.createRandomData();
            //对所有在线用户发送数据更新
            for(String key:sessionMap.keySet()){
                SessionOnLine session = sessionMap.get(key);
                PrintWriter outFromSession = session.getOut();
                outFromSession.println("data:" + data + "\r\n");
                outFromSession.flush();
            }
            try {
                //间隔 2s
                Thread.sleep(2000);
            } catch(InterruptedException e){
                e.printStackTrace();
            }
        }
    }
    protected void doPost(HttpServletRequest request,
        HttpServletResponse response)throws ServletException, IOException{
        doGet(request,response);
    }
}
```

最后,修改 web.xml 配置文件,将 ChartPushServlet 和 SessionOnLineListener 在 web.xml 中进行配置,代码如下所示。

【案例 9-6】 web.xml

```xml
<?xml version="1.0" encoding="UTF-8"?>
<web-app xmlns="http://xmlns.jcp.org/xml/ns/javaee"
    xmlns:xsi="http://www.w3.org/2001/XMLSchema-instance"
    version="3.1">
    <listener>
        <listener-class>com.jCuckoo.SessionOnLineListener</listener-class>
    </listener>
    <servlet>
        <servlet-name>ChartPushServlet</servlet-name>
        <servlet-class>com.jCuckoo.ChartPushServlet</servlet-class>
        <async-supported>true</async-supported>
    </servlet>
    <servlet-mapping>
        <servlet-name>ChartPushServlet</servlet-name>
        <url-pattern>/ChartPushServlet</url-pattern>
    </servlet-mapping>
    <welcome-file-list>
        <welcome-file>chartReport.jsp</welcome-file>
    </welcome-file-list>
</web-app>
```

9.2.2 客户端的实现

当浏览器向服务器发出请求时,在浏览器和服务器之间将创建一个基于 HTTP 的连接;在服务器推送数据时,浏览器通过 Server-Sent Events 技术来接收服务端的推送数据,通过图形报表的形式将数据动态渲染出来。此处借助 jQuery 和 HTML 5 Canvas 技术,自定义了一个图形报表插件 jquery.chart.js,将数据以圆饼图、柱状图和折线图的形式显示出来,代码如下所示。

【案例 9-7】 jquery.chart.js

```javascript
// 自定义表格插件
// @author jCuckoo
;(function($,window,document,undefined){
    var defaults = {bgColor:[{drawColor:"red"},
            {drawColor:"green"},
            {drawColor:"yellow"},
            {drawColor:"blue"},
            {drawColor:"gray"}],
            frontColor:{
                font:"12px 宋体",
                color:"black"
            }
    };
    //构造方法
    function DataDrawer(element,data,options){
        this.$element = element;
```

```javascript
        this.drawType = data.drawType;          //绘制类型
        this.drawData = data.drawData;          //绘制数据
        this.setting = $.extend({},defaults,options);
};
//添加属性或方法
DataDrawer.prototype = {
    //绘制圆饼图
    drawPieChart:function(){
        var startPoint = 1.5 * Math.PI;         //开始位置
        var endPoint = 0;
        var context = this.$element.get(0).getContext("2d");
        this.clearCanvas(context);
        for(var i = 0;i < this.drawData.length;i++){
            context.fillStyle = this.setting.bgColor[i].drawColor;
            context.strokeStyle = this.setting.bgColor[i].drawColor;
            //开始创建路径
            context.beginPath();
            //开始创建路径(圆心)
            context.moveTo(150,150);
            //计算弧形结束位置的角度
            endPoint = startPoint - Math.PI * 2 * (
                    this.drawData[i].amount/this.allData);
            //开始创建路径(弧形圆心)
            context.arc(150,150,90,startPoint,endPoint,true);
            context.fill();
            context.stroke();
            //保存状态
            context.save();
            //计算文本角度
            var textAngle = (startPoint + endPoint)/2;
            //每部分所占比重
            var textScale = this.drawData[i].amount/this.allData;
            //将坐标原点移动到绘制文本处(根据圆心进行计算)
            context.translate(150 + 110 * Math.cos(textAngle),
                    150 + 110 * Math.sin(textAngle));
            //旋转文本
            context.rotate(textAngle + Math.PI * 1/2);
            context.fillStyle = this.setting.frontColor.color;
            context.font = this.setting.frontColor.font;
            context.fillText(this.drawData[i].name, - 20,0);
            //恢复到保存点
            context.restore();
            startPoint -= Math.PI * 2 * (this.drawData[i].amount/this.allData);
        }
    }
    ,drawColumnar:function(){                   //绘制柱状图标
        var context = this.$element.get(0).getContext("2d");
        this.clearCanvas(context);
        //绘制坐标系
```

```javascript
            this.drawCoordinateSystem(context);
            var width = 20;
            var margin = 20;
            for(var i = 0; i < this.drawData.length; i++){
                context.fillStyle = this.setting.bgColor[i].drawColor;
                context.strokeStyle = this.setting.bgColor[i].drawColor;
                //计算绘制的矩形的左上角的x,y坐标(以绘制的x坐标轴为参考基准)
                var x = 40 + (width + margin) * i;
                var y = 260 - 260 * (this.drawData[i].amount/this.allData);
                //绘制圆柱
                context.fillRect(x, y, width, 260 * (
                        this.drawData[i].amount/this.allData));
                //绘制文本内容
                context.fillStyle = this.setting.frontColor.color;
                context.font = this.setting.frontColor.font;
                context.fillText(this.drawData[i].name, x, 280);
            }
        }
        ,drawFoldLine:function(){                    //绘制折线
            var padding = 50;
            var context = this.$element.get(0).getContext("2d");
            this.clearCanvas(context);
            //绘制坐标系
            this.drawCoordinateSystem(context);
            context.beginPath();
            context.moveTo(20, 260);
            for(var i = 0; i < this.drawData.length; i++){
                //计算折线点的坐标
                var x = 40 + padding * i;
                var y = 260 - 260 * (this.drawData[i].amount/this.allData);
                context.setLineDash([5, 5]);         //设置绘制线段的样式为虚线
                context.lineTo(x, y);
                context.stroke();
                context.fillStyle = "gray";
                context.fillRect(x, y, 1, 260 * (
                        this.drawData[i].amount/this.allData));
                context.fillStyle = this.setting.frontColor.color;
                context.font = this.setting.frontColor.font;
                context.fillText(this.drawData[i].name, x - 10, 280);
            }
        }
        ,drawCoordinateSystem:function(context){     //绘制坐标系
            context.setLineDash([0, 0]);
            context.beginPath();
            context.moveTo(20, 20);
            context.lineTo(20, 260);
            context.lineTo(260, 260);
            context.strokeStyle = "black";
            context.lineWidth = 2;
            context.stroke();
```

```javascript
            }
            ,countData:function(){         //统计数据的总量
                var allData = 0;
                for(var i = 0;i < this.drawData.length;i++){
                    allData += this.drawData[i].amount;
                }
                this.allData = allData;
            },clearCanvas:function(context){
                var canvas = context.canvas;
                context.fillStyle = "white";
                context.fillRect(0,0,canvas.width,canvas.height);
            }
        };
        //在插件中使用 DataList 对象
        $.fn.drawChart = function(data,options,drawType){
            //创建 DataList 的实体
            var dataDrawer = new DataDrawer(this,data,options);
            console.log(dataDrawer.drawData);
            //调用其方法
            dataDrawer.countData();
            if("PieChart" == drawType){
                return dataDrawer.drawPieChart();
            }else if("Columnar" == drawType){
                return dataDrawer.drawColumnar();
            }else if("FoldLine" == drawType){
                return dataDrawer.drawFoldLine();
            }
        }
})(jQuery,window,document);
```

在 chartReport.jsp 页面中，创建一个 EventSource 对象，设置 EventSource 对象的 onmessage 事件处理方法；当客户端接收服务端所推送的数据时，调用 updateChart(data) 方法来更新页面中的图形报表，代码如下所示。

【案例 9-8】 chartReport.jsp

```jsp
<%@ page language="java" contentType="text/html; charset=utf-8" %>
<!doctype html>
<html>
<head>
    <meta charset="utf-8">
    <title>销售数据的图形报表统计</title>
    <script type="text/javascript" src="js/jquery-1.x.js"></script>
    <script type="text/javascript" src="js/jquery.chart.js"></script>
    <link href="css/layout.css" rel="stylesheet" type="text/css"/>
</head>
<body>
    <div class="place"><span>位置：</span>
        <ul class="placeul">
```

案例视频讲解

```html
                <li><a href = " # ">首页</a></li>
                <li><a href = " # ">统计报表</a></li>
            </ul>
        </div>
        <div class = "canvasbody">
            <div class = "usual">
                <canvas id = "myCanvas1" width = "300" height = "300"
                    style = "border:1px solid # ccc;margin - right:10px;"></canvas>
                <canvas id = "myCanvas2" width = "300" height = "300"
                    style = "border:1px solid # ccc;margin - right:10px;"></canvas>
                <canvas id = "myCanvas3" width = "300" height = "300"
                    style = "border:1px solid # ccc"></canvas>
            </div>
        </div>
</div>
<script type = "text/javascript">
    //创建 EventSource 对象
    var dataEventSource = new EventSource("./ChartPushServlet");
    //设置 onmessage 事件处理方法,当接收到服务器发送的数据时调用该事件
    dataEventSource.onmessage = function(event){
        //获得服务端返回的销售数据
        var data = JSON.parse(event.data);
        //更新图形报表
        updateChart(data);
    };
    //设置 onerror 事件处理方法,当发生错误时调用该事件
    dataEventSource.onerror = function(event){
        dataEventSource.close();
        console.log(event);
    }
    //使用指定的数据更新图形报表
    function updateChart(data){
        //预设图形报表中各部分的颜色
        var options = {bgColor:[
                {drawColor:" # 9cc507"},
                {drawColor:" # 8b86ca"},
                {drawColor:" # ff4400"},
                {drawColor:" # ffb81d"},
                {drawColor:" # 00b3e3"}]
            ,frontColor:{
                font:" 16px microsoft",
                color:"black"
            }
        };
        //绘制圆饼图
        $(" # myCanvas1").drawChart(data,options,"PieChart");
        //绘制柱状图
        $(" # myCanvas2").drawChart(data,options,"Columnar");
        //绘制折线图
        $(" # myCanvas3").drawChart(data,options,"FoldLine");
```

```
            }
        </script>
    </body>
</html>
```

运行 Tomcat 服务器，同时在多个浏览器中打开 http://localhost:8080/ChartReprot_SSE/网址进行测试，各浏览器同步接收服务端推送的数据，并以图形报表形式动态进行刷新，效果如图 9-3 所示。

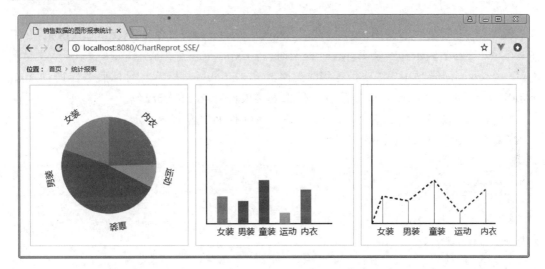

图 9-3 动态图形报表

9.3 基于 Node.js 的动态图形报表

Node.js 是一个基于 Chrome V8 引擎的 JavaScript 运行环境。由于 Node.js 是一种基于事件驱动、非阻塞式 I/O 的模型，具有轻量、高效等特点，故其目前广泛得到 Web 前端开发者的青睐。在使用 Node.js 之前，需要去其官网 https://nodejs.org/en/下载安装包，安装过程比较简单，此处不再赘述。

9.3.1 服务端的实现

在 Node.js 环境中，使用 npm 命令来实现项目的初始化、资源包的安装等操作。新建一个项目——动态图像报表（SSE），在控制台中使用 npm init 命令对项目进行初始化，此时生成一个名为 package.json 的配置文件，该文件位于项目的根目录；在 package.json 文件中定义当前项目中所需要的各种模块以及项目的配置信息（如名称、版本、许可证等数据）。有关 npm 工具读者可查阅本书的附录 B。

【案例 9-9】 package.json

```
{
    "name":"datachart",
```

```
    "version":"1.0.0",
    "description":"",
    "main":"index.js",
    "scripts":{
        "test":"echo\"Error:no test specified\"&&exit 1"
    },
    "author":"jCuckoo",
    "license":"ISC"
}
```

接下来,在控制台中使用 npm install express --save-dev 命令来安装 Express 框架,其中--save-dev 参数表示在安装 Express 框架时,将 Express 信息配置到 package.json 文件的 devDependencies 选项中;在项目迁移时忽略 node_modules 目录,在目标服务器通过,npm install 命令并根据 package.json 配置文件来安装项目所依赖的资源包。

Express 框架安装完成后,package.json 配置文件的内容如下所示。

【案例 9-10】 package.json

```
{
    "name":"datachart",
    "version":"1.0.0",
    "description":"",
    "main":"index.js",
    "scripts":{
        "test":"echo\"Error: no test specified\"&&exit 1"
    },
    "author":"jCuckoo",
    "license":"ISC",
    "devDependencies":{
        "express":"^4.15.3"
    }
}
```

此处重点讲解在 HTML 5 页面中,使用 Server-Sent Events 技术实现与服务器的交互;有关 Express 框架技术,读者可请参见 http://www.expressjs.com.cn。

在项目的根目录中,创建一个 app.js 文件作为服务端的路由文件,在该文件中完成服务端的路由功能,代码如下所示。

【案例 9-11】 app.js

```
var express = require('express');
var app = express();
//配置静态资源的访问方式
app.use(express.static('public'));
app.get('/',function(req,res){
    res.type('text/html');
```

```javascript
    //res.sendfile('./public/chartReport.html');
    //推荐使用 sendFile(),该方法需要使用文件的绝对路径
    res.sendFile(__dirname + '/public/chartReport.html');
    //res.sendFile('/public/chartReport.html',{'root':__dirname});
});

var clientId = 0;
var clients = {};
//记录用户连接请求
app.get('/events/',function(req,res){
    req.socket.setTimeout(Number.MAX_VALUE);
    res.writeHead(200,{
        'Content-Type':'text/event-stream',
        'Cache-Control':'no-cache',
        'Connection':'keep-alive'
    });
    res.write('\n');
    (function(clientId){
        //将连接保存到集合中
        clients[clientId] = res;
        //当连接关闭后,从连接集合中移除
        req.on("close",function(){delete clients[clientId]});
    })(++clientId);
});
//对所有客户端发生数据
setInterval(function(){
    for (clientId in clients){
        clients[clientId].write('data: ' + createRandomData() + '\n\n');
    };
}, 500);

//生成随机数据,并以 JSON 字符串形式返回
function createRandomData(){
    let drawData = [];
    let items = ['女装','男装','童装','运动','内衣'];
    for(let i = 0;i < 5;i++){
        let random = parseInt(Math.random() * 100);
        let item = {'name':items[i],'amount':random};
        drawData.push(item);
    }
    return JSON.stringify({'drawData':drawData});
}
app.listen(process.env.PORT||3000);
```

上述代码中,__dirname 是 node.js 中的一个全局变量,用于返回当前文件所在目录的完整路径。使用 require()方法来加载 Express 框架,app.use(express.static('public'))方法来设置静态资源的访问路径。

通过 app.get()方法来定义服务端的路由,当访问项目的根路径"/"路径时将自动跳转到/public/chartReport.html 页面,当访问"/events/"路径请求时,将建立用户与服务端的

请求连接并保存到 clients 集合中。createRandomData()方法用于随机产生一组数据,通过 setInterval()方法定时向客户端推送最新数据。

9.3.2 客户端的实现

在项目的根目录下,创建一个 public 目录,专门用于存放静态资源文件,项目的目录结构如图 9-4 所示,其中 jquery.chart.js 插件参照案例 9-7。

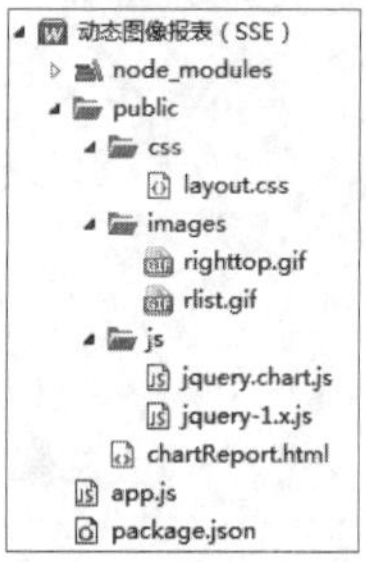

在 chartReport.html 页面中,使用 Server-Sent Events 技术接收服务端所推送的数据,然后使用 jquery.chart.js 插件将服务端推送的数据动态显示出来。chartReport.html 代码如下所示。

图 9-4 项目结构图

【案例 9-12】 chartReport.html

```html
<!doctype html>
<html>
<head>
    <meta charset="utf-8">
    <title>销售数据的图形报表统计</title>
    <script type="text/javascript" src="js/jquery-1.x.js"></script>
    <script type="text/javascript" src="js/jquery.chart.js"></script>
    <link href="css/layout.css" rel="stylesheet" type="text/css"/>
</head>
<body>
    <div class="place"><span>位置:</span>
        <ul class="placeul">
            <li><a href="#">首页</a></li>
            <li><a href="#">统计报表</a></li>
        </ul>
    </div>
    <div class="canvasbody">
        <div class="usual">
            <canvas id="myCanvas1" width="300" height="300"
                style="border:1px solid #ccc;margin-right:10px;"></canvas>
            <canvas id="myCanvas2" width="300" height="300"
                style="border:1px solid #ccc;margin-right:10px;"></canvas>
            <canvas id="myCanvas3" width="300" height="300"
                style="border:1px solid #ccc"></canvas>
        </div>
    </div>
    <script type="text/javascript">
    //创建 EventSource 对象
    var dataEventSource = new EventSource("/events/");
    //设置 onmessage 事件处理方法,当接收到服务器发送的数据时调用该事件
    dataEventSource.onmessage = function(event){
        //获得服务端返回的销售数据
        var data = JSON.parse(event.data);
```

```
            //更新图形报表
            updateChart(data);
        };
        //设置 onerror 事件处理方法,当发生错误时调用该事件
        dataEventSource.onerror = function(event){
            dataEventSource.close();
            console.log(event);
        }
        //使用指定的数据更新图形报表
        function updateChart(data){
            //预设图形报表中的各部分的颜色
            var options = {bgColor:[{drawColor:"#9cc507"},
                    {drawColor:"#8b86ca"},
                    {drawColor:"#ff4400"},
                    {drawColor:"#ffb81d"},
                    {drawColor:"#00b3e3"}]
                ,frontColor:{
                    font:" 16px microsoft",
                    color:"black"
                }
            };
            //绘制圆饼图
            $("#myCanvas1").drawChart(data,options,"PieChart");
            //绘制柱状图
            $("#myCanvas2").drawChart(data,options,"Columnar");
            //绘制折线图
            $("#myCanvas3").drawChart(data,options,"FoldLine");
        }
    </script>
</body>
</html>
```

最后,在控制台中使用 node app.js 命令启动 Node.js 服务器,然后在多个浏览器中输入 http://localhost:3000/网址进行测试,各浏览器同步接收服务端的推送数据,并对图形报表动态更新,运行结果如图 9-3 所示。

本章总结

- 在浏览器和服务端之间,通过请求/响应模式实现数据的交互。
- 在 Server-Sent Events、WebSocket、跨文档消息传递、通道消息传递和广播通道等技术中,使用 MessageEvent 接口来实现消息的传递。
- 根据传输协议,可将客户端与服务端的交互技术分为以下两大类,基于 TCP 协议的 WebSocket 规范;基于 HTTP 协议的简易轮询、COMET 技术以及服务器推送技术 (Server-Sent Events)。
- Server-Sent Events 规范是 HTML 5 规范的一个重要组成部分,是一种服务端与客户端的单向通信机制,允许服务端推送数据到客户端,又称单向消息传递。

- Server-Sent Events 规范由通信协议和 EventSource 接口两部分组成。通信协议是一种基于纯文本的简单协议，在服务端需要将响应内容的类型设为 text/event-stream 类型。
- 在服务端的响应信息中，每一行都由类型、冒号（:）和数据三部分构成；冒号之前表示该行的数据类型，冒号之后则是数据内容。
- 在服务端的响应信息中，数据分为空白、data、event、id 和 retry 五种类型。

本章练习

1. 当浏览器发出请求时，服务器根据所收到的请求返回相应的响应，服务器的响应格式通常为_____、_____或_____等。

2. 在 Web 应用中，浏览器和服务器之间通过_____/_____模式进行交互。

3. 在实时与服务端交互时需要使用服务器推送技术，包括基于 TCP 协议的_____规范和基于 HTTP 协议的_____、_____以及_____。

4. Server-Sent Events 规范由_____和_____接口两部分组成。

5. 服务器的响应数据类型分为_____、_____、_____、_____和_____五种形式。

6. 在 Server-Sent Events、跨文档消息传递、通道消息传递等技术中，使用_____接口来实现消息的传递。

7. _____是指浏览器定时向服务端发送请求，来查询服务端是否有数据更新。

8. _____规范是 HTML 5 规范的一个组成部分，是一种服务端发送到客户端的单向通信机制，允许服务端推送数据到客户端，又称单向消息传递。

第10章 WebSocket 和 Notification

本章目标

- 了解 WebSocket 通信机制。
- 熟悉 WebSocket API 接口。
- 熟练使用 WebSocket 技术实现双向通信。
- 了解 Notification 消息提醒机制。
- 熟练使用 Notification 技术实现消息提醒。

10.1 WebSocket 概述

为保证 Web 应用与服务端通信的实时性,可以使用传统的简单轮询或 COMET 技术,也可以使用 HTML 5 规范中新增的 Server-Sent Events 或 WebSocket 技术。其中,Server-Sent Events 是一种单向消息传递基于 HTTP 协议的服务器推送技术。当客户端与服务端需要双向传递信息时,需要通过 WebSocket 技术来实现,WebSocket 是一种基于 TCP 协议的服务端和客户端双向通信技术,服务端能够主动向客户端发送信息,同时客户端也能够向服务端发送信息。

WebSocket 是一种基于 TCP 协议的通信技术,与传统的 HTTP 有一定的区别:HTTP 是一种基于请求与响应模式的、无状态的、应用层的协议,每次访问服务端时都需要发出请求、建立连接、返回响应内容和断开连接。而 WebSocket 在客户端第一次访问服务端时建立连接,在此连接的基础上实现客户端与服务端之间的多次信息交互,直到客户端断开连接为止,如图 10-1 所示。

10.1.1 WebSocket 接口

HTML 5 规范中提供了 WebSocket API,是一种客户端和服务端进行双向通信的公共接口,该接口的语法格式如下。

【语法】

```
interface WebSocket:EventTarget{
    readonly attribute DOMString url;
    // ready state
    const unsigned short CONNECTING = 0;
```

```
    const unsigned short OPEN = 1;
    const unsigned short CLOSING = 2;
    const unsigned short CLOSED = 3;
    readonly attribute unsigned short readyState;
    readonly attribute unsigned long bufferedAmount;

    // networking
    attribute Function onopen;
    attribute Function onerror;
    attribute Function onclose;
    readonly attribute DOMString extensions;
    readonly attribute DOMString protocol;
    void close(optional unsigned short code, optional DOMString reason);

    // messaging
    attribute Function onmessage;
    attribute DOMString binaryType;
    void send(DOMString data);
    void send(ArrayBuffer data);
    void send(Blob data);
};
```

其中：

- url 属性（只读）用于返回创建 WebSocket 对象时所传入的 url 参数；
- readyState 属性（只读）表示连接状态，取值范围是 CONNECTING（连接建立中，还未完成）、OPEN（连接建立完毕，可以发送信息）、CLOSING（连接正在关闭）和 CLOSED（连接已经关闭）四种状态；
- bufferedAmount 属性（只读）用于返回排队等待传输且还未发出的文本字节数；
- send()方法用于将数据 data 发送到服务端。

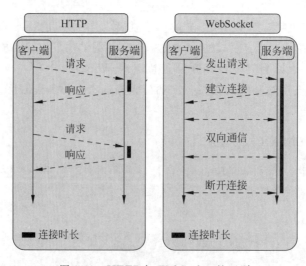

图 10-1　HTTP 与 WebSocket 的区别

除此之外，WebSocket 接口提供了一套完整的事件模型，用于捕获浏览器与服务器交互过程的各种状态，具体见表10-1。

表 10-1　WebSocket 事件机制

事　　件	描　　述
onopen	当成功与服务器建立连接时触发该事件
onmessage	当从服务器接收到数据时触发该事件
onerror	当出现错误时触发该事件
onclose	当连接关闭时触发该事件

10.1.2　基于 Java 的 WebSocket 示例

新建一个 JavaWeb 项目，在项目中创建一个 WebSocketServer 类，作为应用程序的 WebSocket 服务端，当客户端向服务端发出连接请求时，创建一个请求连接并监听客户端的请求状态，代码如下所示。

【案例 10-1】　WebSocketServer.java

```java
import java.io.IOException;
import javax.websocket.OnClose;
import javax.websocket.OnMessage;
import javax.websocket.OnOpen;
import javax.websocket.Session;
import javax.websocket.server.ServerEndpoint;

@ServerEndpoint("/websocketTest")
public class WebSocketServer{
    /** 当服务器接收到客户端发送的消息时所调用的方法 */
    @OnMessage
    public void onMessage(String message,Session session)
                throws IOException, InterruptedException{
        // 打印从客户端获取到的信息
        System.out.println("从客户端接收到的信息:" + message);
        int sentMessages = 1;
        while (sentMessages < 4){
            Thread.sleep(2000);
            session.getBasicRemote().sendText(sentMessages + "");
            sentMessages++;
        }
    }
    /** 当用户建立连接时调用该方法 */
    @OnOpen
    public void onOpen(Session session){
        System.out.println("客户端连接成功");
    }
    /** 当用户断开连接时调用该方法 */
    @OnClose
    public void onClose(){
        System.out.println("客户端关闭");
    }
}
```

上述代码中创建了一个 WebSocket 服务端,当客户端与服务端建立连接时将调用 onOpen()方法,当客户端向服务端发送信息时将调用 onMessage()方法,当客户端断开连接时将调用 onClose()方法。

 在 Tomcat 7 中提供了 WebSocketServlet 类,但该类目前已经过时,并在 Tomcat 8 中彻底将其废弃,可以通过@ServerEndpoint 注解的形式来定义一个 WebSocket 服务端。

接下来,创建一个 WebSocket 客户端,用于实现客户端与服务端的数据交互,代码如下所示。

【案例 10-2】 WebSocketTest.html

```html
<!DOCTYPE html>
<html>
<head>
    <title>HTML5 WebSocket 测试</title>
    <style type="text/css">
        img{width:100px;}
    </style>
</head>
<body>
    <div>
        用户名:<input type="text" id="userName" value="jCuckoo"/>
        <input type="button" value="推荐直播频道" onclick="start()"/>
    </div>
    <div id="messages"></div>
    <script type="text/javascript">
        var webSocket = new WebSocket
            ('ws://localhost:8080/WebSocket/websocketTest');
        //发生错误时调用该方法
        webSocket.onerror = function(event){
            alert(event.data);
        };
        //与 WebSocket 建立连接
        webSocket.onopen = function(event){
            document.getElementById('messages').innerHTML
                = '<h2>与服务端建立连接</h2><hr/>';
        };
        //处理服务器返回的信息
        webSocket.onmessage = function(event){
            console.log(event.data);
            document.getElementById('messages').innerHTML
                += '<img src="images/broadcast_0' + event.data + '.jpg"/>';
        };
        function start(){
            //向服务器发送请求
            var userName = document.getElementById("userName").value;
            webSocket.send('我是' + userName);
```

```
            }
        </script>
    </body>
</html>
```

运行代码，在浏览器中输入 http://localhost:8080/WebSocket/WebSocketTest.html 网址进行测试。当客户端成功连接到服务端时，服务端向客户端连续发送三次数据；客户端将所收到的数据在页面中渲染出来，效果如图 10-2 所示。

单击"推荐直播频道"按钮时，将用户名发送到服务端；在服务端使用 WebSocket 服务接收客户端所发送的数据，并在控制台中打印提示信息，如图 10-3 所示。

图 10-2　客户端接收服务端所发送的信息

图 10-3　服务端控制台提示信息

10.1.3　基于 Node.js 的 WebSocket 示例

新建一个 Node.js 项目，在控制台中使用 npm init 命令对项目进行初始化，然后分别使用 npm install express --save-dev 和 npm install ws --save-dev 命令来安装项目中所依赖的 Express 和 WebSocket 资源包，资源包安装完毕后，package.json 配置文件中的内容如下所示。

【案例 10-3】　package.json

```
{
    "name":"websocket",
    "version":"1.0.0",
    "description":"",
    "main":"index.js",
    "scripts":{
        "test":"echo\"Error:no test specified\"&&exit 1"
    },
    "author":"jCuckoo",
    "license":"ISC",
    "devDependencies":{
        "express":"^4.15.3",
        "ws":"^3.0.0"
    }
}
```

在项目根目录下,创建一个 app.js 文件,作为服务端的路由文件;在该文件中创建一个 WebSocket 服务用于监听 8088 端口,创建一个 HTTP 服务用于监听 3000 端口,代码如下所示。

【案例 10-4】 app.js

```javascript
var express = require('express');
const http = require('http');
const WebSocket = require('ws');
var app = express();
//设置默认访问的静态资源目录
app.use(express.static('public'));
//设置 HTTP 服务的监听端口
app.set('port',process.env.PORT||3000);
app.listen(app.get('port'),function(){
    console.log("Express started on http://localhost:" + app.get('port')
                + '; press Ctrl-C to terminate.');
});

//浏览器访问 localhost 会输出一个 html 文件
app.get('/',function(req,res){
    res.type('text/html');
    res.sendFile(__dirname + '/index.html');
});

const server = http.createServer(app);
//创建一个 WebSocket 服务端
const wss = new WebSocket.Server({server});
//当客户端连接 WebSocket 服务端时,调用相应的回调方法
wss.on('connection',function connection(ws,req){
    //当从客户端获得数据时,对数据进行处理并返回
    ws.on('message',function incoming(message){
        console.log('received: %s',message);
        ws.send('你好<b><font color="red">' + message
                + '</b></font>,有什么可以为您服务的吗?');
    });
    //连接建立成功时,向客户端发送提示信息
    ws.send('<font color="blue">与服务端连接成功,当前是青岛 I 号视频服务器!</font>');
});
//设置 WebSocket 的监听端口
server.listen(8088,function listening(){
    console.log('Listening on %d', server.address().port);
});
```

上述代码中,使用 require()方法连续加载 express、http 和 ws 三个应用框架,其中 express 框架用作服务端的路由,根据用户的 url 请求分配到对应的处理程序;http 框架用于创建一个 http 服务来监听 3000 端口,用于响应用户的 HTTP 请求;ws 框架作为服务端

的 WebSocket 来监听 8088 端口,用于处理客户端的 WebSocket 请求。

在项目的根目录下,新建一个 index.html 页面,在页面中创建了一个 WebSocket 客户端,并绑定 onopen、onmessage 等事件处理方法,代码如下所示。

【案例 10-5】 index.html

```html
<!DOCTYPE html>
<html>
<head>
<title>HTML5 WebSocket 测试</title>
</head>
<body>
    <div>
        <img src="./images/banner.png" height="120px"/><br/>
        用户名:<input type="text" id="userName"/>
        <input type="button" value="Start" onclick="start()"/>
    </div>
    <div id="messages"></div>
    <script type="text/javascript">
        var webSocket = new WebSocket('ws://localhost:8088');
        webSocket.onerror = function(event){
            alert(event.data);
        };
        //与 WebSocket 建立连接
        webSocket.onopen = function(event){
          document.getElementById('messages').innerHTML = '与视频服务端建立连接';
        };
        //处理服务端返回的信息
        webSocket.onmessage = function(event){
          document.getElementById('messages').innerHTML += event.data + '<br/>';
        };
        function start(){
            //向服务端发送请求
            var userName = document.getElementById('userName').value;
            webSocket.send(userName);
        }
    </script>
</body>
</html>
```

在控制台中,使用 node app.js 命令来启动 Node.js 服务器,在浏览器中输入 http://localhost:3000/网址进行测试;在用户名文本框中输入 jCuckoo 时,单击"发送"按钮,在 start()方法中调用 webSocket.send()方法将用户名发送到服务端。当服务端接收到客户端所发送的数据时,调用 message 事件的回调方法对数据进行处理,然后将处理结果返回到客户端,效果如图 10-4 所示。

图 10-4　客户端接收服务端所发送的信息

10.2　Notification 概述

Web Notifications 是 HTML 5 中一个令人欣喜的新特性,该特性支持开发者配置和显示浏览器客户端的桌面通知,为用户提供更好的体验;即使用户忙于其他工作,浏览器处于最小状态时也能够弹出来自页面的消息通知,如新邮件的提醒、在线聊天室的新消息提醒等。使用 Notification 技术所产生的消息不依附于某个页面,而是依附于整个浏览器。

在 Notification 接口中,提供了一系列的属性和方法,用于判断浏览器是否支持 Notification 通知、是否开启通知权限、设置提示内容、显示提示消息、关闭通知等,该接口的语法格式如下。

【语法】

```
interface Notification:EventTarget{
    static readonly attribute NotificationPermission permission;
    readonly attribute DOMString title;
    readonly attribute NotificationDirection dir;
    readonly attribute DOMString lang;
    readonly attribute DOMString body;
    readonly attribute DOMString tag;
    readonly attribute DOMString icon;
    static void requestPermission(optional callback);
    void close();
    attribute EventHandler onclick;
    attribute EventHandler onshow;
    attribute EventHandler onerror;
    attribute EventHandler onclose;
};
```

其中:

- permission 属性(只读)用于返回当前浏览器是否具有显示通知的权限,其中 denied (默认)表示用户拒绝显示通知,granted 表示用户接收显示的通知;

- title 属性(只读)表示通知的标题;
- dir 属性(只读)表示通知文本的排列方向,取值可以为 auto、ltr(从左向右)和 rtl(从右向左);
- lang 属性(只读)表示通知的语言代码;
- body 属性(只读)表示通知体;
- tag 属性(只读)表示通知的标记;
- icon 属性(只读)表示通知的图标 URL;
- requestPermission()方法用于请求用户授权显示通知;
- close()方法用于关闭当前通知窗口。

除此之外,Notification 接口提供了一套完整的事件模型,用于响应 Notification 的各种状态,具体见表 10-2。

表 10-2　Notification 事件机制

事　件	描　述
onclick	当单击通知窗口时触发该事件
onshow	当显示通知时触发该事件
onerror	当出现错误时触发该事件
onclose	当连接关闭通知窗口时触发该事件

当创建 Notification 对象时,需要为其构造方法提供 title 和 options 两个参数,其中 title 参数用于设置通知的标题,options 参数是 NotificationOptions 类型,用于设置为通知提供基本信息。NotificationOptions 类型的语法格式如下。

【语法】

```
dictionary NotificationOptions{
    NotificationDirection dir = "auto";
    DOMString lang = "";
    DOMString body;
    DOMString tag;
    DOMString icon;
};
```

下述代码演示了使用 Notification()构造方法来创建一个通知,并将通知显示出来。

【案例 10-6】　notification.html

```
<!DOCTYPE html>
<html>
    <head>
        <meta charset = "UTF-8">
        <title>通知测试</title>
    </head>
    <body>
        <script>
```

```
            var options = {
                body:'今天发奖金,速来财务领取!',
                icon:"images/notice.png"
            }
            var notification = new Notification("重要通知",options);
            notification.onshow = function(){
                //setTimeout(notification.close,5000);
                setTimeout(function(){
                    notification.close();
                }, 5000);
            }
        </script>
    </body>
</html>
```

上述代码中,首先定义一个 NotificationOptions 对象,用来设置通知的内容和图标。通过 Notification()构造方法来创建一个通知,效果如图 10-5 所示。当 Notification 通知显示 5s 后,将自动关闭通知窗口。

图 10-5　通知窗口

下述代码演示了使用 Notification 接口的 permission 属性来判断浏览器是否授权显示 Notification 通知。当浏览器授权显示 Notification 通知时,则弹出通知窗口,否则提示用户是否授权浏览器"显示通知"。

【案例 10-7】　notificationAllow.html

```
<!DOCTYPE html>
<html>
    <head>
        <meta charset = "UTF-8">
        <title>通知应用示例</title>
    </head>
    <body>
        <script>
            if(Notification.permission === 'granted'){
                //浏览器支持 Notification 时,执行以下代码
                alert('浏览器支持 Notification!')
                showNotification();
            }else{
                //弹出开启权限提示框
                Notification.requestPermission(showNotification);
            }
            //显示通知窗口
            function showNotification(){
                var options = {
                    body: '今天发奖金,速来财务领取!',
                    icon: "images/notice.png"
                }
                var notification = new Notification("重要通知",options);
```

```
            notification.onshow = function(){
                //setTimeout(notification.close,5000);
                setTimeout(function(){
                    notification.close();
                },5000);
            }
            notification.onclick = function(){
                alert('已查看通知,发送回执信息!');
                notification.close();
            };
        }
    </script>
    </body>
</html>
```

上述代码运行时,首先判断浏览器是否授权显示 Notification 通知,当浏览器授权显示 Notification 通知时,则弹出提示信息,如图 10-6 所示,单击"确定"按钮后显示通知窗口,如图 10-5 所示。

当浏览器未授权显示 Notification 通知时,则弹出"显示通知"授权窗口,如图 10-7 所示。当单击"允许"按钮时,对当前网站(此处为 http://127.0.0.1)进行授权,使其能够通过浏览器显示 Notification 通知;当单击"禁止"按钮时,禁止当前网站使用 Notification 通知。

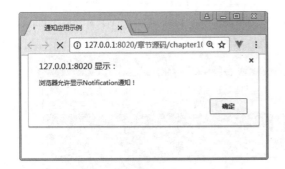

图 10-6 浏览器允许显示 Notification 通知

图 10-7 Notification 授权

10.3 网络聊天室

下面实现一个网络聊天室,使用 WebSocket 技术实现客户端与服务端的实时交互,使用 Notification 技术来实现对客户端的消息提醒,服务端可以采用 Servlet 或 Node.js 技术。

聊天室的主界面如图 10-8 所示。当用户输入服务器地址、端口号、昵称后,单击"登录"按钮进入聊天室,所有在线用户都将收到用户上线通知,如图 10-9 所示,当用户离线时,所有在线用户都将收到用户离线通知。

当用户登录聊天室时,服务端使用 WebSocket 向所有在线用户发送在线用户列表数据,并更新在线用户列表。当用户输入聊天内容,单击"发送"按钮时服务端对所有在线用户进行广播,以便所有用户收到聊天内容,效果如图 10-10 所示。

图 10-8 聊天室

图 10-9 用户上线提示

图 10-10 聊天室主窗口

10.3.1 聊天室客户端公共模块

在聊天系统中,用户上线和用户离线都是使用 Notifications 通知来实现的,代码如下。

【案例 10-8】 notification.js

```javascript
var NotificationHandler = {
    isNotificationSupported:'Notification' in window,
    isPermissionGranted:function(){
        return Notification.permission === 'granted';
    },
    requestPermission:function(){
        if(!this.isNotificationSupported){
            console.log('当前浏览器不支持Notification API');
            return;
        }
        Notification.requestPermission(function(status){
            console.log('status:' + status);
            var permission = Notification.permission;
            console.log('permission:' + permission);
        });
    },
    showNotification:function(userName,status){
        if(!this.isNotificationSupported){
            console.log('当前浏览器不支持Notification API');
            return;
        }
        if(!this.isPermissionGranted()){
            console.log('当前页面未被授权使用Notification通知');
            return;
        }
        var n = new Notification("您有一条新消息",{
            icon:'images/cat.jpg',
            body:"'" + userName + "'用户' + status,
            tag:"tag"
        });
        n.onshow = function(){
            console.log('显示通知信息');
            //5s后自动关闭消息框
            setTimeout(function(){
                n.close();
            }, 5000);
        };
        n.onclick = function(){
            alert('查看上线用户信息');
            n.close();
        };
        n.onerror = function(){
            console.log('发生错误');
        };
        n.onclose = function(){
            console.log('关闭通知窗口');
        };
    }
};
```

10.3.2 基于 Java 的网络聊天室

下述代码使用 Java 语言作为聊天室的服务端技术，User 类用于封装用户的基本信息，包括用户昵称、登录时间、用户头像等信息，本案例中用户头像是随机生成的，读者可以根据需要在用户登录时为用户提供选择头像的功能。

【案例 10-9】 User.java

```java
import java.util.Date;
public class User{
    private String userName;
    private Date loginTime;
    private String headImage;
    public User(){
        super();
    }
    public User(String userName,Date loginTime){
        super();
        this.userName = userName;
        this.loginTime = loginTime;
    }
    public User(String userName,Date loginTime,String headImage){
        super();
        this.userName = userName;
        this.loginTime = loginTime;
        this.headImage = headImage;
    }
    public String getUserName(){
        return userName;
    }
    public void setUserName(String userName){
        this.userName = userName;
    }
    public Date getLoginTime(){
        return loginTime;
    }
    public void setLoginTime(Date loginTime) {
        this.loginTime = loginTime;
    }
    public String getHeadImage(){
        return headImage;
    }
    public void setHeadImage(String headImage){
        this.headImage = headImage;
    }
}
```

Message 类用于封装用户的聊天记录，其中包括聊天用户、聊天信息、发送时间等，代码如下所示。

【案例 10-10】 Message.java

```java
public class Message{
    private User user;
    private String chatMessage;
    private String time;
    public Message(){
        super();
    }
    public Message(User user,String chatMessage,String time){
        super();
        this.user = user;
        this.chatMessage = chatMessage;
        this.time = time;
    }
    public User getUser(){
        return user;
    }
    public void setUser(User user){
        this.user = user;
    }
    public String getChatMessage(){
        return chatMessage;
    }
    public void setChatMessage(String chatMessage){
        this.chatMessage = chatMessage;
    }
    public String getTime(){
        return time;
    }
    public void setTime(String time){
        this.time = time;
    }
}
```

接下来，使用 WebSocket 技术实现聊天室的服务端。当用户登录时，将用户的登录信息保存到服务端的在线用户集合中；当用户发送聊天信息时，对用户集合进行遍历并广播聊天内容，代码如下所示。

【案例 10-11】 ChatWebSocketServer.java

```java
import java.io.IOException;
import java.util.*;
import javax.websocket.*;
import javax.websocket.server.ServerEndpoint;
import com.jCuckoo.entity.*;
import net.sf.json.*;
@ServerEndpoint("/chatRoomWebsocket")
public class ChatWebSocketServer{
```

```java
private static final Set<Session> connections = new HashSet<Session>();
private User user;
private Session session;
private static final Map<String, User> userList = new HashMap<String, User>();
private static final ArrayList<Message> chatList = new ArrayList<Message>();
private String[] headImages = {"head1","head2","head3","head4","head5"};
/**
 *当服务器接收到客户端发送的消息时所调用的方法
 *该方法可能包含一个javax.websocket.Session可选参数
 *如果有这个参数,容器将会把当前发送消息客户端的连接Session注入进去
 */
@OnMessage
public void onMessage(String message,Session session) throws IOException{
    //打印从客户端获取到的信息
    System.out.println("从客户端接收到的信息: " + message);
    JSONObject jsonObject = JSONObject.fromObject(message);
    String op = jsonObject.getString("op");
    if ("login".equals(op)){
        String userName = jsonObject.getString("userName");
        Date loginTime = new Date();
        int index = (int)(Math.random() * (headImages.length));
        User user = new User(userName,loginTime,headImages[index]);
        this.user = user;
        userList.put(session.toString(),user);
        broadCast(getUsersOnLine());
        broadCast(getNewUser(userName));
        //发送用户登录会话
        session.getBasicRemote().sendText(getUserWithSession(session));
    }else if("chat".equals(op)){
        String sessionId = jsonObject.getString("sessionId");
        String chatMessage = jsonObject.getString("chatMessage");
        String time = jsonObject.getString("time");
        User user = userList.get(sessionId);
        Message m = new Message(user,chatMessage,time);
        chatList.add(m);
        broadCast(getMessage());
    }
}
/**
 *当一个新用户连接时所调用的方法
 *该方法包含一个javax.websocket.Session可选参数
 *如果有这个参数,容器将会把当前发送消息客户端的连接Session注入进去
 */
@OnOpen
public void onOpen(Session session){
    System.out.println("客户端连接成功");
    this.session = session;
    connections.add(session);
}
//当一个用户断开连接时所调用的方法
```

```java
@OnClose
public void onClose(Session session){
    System.out.println("客户端关闭");
    User userOffLine = userList.get(session.toString());
    userList.remove(session.toString());
    connections.remove(session);
    //发送用户下线提示信息
    broadCast(getUserOffLine(userOffLine.getUserName()));
    //当用户下线时,更新在线用户列表
    broadCast(getUsersOnLine());
}
//向客户端以数组形式发送在线用户列表,例如:["jerry","jCuckoo"]
public void broadCast(String message){
    for(Session session:connections){
        try{
            session.getBasicRemote().sendText(message);
            System.out.println(message);
        } catch(IOException e){
            connections.remove(session);
            broadCast(message);
        }
    }
}
public String getUserWithSession(Session session){
    JSONObject jsonObject = new JSONObject();
    jsonObject.put("sessionId",session.toString());
    jsonObject.put("contentType","userSession");
    System.out.println(jsonObject.toString());
    return jsonObject.toString();
}
//对刚上线的用户进行封装,封装成JSON对象,一般返回到客户端
public String getNewUser(String userName){
    JSONObject jsonObject = new JSONObject();
    jsonObject.put("userName",userName);
    jsonObject.put("contentType","newUserOnLine");
    return jsonObject.toString();
}
//对刚上线的用户进行封装,封装成JSON对象,一般返回到客户端
public String getUserOffLine(String userName){
    JSONObject jsonObject = new JSONObject();
    jsonObject.put("userName",userName);
    jsonObject.put("contentType","userOffLine");
    return jsonObject.toString();
}
//获得在线用户,并封装成JSON对象类型的字符串
public String getUsersOnLine(){
    Object [] users = userList.values().toArray();
    JSONObject jsonObject = new JSONObject();
    jsonObject.put("users",users);
    jsonObject.put("contentType","userOnLineList");
```

```
            return jsonObject.toString();
        }
        public String getMessage(){
            JSONObject jsonObject = new JSONObject();
            jsonObject.put("contentType","chatMessages");
            jsonObject.put("messages",JSONArray.fromObject(chatList));
            return jsonObject.toString();
        }
    }
```

上述代码中,使用 sessionId 作为用户的唯一标记,以区分不同的用户,当客户端第一次与服务端交互时,由服务端根据用户 Session 来生成一个 sessionId,并发送到客户端。

在 web.xml 文件中配置欢迎页面,代码如下所示。

【案例 10-12】 web.xml

```xml
<?xml version = "1.0" encoding = "UTF-8"?>
<web-app xmlns:xsi = "http://www.w3.org/2001/XMLSchema-instance"
    xmlns = "http://java.sun.com/xml/ns/javaee"
    xsi:schemaLocation = "http://java.sun.com/xml/ns/javaee
                          http://java.sun.com/xml/ns/javaee/web-app_2_5.xsd"
    id = "WebApp_ID" version = "2.5">
    <display-name>ChatRoom_modify</display-name>
    <welcome-file-list>
        <welcome-file>chatRoom.jsp</welcome-file>
    </welcome-file-list>
</web-app>
```

当用户登录或用户发送聊天内容时,均通过 WebSocket 客户端向服务端发送数据,并将 sessionId 一并发送给服务端,服务端根据 sessionId 来区分客户端。当服务端的数据发生变化时,将数据发生到客户端,由客户端 WebSocket 接收数据并通过 DOM 操作实现页面的更新。WebSocket 客户端代码如下所示。

【案例 10-13】 clientWebSocket.js

```javascript
var serverAddress = document.getElementById("serverAdress").value;
var serverPort = document.getElementById("serverPort").value;
//var url = 'ws://localhost:8080/ChatRoom/chatRoomWebsocket'
var url = "ws://" + serverAddress + ":" + serverPort
        + "/ChatRoom_java/chatRoomWebsocket";
var webSocket = new WebSocket(url);
var userName;
//用户注册
function loginUser(){
    userName = document.getElementById("userName").value;
    var user = new User("login", userName);
    //界面模块切换
    document.getElementById("chatPart").style.display = "block";
    document.getElementById("configure").style.display = "none";
```

```javascript
        document.getElementById("messages").style.display = "block";
        document.getElementById("connectStatus").style.display = "none";
        document.getElementById("serverAdressTxt").innerHTML = serverAddress;
        document.getElementById("serverPortTxt").innerHTML = serverPort;
        document.getElementById("userNameTxt").innerHTML = userName;
        //发送注册信息
        webSocket.send(JSON.stringify(user));
    }
    //发送聊天信息
    function sendMessage(){
        var chatMessage = document.getElementById("chatMessage").value;
        var sessionId = document.getElementById("sessionId").value;
        var message = new Message("chat",sessionId,chatMessage,getTime());
        webSocket.send(JSON.stringify(message));
    }
    function User(op, userName){
        this.op = op;
        this.userName = userName;
    }
    function Message(op,sessionId,chatMessage,time){
        this.op = op;
        this.sessionId = sessionId;
        this.chatMessage = chatMessage;
        this.time = time;
    }
    function getTime(){
        var now = new Date();
        return now.getFullYear() + "/" + (now.getMonth() + 1) + "/" + now.getDate()
            + " " + now.getHours() + ":" + now.getMinutes() + ":" + now.getSeconds();
    }
    webSocket.onerror = function(event){
        alert(event.data);
    };
    //与WebSocket建立连接
    webSocket.onopen = function(event){
        document.getElementById('connectDiv').className = "online-img";
    };
    //处理服务器返回的信息
    webSocket.onmessage = function(event){
        var userList = "";
        var messageList = "";
        var returnContent = eval("(" + event.data + ")");
        if (returnContent.contentType == "userSession"){
            document.getElementById('sessionId').value = returnContent.sessionId;
        }
        if (returnContent.contentType == "userOnLineList") {
            var users = returnContent.users;
            for (var i = 0; i < users.length; i++) {
                userList += '<li><span class = "' + users[i].headImage + '"></span>'
                    + users[i].userName + '</li>';
```

```
                }
                document.getElementById('userOnLine').innerHTML = userList;
                document.getElementById('userList').className = "none-img none";
            }
            if(returnContent.contentType == "newUserOnLine"){
                var userName = returnContent.userName;
                NotificationHandler.showNotification(userName,"上线");
            }
            if(returnContent.contentType == "userOffLine"){
                var userName = returnContent.userName;
                NotificationHandler.showNotification(userName,"离线");
            }
            if(returnContent.contentType == "chatMessages"){
                var messages = returnContent.messages;
                //alert(messages.length);
                var userName = document.getElementById("userNameTxt").innerHTML;
                for(var i = messages.length-1; i>=0 ; i--){
                    if(messages[i].user.userName == userName){
                        messageList += '<li><span class = "chatcontent mychatcontent">'
                            + messages[i].chatMessage + '</span><span class = "'
                            + messages[i].user.headImage + '"></span></li>';
                    }else{
                        messageList += '<li><span class = "' + messages[i].user.headImage
                            + '"></span><span class = "chatcontent">'
                            + messages[i].chatMessage + '</span></li>';
                    }
                }
                document.getElementById('chatList').innerHTML = messageList;
            }
        };
```

最后,实现网络聊天室的主界面,如图10-8所示,页面chatRoom.jsp的代码如下所示。

【案例10-14】 chatRoom.jsp

```
<%@ page contentType = "text/html;charset = utf-8" %>
<!DOCTYPE html>
<html>
<head>
    <meta charset = "utf-8">
    <title>HTML5 WebSocket 测试</title>
    <link href = "css/main.css" rel = "stylesheet" type = "text/css">
</head>
<body>
    <div class = "container">
        <!-- header -->
        <div class = "header">
            <div id = "configure">
                服务器地址:<input type = "text" id = "serverAdress"
                    value = "<% = request.getServerName() %>"/>
```

```html
                服务器端口：<input type = "text" id = "serverPort" value = "8080"/>
                昵称：<inputtype = "text" id = "userName"/>
                <input type = "button" onclick = "loginUser()"/>
            </div>
            <div id = "chatPart" class = "none">
                服务器地址：<span id = "serverAdressTxt"></span>
                服务器端口：<span id = "serverPortTxt"></span>
                昵称：<span id = "userNameTxt"></span>
            </div>
        </div>
        <div class = "banner"></div>
        <!-- content -->
        <div class = "content">
            <!-- left -->
            <div class = "left">
                <div id = "connectStatus">
                    <h3 class = "gray">用户状态</h3>
                    <div id = "connectDiv" class = "offline-img"></div>
                </div>
                <div id = "messages" class = "none">
                    <h3 class = "gray">聊天记录</h3>
                    <input type = "hidden" id = "sessionId"/>
                    <textarea rows = "3" cols = "30" id = "chatMessage"></textarea>
                    <input type = "button" onclick = "sendMessage()">
                    <ul id = "chatList">
                        <li><span class = "head1"></span>
                        <span class = "chatcontent">欢迎进入聊天室</span></li>
                    </ul>
                </div>
            </div>
            <!-- right -->
            <div class = "right">
                <h3 class = "box">在线用户</h3>
                <div id = "userList" class = "none-img"></div>
                <ul id = "userOnLine">
                </ul>
            </div>
        </div>
    </div>
    <script type = "text/javascript" src = "js/notification.js"></script>
    <script type = "text/javascript" src = "js/clinetWebSocket.js"></script>
</body>
</html>
```

10.3.3 基于 Node.js 的网络聊天室

下述代码对网络聊天室进行改版，使用 Node.js 作为服务端技术，express 框架作为服务端路由，通过 node-uuid 框架来生成客户端的唯一标识 connectionId，方便服务端对客户端的识别。

首先，创建一个 Web 项目，并使用 npm init 命令创建 package.json 文件，代码如下所示。

【案例 10-15】 package.json

```json
{
    "name":"chatroom",
    "version":"1.0.0",
    "description":"",
    "main":"index.js",
    "scripts":{
        "test":"echo \"Error: no test specified\" && exit 1"
    },
    "author":"jCuckoo",
    "license":"ISC",
    "devDependencies":{
        "express":"^4.15.3",
        "node-uuid":"^1.4.8",
        "ws":"^3.0.0"
    }
}
```

接下来，创建一个服务端脚本 index.js，使用 ws 框架来创建服务端的 WebSocket，用于响应客户端的请求，代码如下所示。

【案例 10-16】 index.js

```js
var express = require('express');
const http = require('http');
const url = require('url');
const WebSocket = require('ws');
const uuid = require('node-uuid');
var app = express();
//下面会修改临时文件的存储位置，如果没有则默认存储别的地方，这里不再详细描述
app.use(express.static('public'));
//设置 http 服务监听的端口号
app.set('port',process.env.PORT||3000);
app.listen(app.get('port'),function(){
    console.log("Express started on http://localhost:" + app.get('port')
        + '; press Ctrl-C to terminate.');
});
//浏览器访问 localhost 会输出一个 html 文件
app.get('/',function(req,res){
    res.type('text/html');
    res.sendfile('./index.html');
});
const server = http.createServer(app);
const wss = new WebSocket.Server({server});
server.listen(8080,function listening(){
    console.log('Listening on %d', server.address().port);
```

```javascript
});

var connections = [];
var userList = [];
var chatList = [];
var headImages = ["head1","head2","head3","head4","head5"];
wss.on('connection',function connection(ws,req){
    var currentUser;
    var client_uuid = uuid.v4();
    connections.push({"id":client_uuid,"ws":ws});
    console.log('&&&&&client[%s]连接成功!&&&&&&',client_uuid);
    //用户连接时,获得在线用户列表
    ws.send(getUsersOnLine());
    ws.on('message',function incoming(message){
        //var json = eval('(' + message + ')');
        let json = JSON.parse(message);
        //当用户发出登录请求时
        if(json.op == "login"){
            let userName = json.userName;
            let loginTime = new Date();
            let index = Math.ceil(Math.random() * (headImages.length));
            //封装登录用户信息,以便保存到 WebSocket 中
            currentUser = {'userName':userName,'loginTime':loginTime,
                        'headImage':headImages[index]};
            userList.push({"id":client_uuid,"user":currentUser});
            console.log('########client[%s]登录成功######',currentUser);
            broadCast(getUsersOnLine());
            broadCastNotification(getNewUser(currentUser.userName),ws);
            //发送用户登录会话
            ws.send(getUserWithConnetionInfo(client_uuid));
        }else if(json.op = "chat"){
            let connectionId = json.connectionId;
            let chatMessage = json.chatMessage;
            let time = json.time;
            let user = getUserFromUserList(connectionId);
            let msg = {'user':user,'chatMessage':chatMessage,'time':time};
            chatList.push({"id":client_uuid,"msg":msg});
            broadCast(getAllMessage());
        }
    });
    ws.on('close',function(){
        for(var i in connections){
            if(connections[i].ws === ws){
                connections.pop(ws);
                break;
            }
        }
        if(currentUser!= null&&currentUser.userName!= null){
            userList.pop(currentUser);
            broadCastNotification(getUserOffLine(currentUser.userName),ws);
```

```javascript
            broadCast(getUsersOnLine());
        }
        ws.close();
    });
});
function onLineList(message,ws){
    ws.send(message);
}
//向客户端以数组形式发送在线用户列表
function broadCast(message){
    //console.log(connections.length);
    for(var i in connections){
        try{
            if(connections[i].ws.readyState === WebSocket.OPEN){
                //参数为字符串类型
                connections[i].ws.send(message);
            }
        } catch(e){
            console.log(e);
            connections.pop(connections[i]);
        }
    }
}
//广播通知信息
function broadCastNotification(message,ws){
    //console.log(connections.length);
    for(var i in connections){
        try{
            if(connections[i].ws.readyState === WebSocket.OPEN
                    &&connections[i].ws!=ws){
                //参数为字符串类型
                connections[i].ws.send(message);
            }
        } catch(e){
            console.log(e);
            connections.pop(connections[i]);
        }
    }
}
//返回在线用户列表,并以字符串形式返回
function getUsersOnLine(){
    let jsonObject = {};
    jsonObject.users = userList;
    jsonObject.contentType = 'userOnLineList';
    return JSON.stringify(jsonObject);
}
//获得新上线用户信息,并以字符串形式返回
function getNewUser(userName){
    let jsonObject = {};
    jsonObject.userName = userName;
```

```javascript
    jsonObject.contentType = 'newUserOnLine';
    return JSON.stringify(jsonObject);
}
//封装离线用户
function getUserOffLine(userName){
    let jsonObject = {};
    jsonObject.userName = userName;
    jsonObject.contentType = 'userOffLine';
    return JSON.stringify(jsonObject);
}
//返回指定的客户端信息
function getUserWithConnetionInfo(connectionId){
    let jsonObject = {};
    jsonObject.connectionId = connectionId;
    jsonObject.contentType = "userSession";
    return JSON.stringify(jsonObject);
}
//根据connectionId查找在线用户列表
function getUserFromUserList(connectionId){
    for(var i in userList){
        if(userList[i].id == connectionId){
            return userList[i].user;
        }
    }
    return null;
}
//返回所有的聊天信息
function getAllMessage(){
    let jsonObject = {};
    jsonObject.messages = chatList;
    jsonObject.contentType = 'chatMessages';
    return JSON.stringify(jsonObject);
}
```

当用户登录或用户发送聊天内容时，均通过 WebSocket 客户端向服务端发送数据，并将 connectionId 一并发送给服务端，服务端根据 connectionId 来区分客户端。当服务端的数据发生变化时，将数据发送到客户端，由客户端 WebSocket 接收数据并通过 DOM 操作实现页面的更新。WebSocket 客户端代码如下所示。

【案例 10-17】 clientWebSocket.js

```javascript
var serverAddress = document.getElementById("serverAdress").value;
var serverPort = document.getElementById("serverPort").value;
//var url = 'ws://localhost:8080/ChatRoom/chatRoomWebsocket';
var url = "ws://" + serverAddress + ":" + serverPort
        + "/ChatRoom_modify/chatRoomWebsocket";
var webSocket = new WebSocket(url);
var userName;
//用户注册
```

```javascript
function loginUser(){
    userName = document.getElementById("userName").value;
    var user = new User("login", userName);
    //界面模块切换
    document.getElementById("chatPart").style.display = "block";
    document.getElementById("configure").style.display = "none";
    document.getElementById("messages").style.display = "block";
    document.getElementById("connectStatus").style.display = "none";
    document.getElementById("serverAdressTxt").innerHTML = serverAddress;
    document.getElementById("serverPortTxt").innerHTML = serverPort;
    document.getElementById("userNameTxt").innerHTML = userName;
    //发送注册信息
    webSocket.send(JSON.stringify(user));
}
//发送聊天信息
function sendMessage(){
    var chatMessage = document.getElementById("chatMessage");
    var connectionId = document.getElementById("connectionId").value;
    var message = new Message('chat',connectionId,chatMessage.value,getTime());
    chatMessage.value = '';
    webSocket.send(JSON.stringify(message));
}
function User(op,userName){
    this.op = op;
    this.userName = userName;
}
function Message(op,connectionId,chatMessage,time){
    this.op = op;
    this.connectionId = connectionId;
    this.chatMessage = chatMessage;
    this.time = time;
}
function getTime(){
    var now = new Date();
    return now.getFullYear() + "/" + (now.getMonth() + 1) + "/" + now.getDate()
        + " " + now.getHours() + ":" + now.getMinutes() + ":" + now.getSeconds();
}
webSocket.onerror = function(event){
    alert(event.data);
};
//与WebSocket建立连接
webSocket.onopen = function(event){
    document.getElementById('connectDiv').className = "online-img";
};
//处理服务器返回的信息
webSocket.onmessage = function(event){
    var userList = "";
    var messageList = "";
    var returnContent = eval("(" + event.data + ")");
    console.log(returnContent);
```

```javascript
        if(returnContent.contentType == "userSession"){
            document.getElementById('connectionId').value
                        = returnContent.connectionId;
        }
        if (returnContent.contentType == "userOnLineList"){
            var users = returnContent.users;
            for (var i = 0; i < users.length; i++){
                userList += '<li><span class = "' + users[i].user.headImage + '"></span>'
                            + users[i].user.userName + '</li>';
            }
            document.getElementById('userOnLine').innerHTML = userList;
            document.getElementById('userList').className = "none - img none";
        }
        if (returnContent.contentType == "newUserOnLine"){
            var userName = returnContent.userName;
            NotificationHandler.showNotification(userName,"上线");
        }
        if (returnContent.contentType == "userOffLine"){
            var userName = returnContent.userName;
            NotificationHandler.showNotification(userName,"离线");
        }
        if(returnContent.contentType == "chatMessages"){
            var messages = returnContent.messages;
            var userName = document.getElementById("userNameTxt").innerHTML;
            for(var i = messages.length - 1; i >= 0; i-- ){
                if(messages[i].msg.user.userName == userName){
                    messageList += '<li><span class = "chatcontent mychatcontent">'
                                + messages[i].msg.chatMessage + '</span><span class = "'
                                + messages[i].msg.user.headImage + '"></span></li>';
                }else{
                    messageList += '<li><span class = "'
                                + messages[i].msg.user.headImage
                                + '"></span><span class = "chatcontent">'
                                + messages[i].msg.chatMessage + '</span></li>';
                }
            }
            document.getElementById('chatList').innerHTML = messageList;
        }
    }
};
```

接下来,实现网络聊天室的主界面 index.html,代码如下所示。

【案例10-18】 index.html

```html
<!DOCTYPE html>
<html>
<head>
    <meta charset = "utf - 8">
    <title>聊天室</title>
    <link href = "css/main.css" rel = "stylesheet" type = "text/css">
```

```html
</head>
<body>
    <div class="container">
        <!-- header -->
        <div class="header">
            <div id="configure">
                服务器地址:<input type="text" id="serverAdress" value="localhost"/>
                服务器端口:<input type="text" id="serverPort" value="8080"/>
                昵称:<input type="text" id="userName"/>
                <input type="button" class="login-button" onclick="loginUser()"/>
            </div>
            <div id="chatPart" class="none">
                服务器地址:<span id="serverAdressTxt"></span>
                服务器端口:<span id="serverPortTxt"></span>
                昵称:<span id="userNameTxt"></span>
            </div>
        </div>
        <div class="banner"></div>
        <!-- content -->
        <div class="content">
            <!-- left -->
            <div class="left">
                <div id="connectStatus">
                    <h3 class="gray">用户状态</h3>
                    <div id="connectDiv" class="offline-img"></div>
                </div>
                <div id="messages" class="none">
                    <h3 class="gray">聊天记录</h3>
                    <input type="hidden" id="connectionId"/>
                    <textarea rows="3" cols="30" id="chatMessage"></textarea>
                    <input type="button" onclick="sendMessage()">
                    <ul id="chatList">
                        <li><span class="head1"></span>
                        <span class="chatcontent">欢迎使用聊天室</span></li>
                    </ul>
                </div>
            </div>
            <!-- right -->
            <div class="right">
                <h3 class="box">在线用户</h3>
                <div id="userList" class="none-img"></div>
                <ul id="userOnLine"></ul>
            </div>
        </div>
    </div>
    <script type="text/javascript" src="js/notification.js"></script>
    <script type="text/javascript" src="js/clinetWebSocket.js"></script>
</body>
</html>
```

最后，在控制台中使用 node index.js 命令来启动 Node.js 服务器，在浏览器地址栏中输入 http://localhost:3000/ 进行测试即可。

本章总结

- Server-Sent Events 是一种单向消息传递基于 HTTP 协议的服务器推送技术。
- WebSocket 是一种基于 TCP 协议的服务端和客户端双向通信技术，服务端能够主动向客户端推送信息，同时客户端也能够向服务端发送信息。
- 在 WebSocket API 中，提供了客户端和服务端进行双向通信的公共接口，其中 readyState 属性（只读）表示连接状态，取值范围是 CONNECTING、OPEN、CLOSING 和 CLOSED 四个状态。
- WebSocket 接口提供了一套完整的事件模型，用于捕获浏览器与服务器交互过程的各种状态，如 onopen、onmessage、onclose 和 onerror 等。
- 使用 Notification 技术所产生的消息不依附于某个页面，而是依附于整个浏览器。
- 在 Notification 接口中，提供了一系列的属性和方法，用于判断浏览器是否支持 Notification 通知、是否开启通知权限、设置提示内容、显示提示消息、关闭通知等。

本章练习

1. 当客户端与服务端需要双向传递信息时可以通过＿＿＿＿技术来实现，该技术是一种基于＿＿＿＿协议的服务端和客户端双向连接技术，服务端可以主动向客户端推送信息，客户端也可以向服务端主动推送信息。

2. WebSocket 接口中的 readyState 属性是一个只读属性，用于表示连接状态，其取值可以为＿＿＿＿、＿＿＿＿、＿＿＿＿或＿＿＿＿。

3. 在 WebSocket 接口中，＿＿＿＿事件将在成功与服务器建立连接时触发，＿＿＿＿事件将在从服务器接收到数据时触发。

4. ＿＿＿＿特性用于配置和显示桌面通知，为用户提供更好的体验。

5. 在 Notification 接口中，＿＿＿＿方法用于请求用户允许显示通知。

6. 在创建 Notification 对象时，需要为其构造方法提供两个参数，其中＿＿＿＿参数为通知的标题，＿＿＿＿参数是 NotificationOptions 类型，用于设置为通知提供基本信息。

7. 请简单描述 Server-Sent Events 和 WebSocket 技术的区别。

第11章 离线应用和XHR 2

- 了解离线应用的基本原理。
- 掌握 manifest 配置文件。
- 熟练使用 applicationCache 对象。
- 了解 Web 离线应用的交互过程。
- 了解 XMLHttpRequest Level 1 与服务端异步交互过程。
- 熟练使用 XMLHttpRequest Level 2 向服务器提交数据。

11.1 离线应用

目前 Web 应用越来越广泛,很多领域都在使用 Web 应用程序,但 Web 应用程序存在一个致命的弱点:当用户断开 Internet 连接时就无法继续使用互联网中的 Web 应用。HTML 5 规范中新增了一个离线 API,通过本地缓存机制来解决 Web 应用程序的离线访问问题,为离线 Web 应用程序提供了很好的支持。

离线 Web 应用程序是指当客户端与 Web 应用程序的服务端断开连接时,也能在客户端正常使用该应用程序,继续完成相应的操作。为了让 Web 应用程序在离线状态下也能正常工作,需要将 Web 应用程序所有的静态资源文件(如 HTML、CSS、JavaScript 等文件)都加载到本地缓存中,当客户端断开 Internet 连接时,使用本地缓存中的资源文件来正常运行 Web 应用程序。离线存储具有以下优点。

- 离线浏览:用户能够在离线状态下继续浏览网站的内容;
- 更快的速度:由于资源文件被存储在本地,所以加载速度会更快;
- 减轻服务器的负载:浏览器仅需下载服务端所更新的资源,有效地减轻了服务器的负载压力。

11.1.1 manifest 文件

Web 应用程序的本地缓存是通过 manifest 文件来管理的,manifest 文件是一个简单文本文件,文本内容是以清单列表形式来说明需要缓存或不需要缓存的资源文件的 URL 路径和文件名称。在 Web 应用中允许为每个页面单独设置一个 manifest 文件,也可以对整个 Web 应用程序指定一个 manifest 文件。

在 manifest 文件中,第一行必须是 CACHE MANIFEST,用于说明当前文件是一个本地缓存资源的配置文件。文件中的注释说明行需要以井号(♯)开头,表示当前行用于提供说明,在文本解析时将忽略该行。

在 manifest 文件中配置资源时,可以将资源文件分为 CACHE、NETWORK 和 FALLBACK 三种类型,具体如下。

- CACHE 类型:是指需要被缓存在本地的资源文件。
- NETWORK 类型:是指不需要被缓存的资源文件,这些资源文件只有在客户端和服务端连接情况下才能进行访问。在 NETWORK 选项中,如果没有设置的文件都不需要缓存时,可以使用通配符星号(*)进行配置。
- FALLBACK 类型:在同一行中指定在线时所访问的资源文件和离线时所访问的资源文件。第一个资源文件作为在线访问时所使用的资源文件,第二个资源文件为离线访问时所使用的备用资源文件。

下述代码演示了使用 manifest 文件来配置本地缓存机制。

【案例 11-1】 index.manifest

```
CACHE MANIFEST
♯ 建议使用 Firefox、Chrome 浏览器
♯ version 1.0
♯ author by yangfei

♯ CACHE 列表是需要缓存的资源文件
CACHE:
index.html
css/index.css
images/chuqiao01.jpg
images/yuwenyue01.jpg
js/jquery-3.2.1.js

♯ NETWORK 列表是不需要缓存的资源文件,每次访问时都需要从服务端获取
NETWORK:
*

♯ FALLBACK 列表中提供在线访问资源文件以及离线时的备用资源文件
FALLBACK:
images/yuanchun01.jpg images/xiaoce01.jpg
```

上述代码中,在第一行中使用 CACHE MANIFEST 声明当前文件是一个本地缓存的配置文件。在 index.manifest 文件中,所有以井号(♯)开头的行都是注释说明行。CACHE 项用于说明需要缓存的资源文件;NETWORK 项使用通配符"*"进行配置,表示除了 CACHE 配置之外的其他资源文件都需要从服务端获取;在 FALLBACK 项中指定在线访问时所使用的资源文件和离线访问时备用的资源文件。

在 html 元素中提供了 manifest 属性,用于设置当前页面使用的缓存机制,代码如下所示。

【示例】

```
< html manifest = "index.manifest">
```

11.1.2　applicationCache 对象

applicationCache 对象代表本地缓存，当浏览器的本地缓存更新并载入新的资源文件时，将会触发 applicationCache 对象的 onupdateready 事件来通知页面本地缓存已经更新，在页面中也可以通过手动调用 applicationCache.update() 方法来触发 onupdateready 事件。

HTML 5 规范中提供了 applicationCache 接口，该接口的语法格式如下。

【语法】

```
interface ApplicationCache: EventTarget{
    //update status
    const unsigned short UNCACHED = 0;
    const unsigned short IDLE = 1;
    const unsigned short CHECKING = 2;
    const unsigned short DOWNLOADING = 3;
    const unsigned short UPDATEREADY = 4;
    const unsigned short OBSOLETE = 5;
    readonly attribute unsigned short status;
    //updates
    void update();
    void swapCache();
    //events
    attribute Function onchecking;
    attribute Function onerror;
    attribute Function onnoupdate;
    attribute Function ondownloading;
    attribute Function onprogress;
    attribute Function onupdateready;
    attribute Function oncached;
    attribute Function onobsolete;
};
```

其中：

- status 属性（只读）用于返回 applicationCache 对象的当前状态，取值范围是 UNCACHED（未缓存）、IDLE（空闲）、CHECKING（检查）、DOWNLOADING（下载中）、UPDATEREADY（更新就绪）和 OBSOLETE（废弃）六种状态；
- update() 方法用于触发 updateready 事件，并对 Web 应用的缓存进行更新，当应用程序没有更新时将会抛出状态无效异常；
- swapCache() 方法在 Web 应用存在更新时将切换到最新的应用程序缓存，当 Web 应用没有更新时将抛出无效异常。swapCache() 方法不会对已经加载的资源进行重载，如图像不会被重新加载、样式表和脚本不会被重新解析或重新评估，此时需要借助 location.reload() 等 JavaScript 脚本对页面进行重载。

除此之外，applicationCache 接口还提供了一系列的事件处理机制，见表 11-1。

表 11-1　applicationCache 事件处理方法

事件	描述
onchecking	当客户端检查 Web 应用更新时触发该事件
onerror	当发送错误时触发该事件
onnoupdate	当 Web 应用没有更新时触发该事件
ondownloading	已经找到了一个更新并正在获取中，或者正在下载清单中列出的资源
onprogress	正在下载清单中列出的资源
onupdateready	清单中列出的资源已被重新下载，脚本可以使用 swapCache() 切换到新的缓存
oncached	清单中列出的资源已被下载，应用程序现在已被缓存
onobsolete	HTTP 请求返回 404 或 410 状态码时触发该事件，应用程序缓存将被删除

下述代码演示了使用 onupdateready 事件处理方法对资源进行重载。

【示例】　onupdateready 事件

```
applicationCache.onupdateready = function(){
    if(confirm("本地缓存已被更新,需要刷新页面来获取应用程序最新版本")){
        //手动更新本地缓存,只能在 onupdateready 事件触发时调用
        applicationCache.swapCache();
        location.reload();
    }
}
```

11.1.3　Browser State

HTML 5 规范提供了 NavigatorOnLine 接口，用于检测浏览器的联网状态，NavigatorOnLine 接口的语法格式如下。

【语法】

```
interface NavigatorOnLine{
    readonly attribute boolean onLine;
};
```

其中：onLine 属性（只读）用于返回浏览器的当前联网状态。

通过 navigator.onLine 属性来检测浏览器是否处于联网状态，当浏览器处于联网状态时，onLine 属性为 true，否则 onLine 属性为 false。

下述代码演示了检测浏览器是否处于联网状态。

【示例】　检测联网状态

```
if(navigator.onLine){
    alert("用户处于在线状态!");
}else{
    alert("用户处于离线状态!");
}
```

通过 window 对象的 online 和 offline 事件来监听浏览器联网状态的变化。当浏览器从联网状态变成离线状态时,navigator.onLine 属性为 false,同时会触发 offline 事件;当浏览器从离线状态变成联网状态时,navigator.onLine 属性为 true,同时会触发 online 事件。

下述代码演示了 window 对象的 online 和 offline 事件绑定。

【示例】 online 和 offline 事件的绑定

```
//当浏览器状态变成在线状态时,会触发 online 事件
window.addEventListener("online",function(){
    alert("online 事件被激活,您已变成在线状态!")
},true);
//当浏览器状态变成离线状态时,会触发 offline 事件
window.addEventListener("offline",function(){
    alert("offline 事件被激活,您已变成离线状态!")
},true);
```

11.1.4　Web 应用的交互过程

当用户首次向 Web 应用程序发出请求时,服务端对用户的请求进行响应,并将用户所请求的资源发送到客户端。现有一个 offLineDemo 项目,其中包含 images、css 和 js 三个子目录,在项目的根目录下有一个 index.html 和 index.manifest 文件,项目结构如图 11-1 所示。

图 11-1　offLineDemo 项目目录结构

其中,index.manifest 文件与 11.1.1 节中的 index.manifest 文件完全相同,此处不再赘述。在 index.html 页面中对 index.manifest 文件进行引用,并使用 JavaScript 脚本实现在线和离线两种状态的检测与处理,代码如下所示。

【案例 11-2】 index.html

```
<!DOCTYPE html>
<html manifest="index.manifest">
<head>
<meta charset="utf-8"/>
<title>离线应用示例</title>
<link rel="stylesheet" href="css/index.css"/>
<script type="text/javascript" src="js/jquery-3.2.1.js"></script>
```

```html
<script type="text/javascript">
    //判断浏览器的联网状态
    if(navigator.onLine){
        console.log("用户处于在线状态?");
        //强制检查服务器上的manifest文件是否有更新
        applicationCache.update();
    }else{
        console.log("用户处于离线状态!");
    }
    applicationCache.onupdateready = function(){
        if (confirm("本地缓存已被更新,需要刷新页面来获取应用程序最新版本")){
            //手动更新本地缓存,只能在onupdateready事件触发时调用
            applicationCache.swapCache();
            location.reload();
        }
    }
    //判断客户端的连接状态,当前状态变成在线状态时,触发以下事件
    window.addEventListener("online",function(){
        alert("online事件被激活,您已变成在线状态!");
        applicationCache.update();
    },true);
    //判断客户端的连接状态,当前状态变成离线状态时,触发以下事件
    window.addEventListener("offline", function(){
        alert("offline事件被激活,您已变成离线状态!");
    },true);
</script>
</head>
<body>
    <h1>Web离线应用</h1><hr />
    <img src = "images/yuwenyue01.jpg"/>
    <img src = "images/chuqiao01.jpg"/>
    <img src = "images/yuanchun01.jpg"/>
</body>
</html>
```

在 Chrome 浏览器中,通过网址形式来浏览 index.html 页面时,首先判断浏览器的联网状态,当浏览器处于联网状态时,在 Console 控制台中输出"用户处于在线状态"提示信息,页面显示效果如图 11-2 所示。

在 Chrome 浏览器的开发者工具(F12)中,查看 Network 选项卡,通过 Disable cache 选项来切换本地缓存的启用或禁用状态。Disable cache 复选框处于被选中状态时表示禁用本地缓存,此时刷新页面,在 Network 选项卡中查看页面资源的加载过程,如图 11-3 所示。页面中所引用的 index.css、jquery-3.2.1.js、yuwenyue01.jpg、chuqiao01.jpg 和 yuanchun01.jpg 静态资源文件都是从服务端获取的。

接下来,取消选中 Disable cache 复选框并刷新页面,相当于第二次访问该页面,此时在 Network 选项卡中查看页面资源的加载过程,如图 11-4 所示。由于在 index.manifest 文件的 CACHE 列表项中配置了 index.html、index.css、chuqiao01.jpg、yuwenyue01.jpg 和 jquery-3.2.1.js 五项,所以当第二次访问该页面时,以上所配置的资源文件不再从服务端获

取,而是从本地缓存中直接读取。从图11-4中可以发现:Size栏中不再显示文件的大小,而是显示from disk cache,表示从本地缓存读取资源文件。

图 11-2　联网状态的预览效果

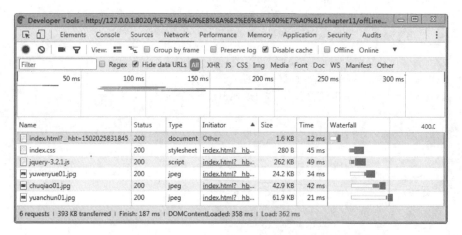

图 11-3　联网状态所请求的资源文件

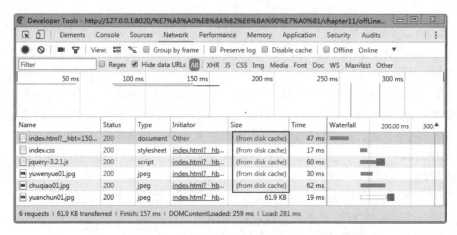

图 11-4　再次请求 index.html 页面所加载的资源文件

在 Network 选项卡中,选中 Offline 复选框来模拟离线操作,此时触发 offline 事件并弹出"offline 事件被激活,您已变成离线状态!"提示对话框,单击"确定"按钮,并刷新页面,在 Network 选项卡中查看页面资源的加载过程,如图 11-5 所示。在 Network 选项卡的时间轴区域,没有发出任何网络请求,所有的网络资源都是从本地缓存(from disk cache)中加载。

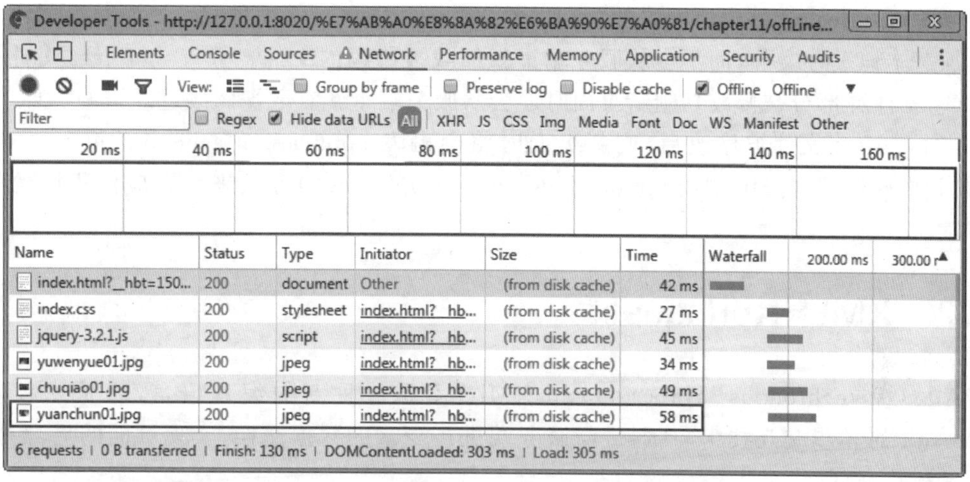

图 11-5　模拟离线状态所发出的请求

在 index.manifest 文件中,对 FALLBACK 项进行如下配置:

```
# FALLBACK 列表中提供在线访问资源文件以及离线时的备用资源文件
FALLBACK:
images/yuanchun01.jpg  images/xiaoce01.jpg
```

所以在离线访问时,将使用本地缓存中的 images/xiaoce01.jpg 图像来替代服务端的 images/yuanchun01.jpg 图像,页面最终显示结果如图 11-6 所示。

图 11-6　离线状态下的预览结果

HTML 5 规范中所规定的 manifest 文件的 MIME 类型是 text/cache-manifest,在测试或运行离线 Web 应用时,需要对服务器进行配置,使其支持 text/cache-manifest 的 MIME 类型。本书使用 HBuilder 工具进行编码和测试,该工具中内置服务器对 text/cache-manifest 类型提供了支持,无须手动配置。

修改 manifest 文件中所配置的缓存文件(如 html、css、js 等文件)后,刷新页面时浏览器仍然加载本地缓存文件,而不会从服务端重新加载被修改的文件。只有 manifest 文件被修改时(包括注释部分被修改),刷新页面时才会从服务端重新获取被修改过的资源文件。

当 manifest 文件被修改后,刷新页面时将会触发 applicationCache.onupdateready 事件,在该事件处理方法中调用 applicationCache.swapCache()方法来获取应用程序的最新版本。

11.2 XMLHttpRequest

Ajax(Asynchronous JavaScript and XML)不是一种新的编程语言,而是一种基于 JavaScript 的异步交互技术,其通过与服务端进行少量的数据交换,实现页面的局部更新,无须重载整个页面。

11.2.1 XMLHttpRequest Level 1

Ajax 技术的核心是 XMLHttpRequest 对象,XMLHttpRequest 中提供了客户端和服务端之间的交互接口。通过 XMLHttpRequest 对象实现客户端与服务端的同步或异步交互,服务端将返回一个文本类型或 DOM 文档类型的数据。XMLHttpRequest 接口的语法格式如下。

【语法】

```
interface XMLHttpRequest:XMLHttpRequestEventTarget{
    //event handler attributes
    attribute Function onreadystatechange;
    //states
    const unsigned short UNSENT = 0;
    const unsigned short OPENED = 1;
    const unsigned short HEADERS_RECEIVED = 2;
    const unsigned short LOADING = 3;
    const unsigned short DONE = 4;
    readonly attribute unsigned short readyState;
    //request
    void open(DOMString method,DOMString url);
    void open(DOMString method,DOMString url,boolean async);
    void open(DOMString method,DOMString url,boolean async,DOMString? user);
    void open(DOMString method,DOMString url,boolean async,DOMString? user,
              DOMString? password);
```

```
    void setRequestHeader(DOMString header,DOMString value);
    void send();
    void send(Document data);
    void send(DOMString? data);
    void abort();
    //response
    readonly attribute unsigned short status;
    readonly attribute DOMString statusText;
    DOMString getResponseHeader(DOMString header);
    DOMString getAllResponseHeaders();
    readonly attribute DOMString responseText;
    readonly attribute Document responseXML;
};
```

其中：

- readyState 属性（只读）用于返回 XMLHttpRequest 对象的当前状态，取值为 UNSENT、OPENED、HEADERS_RECEIVED、LOADING 和 DONE 五种状态，具体见表 11-2；
- status 属性（只读）表示由服务器返回的 HTTP 状态代码，如 200 表示请求成功，而 404 表示请求的资源未找到（Not Found）；
- statusText 属性（只读）用于返回请求 HTTP 状态代码所对应的属性名称，当 status 是 200 时 statusText 为 OK，当 status 是 404 时 statusText 为 Not Found；
- responseText 属性用于将服务端返回的响应体（不包括响应头部）解析为文本格式；
- responseXML 属性用于将服务端返回的响应体解析为 XML 格式；
- onreadystatechange 属性用于指定一个事件回调方法，当 readyState 属性发生改变时调用该回调方法；
- open() 方法用于初始化 HTTP 请求参数，如 URL 和请求方式，但是并不会发送请求；
- send() 方法用于发送 HTTP 请求，使用 send() 方法之前需要通过 open() 方法来初始化 HTTP 请求参数（包括 URL、请求方式和表单数据等）；
- setRequestHeader() 方法用于对一个打开但未发送的请求来设置或添加一个 HTTP 请求头部；
- abort() 用于取消当前响应并关闭连接；
- getResponseHeader() 方法用于返回一个指定的 HTTP 响应头部，参数是所要返回的 HTTP 响应头部的名称；
- getAllResponseHeaders() 方法用于把 HTTP 响应头部作为未解析的字符串返回。

表 11-2　readyState 的各种状态

状态	名称	描述
0	UNSENT	初始化状态，XMLHttpRequest 对象已创建或已被 abort() 方法重置
1	OPENED	open() 方法已调用，但是 send() 方法未调用，请求还没有被发送

续表

状态	名称	描述
2	HEADERS_RECEIVED	send()方法已调用,HTTP 请求已发送到 Web 服务器,未接收到响应
3	LOADING	所有响应头部都已经接收到,响应体开始接收但未完成
4	DONE	HTTP 响应已经完全接收

XMLHttpRequest 对象通常用于客户端与服务端交换数据,能够实现以下几种功能。

- 在不重新加载页面的情况下更新页面;
- 在页面加载完毕后从服务器请求数据;
- 使用后台线程向服务器发送数据。

下述代码演示了使用 XMLHttpRequest 实现与服务端的异步交互。

【案例 11-3】 xhr.html

```html
<!DOCTYPE html>
<!DOCTYPE html>
<html>
    <head>
        <meta charset="UTF-8">
        <title>XMLHttpRequest 异步请求</title>
        <style type="text/css">
            table td{padding-left:20px;}
            thead>tr:first-child{background-color:lightgray;}
            tbody>tr:nth-child(even){background-color:lightsalmon;}
            tbody>tr:hover{background-color:lightgreen;}
        </style>
    </head>
    <body>
        <img src="images/banner.jpg" width="400px"/>
        <table width="400px">
            <thead>
                <tr><th>用户 ID</th><th>用户名</th><th>性别</th></tr>
            </thead>
            <tbody id="userData"></tbody>
        </table>
        <input type="button" value="从服务端获取数据" onclick="getData()"/>
        <script>
            var xmlHttp = null;
            function getData(){
                var url = "data.json"
                if(window.XMLHttpRequest){ //code for all new browsers
                    xmlHttp = new XMLHttpRequest();
                } else if(window.ActiveXObject){ //code for IE5 and IE6
                    xmlHttp = new ActiveXObject("Microsoft.XMLHTTP");
                }
                if(xmlHttp!= null){
                    xmlHttp.onreadystatechange = updateTable;
```

```
                    xmlHttp.open("GET",url,true);
                    xmlHttp.send(null);
                }
            }
            function updateTable(){
                if(xmlHttp.readyState == 4){ //4 = "loaded"
                    if(xmlHttp.status == 200){ //200 = "OK"
                        var data = xmlHttp.responseText;
                        var json = JSON.parse(data);
                        alert("msg:" + json.msg);
                        var users = json.users;
                        var result = "";
                        for(var i in users){
                            result += "<tr>";
                            result += "<td>" + users[i].userId + "</td>";
                            result += "<td>" + users[i].userName + "</td>";
                            result += "<td>" + users[i].sex + "</td>";
                            result += "</tr>";
                        }
                        document.getElementById("userData").innerHTML = result;
                    }
                }
            }
        </script>
    </body>
</html>
```

上述代码中，首先获得一个 XMLHttpRequest 类型的 xmlHttp 对象，通过 onreadystatechange 事件回调方法来处理服务端返回的响应数据。在 updateTable()回调方法中，readyState==4&&status==200 表示用户请求完成并且成功返回响应数据，此时将服务端的响应数据更新到页面中。

使用网址来浏览 xhr.html 页面，当页面加载完毕时仅显示表的头部信息。单击"从服务端获取数据"按钮时，向服务端发出一个 Ajax 异步请求，服务端将 data.json 数据作为响应数据返回，在页面中通过 DOM 操作将响应数据追加到表格中，效果如图 11-7 所示。

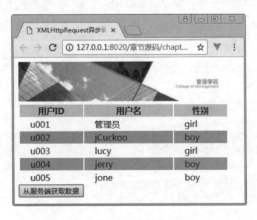

图 11-7　XHR 数据请求

11.2.2　XMLHttpRequest Level 2

在 HTML 5 之前，绝大多数浏览器只能通过 XMLHttpRequest 对象的 send() 方法向服务器端发送字符串或 document 对象；而在 HTML 5 规范中对 XMLHttpRequest 对象的 send() 方法进行了改良，使其能够发送字符串、document 对象、表单数据、Blob 对象、文件以及 ArrayBuffer 对象。XMLHttpRequest Level 2 的语法格式如下。

【语法】

```
interface XMLHttpRequestEventTarget:EventTarget{
    //event handlers
    attribute Function onloadstart;
    attribute Function onprogress;
    attribute Function onabort;
    attribute Function onerror;
    attribute Function onload;
    attribute Function ontimeout;
    attribute Function onloadend;
};
interface XMLHttpRequest:XMLHttpRequestEventTarget{
    //event handler
    attribute Function onreadystatechange;
    //states
    const unsigned short UNSENT = 0;
    const unsigned short OPENED = 1;
    const unsigned short HEADERS_RECEIVED = 2;
    const unsigned short LOADING = 3;
    const unsigned short DONE = 4;
    readonly attribute unsigned short readyState;
    //request
    void open(DOMString method,DOMString url,optional boolean async,
              optional DOMString? user,optional DOMString? password);
    void setRequestHeader(DOMString header,DOMString value);
    attribute unsigned long timeout;
    attribute boolean withCredentials;
    readonly attribute XMLHttpRequestUpload upload;
    void send();
    void send(ArrayBuffer data);
    void send(Blob data);
    void send(Document data);
    void send(DOMString? data);
    void send(FormData data);
    void abort();
    //response
    readonly attribute unsigned short status;
    readonly attribute DOMString statusText;
    DOMString getResponseHeader(DOMString header);
    DOMString getAllResponseHeaders();
    void overrideMimeType(DOMString mime);
```

```
    attribute XMLHttpRequestResponseType responseType;
    readonly attribute any response;
    readonly attribute DOMString responseText;
    readonly attribute Document responseXML;
};
```

其中：

- readyState 属性（只读）用于返回 XMLHttpRequest 对象的当前状态，取值为 UNSENT、OPENED、HEADERS_RECEIVED、LOADING 和 DONE 五种状态；
- XMLHttpRequest 接口中提供了 onreadystatechange、onloadstart、onprogress、onabort、onerror、onload、ontimeout 和 onloadend 等事件处理机制；
- send()方法用于发送 HTTP 请求，可携带的数据类型为 ArrayBuffer、Blob、Document、DOMString 和 FormData 等；
- responseType 属性用于设置服务端的响应类型，可以是空字符串（默认值）、arraybuffer、blob、document、json 和 text 等类型；
- upload 属性用于返回一个 XMLHttpRequestUpload 对象，其中包含文件上传过程中的进度信息；
- response 属性用于返回服务端的响应数据。

使用 XMLHttpRequest Level 2 向服务端发送数据时，可以使用 FormData 对象来封装表单中的数据，也可以使用 append()方法向 FormData 对象中追加数据。

【示例】 FormData 封装数据

```
//封装表单中的数据
var formData = new FormData(document.getElementById('uploadForm'));
//向 FormData 中追加文本数据
formData.append("sex","男");
var blob = new Blob(["xxxxx"],{
    type:"image/jpg",
});
//向 FormData 中追加 blob 或 file 数据
formData.append('file',blob);
```

下述代码演示了使用 XMLHttpRequest Level 2 同时向服务端发送文本和文件两种类型的数据。

【案例 11-4】 xhrUpload.jsp

```
<%@ page language="java" import="java.util.*" pageEncoding="utf-8"%>
<!DOCTYPE html>
<html>
<head>
<meta http-equiv="Content-Type" content="text/html; charset=utf-8">
<title>表单上传</title>
</head>
<body>
    <div class="leftDiv">
```

```html
<form action = "UploadServlet" method = "post"
    enctype = "multipart/form-data" id = "uploadForm">
    <table>
        <caption>用户基本信息</caption>
        <tr><td>姓名</td>
            <td><input type = "text" name = "name"></td>
        </tr>
        <tr><td>年龄</td>
            <td><input type = "text" name = "age"></td>
        </tr>
        <tr><td>照片</td>
            <td><input type = "file" name = "image"></td>
        </tr>
        <tr>
            <td></td>
            <td><input type = "button" value = "提交" onclick = "sendForm()">
            </td>
        </tr>
    </table>
</form>
</div>
<div class = "rightDiv">
    用户所上传的头像<hr/><img id = "uploadImage" width = "200px"/>
</div>
<script type = "text/javascript">
    function sendForm(){
        var formData = new FormData(document.getElementById('uploadForm'));
        formData.append("sex","男");
        var xhr = new XMLHttpRequest();
        xhr.open('POST','UploadServlet'); //请求 url
        xhr.responseType = "json";
        xhr.send(formData);
        xhr.onload = function(event){
            if (xhr.status == 200){
                var json = xhr.response;
                document.getElementById("uploadImage").src = "upload/"
                    + json.image;
            } else {
                alert('出错了');
            }
        };
    }
</script>
<style>/* …此处样式省略… */</style>
</body>
</html>
```

上述代码中,使用 FormData 来封装 uploadForm 表单数据,并使用 formData.append()方法向 FormData 对象中追加额外数据。通过 xhr.responseType 属性来设置服务端返回的数据类型,使用 xhr.response 属性所获得到的数据是 JSON 类型。

此处使用 Servlet 作为服务端技术,有关服务端代码请参见案例 11-6。用户填完基本信息并选择照片后,单击"提交"按钮将用户的基本信息和照片一起发送到服务端,服务端对数据处理完成后将处理结果返回给客户端,在页面中使用 XMLHttpRequest.onload 事件来处理服务端的响应数据,并在页面右侧 DIV 中将上传到服务端的图像显示出来,如图 11-8 所示。

图 11-8　XHR 2 数据请求

在 XMLHttpRequest Level 2 中还提供了 upload 属性,用于获取文件上传过程中的进度信息,在 upload.progress 事件处理方法中,实现文件上传进度条的动态效果,代码如下所示。

【案例 11-5】　uploadProgress-xhr2.html

```html
<!DOCTYPE html>
<html lang="en">
<head>
<title>文件上传进度条效果</title>
<meta charset="UTF-8">
<meta name="viewport" content="width=device-width, initial-scale=1">
</head>
<body>
    <div class="leftDiv">
    <form method="post" id="uploadForm" enctype="multipart/form-data">
        <table>
            <caption>资料上传</caption>
            <tr><td>上传者</td><td><input type="text" name="name"></td></tr>
            <tr><td>上传资料</td><td><input type="file" name="file"></td></tr>
            <tr>
                <td></td>
                <td><input type="button" onclick="sendForm()"></td>
            </tr>
        </table>
    </form>
    </div>
    <div>
        <h3>文件上传进度</h3>
```

```html
            <div class = "progress">
                <div id = "outerDiv" style = "width:340px;background:#f0ad4e;">
                    <div id = "progressDiv"></div>
                    <span id = "progressNumber">0%</span>
                </div>
            </div>
        </div>
        <script type = "text/javascript">
            function sendForm(){
                var formData = new FormData(document.getElementById('uploadForm'));
                var xhr = new XMLHttpRequest();
                xhr.upload.addEventListener("progress",uploadProgress,false);
                xhr.addEventListener("load",uploadComplete,false);
                xhr.addEventListener("error",uploadFailed,false);
                xhr.addEventListener("abort",uploadCanceled,false);
                xhr.open('POST','UploadServlet'); //请求 url
                xhr.send(formData);
                function uploadProgress(evt){
                    if(evt.lengthComputable){
                        var outerDiv = document.getElementById("outerDiv");
                        var width = outerDiv.style.width;
                        var outWidth = width.substring(0,width.indexOf("px"));
                        var percentComplete = Math.round(evt.loaded * 100/evt.total);
                        document.getElementById('progressNumber').innerHTML
                            = percentComplete.toString() + '%';
                        console.log(percentComplete * outWidth + 'px');
                        document.getElementById('progressDiv').style.width
                            = percentComplete/102 * outWidth + 'px';
                    }else{
                        document.getElementById('progressNumber').innerHTML
                            = 'unable to compute';
                    }
                }
                function uploadComplete(evt){
                    //alert(evt.target.responseText);
                }
                function uploadFailed(evt){
                    alert("文件上传时发生错误!");
                }
                function uploadCanceled(evt){
                    alert("文件上传被用户取消或由于浏览器处于离线导致上传被停止.");
                }
            }
        </script>
        <style>/* …此处样式省略… */</style>
    </body>
</html>
```

使用 XMLHttpRequest 对象上传文件时,在 upload.progress 事件处理方法中实时监控文件上传进度,并对进度条进行更新,效果如图11-9所示。

图11-9 文件上传进度条效果

 上述案例中仅提供了HTML 5页面代码,有关服务端代码请参见本书配套源码,其中包含Java和Node.js服务端的两个版本,读者可自行测试。

11.2.3 基于Java的拍照上传

目前在考试系统、股票系统等应用系统中需要用到现场拍照并上传。本节以个人空间为例,使用HTML 5摄像头技术进行拍照,对所拍摄的照片进行范围选取,并将最终头像上传到服务端。除了现场拍照之外,用户也可以选择本地图像,通过对图像裁剪处理后上传到服务端。

本节将以Servlet作为服务端技术,实现个人空间的头像更换功能,在服务端使用Apache的Commons FileUpload组件来处理用户文件上传,关于Commons FileUpload组件的详细介绍读者可以查阅http://commons.apache.org/proper/commons-fileupload/。

首先,创建一个UploadServlet作为个人空间的服务端,代码如下所示。

【案例11-6】 UploadServlet.java

```java
import java.io.*;
import java.util.*;
import javax.servlet.*;
import javax.servlet.http.*;
import java.text.SimpleDateFormat;
import net.sf.json.JSONObject;
import org.apache.commons.fileupload.FileItem;
import org.apache.commons.fileupload.util.Streams;
import org.apache.commons.fileupload.FileUploadException;
import org.apache.commons.fileupload.disk.DiskFileItemFactory;
import org.apache.commons.fileupload.servlet.ServletFileUpload;
import org.apache.commons.fileupload.FileUploadBase.*;

public class UploadServlet extends HttpServlet{
```

```java
    private static final long serialVersionUID = 1L;
    public UploadServlet(){
        super();
    }
    protected void doGet(HttpServletRequest request,HttpServletResponse
            response) throws ServletException,IOException{
        this.doPost(request,response);
    }
    @SuppressWarnings("unchecked")
    protected void doPost(HttpServletRequest request,HttpServletResponse
            response) throws ServletException,IOException{
        response.setContentType("text/html");
        //设置字符编码为UTF-8,这样支持汉字显示
        response.setCharacterEncoding("UTF-8");
        Writer o = response.getWriter();
        /**
         * 首先判断form的enctype是不是multipart/form-data
         * 同时也判断了form的提交方式是不是post
         */
        if(ServletFileUpload.isMultipartContent(request)){
            request.setCharacterEncoding("utf-8");
            //实例化一个硬盘文件工厂,用来配置上传组件ServletFileUpload
            DiskFileItemFactory factory = new DiskFileItemFactory();
            //设置文件存放的临时文件夹,这个文件夹要真实存在
            File fileDir = new File("fileupload/tmp/");
            if(fileDir.isDirectory()&&fileDir.exists() == false){
                fileDir.mkdir();
            }
            factory.setRepository(fileDir);
            //设置最大占用的内存
            factory.setSizeThreshold(1024000);
            //创建ServletFileUpload对象
            ServletFileUpload sfu = new ServletFileUpload(factory);
            sfu.setHeaderEncoding("utf-8");
            //设置单个文件最大值字节
            sfu.setFileSizeMax(102400000);
            //所有上传文件的总和最大值字节
            sfu.setSizeMax(204800000);
            List<FileItem> items = null;
            try{
                items = sfu.parseRequest(request);
            }catch(SizeLimitExceededException e){
                System.out.println("文件大小超过了最大值");
            }catch(FileUploadException e){
                e.printStackTrace();
            }
            //取得items的迭代器
            Iterator<FileItem> iter = (items == null)?null:items.iterator();
            //图片上传后存放的路径目录
            String uploadPath = request.getServletContext()
```

```java
                        .getRealPath("/upload");
                File uploadPathFile = new File(uploadPath);
                System.out.println(uploadPath);
                if(uploadPathFile.exists() == false){
                    uploadPathFile.mkdirs();
                }
                //迭代 items
                while(iter!= null&&iter.hasNext()){
                    FileItem item = (FileItem)iter.next();
                    //当接收数据是普通的表单域时
                    if(item.isFormField()){
                        System.out.print("普通的表单域:");
                        System.out.print(new String(item.getFieldName()) + " ");
                        System.out.println(new String(item.getString("UTF-8")));
                    }
                    //当接收数据是文件域时
                    else if(!item.isFormField()){
                        System.out.println("原图片:" + item.getName());
                        SimpleDateFormat formater
                                = new SimpleDateFormat("yyyyMMddhhmmss");
                        String fileName = item.getName();
                        String fileNewName = formater.format(new Date());
                        if(fileName.equals("blob")){
                            fileNewName = fileNewName + ".jpg";
                        }else{
                            //使用原来文件的后缀
                            String suffixName = fileName.substring(
                                    fileName.indexOf('.'),fileName.length());
                            fileNewName = fileNewName + suffixName;
                        }
                        BufferedInputStream in = new BufferedInputStream(
                                item.getInputStream());
                        //文件存储在 D:/upload/images 目录下,这个目录也得存在
                        BufferedOutputStream out = new BufferedOutputStream(
                            new FileOutputStream(new File(
                            uploadPathFile.getAbsolutePath() + "/" + fileNewName)));
                        Streams.copy(in,out,true);
                        JSONObject jsonObject = new JSONObject();
                        jsonObject.put("image", fileNewName);
                        jsonObject.put("msg", "文件上传成功");
                        o.write(jsonObject.toString());
                        o.flush();
                    }
                }
            }else{
                System.out.println("表单的 enctype 类型错误");
            }
        }
    }
}
```

接下来，在页面中使用 HTML 5 Canvas 技术捕获摄像头的视频流，从视频流中抓拍一幅照片并在第二个 Canvas 中绘制出来，然后使用 Canvas 图像处理技术对照片进行裁剪后在第三个 Canvas 中绘制出来，代码如下所示。

【案例 11-7】　HTML5Camera&Upload.html

```html
<!doctype html>
<html>
<head>
<meta charset="utf-8">
<title>布谷鸟的个人空间-日志分享</title>
<link href="styles/css/main.css" rel="stylesheet" type="text/css">
</head>
<body>
    <div class="container">
        <div class="header">
            <div class="head-img">
                <img id="uploadImage" src="styles/images/head.jpg">
                <div class="button_border margin-t">编辑头像</div>
            </div>
        </div>
        <div class="content">
            <ul class="nav">
                <li>我的主页</li><li><span class="selected">个人资料</span></li>
                <li>相册</li><li>分享</li><li>日志</li><li>好友</li>
            </ul>
            <div class="position">
                <span class="arrow"></span>当前所在位置：我的主页>>
                <span class="green">个人资料</span>
            </div>
            <h3>修改头像</h3>
            <form action="UploadServlet" method="post"
                enctype="multipart/form-data" id="uploadForm">
                <div class="left">
                    <div class="gray_box">
                        <video id="video" autoplay></video></div>
                    <p><span>头像上传：</span>
                        <input type="file" id="headImage"
                            onchange="changeHeadImage()"></p>
                    <p><span>头像描述：</span>
                        <textarea cols="30" rows="3"></textarea></p>
                    <div class="save">
                        <span class="button_border">取消</span>
                        <span class="button_blue" onclick="sendForm()">保存</span>
                    </div>
                </div>
                <div class="right">
                    <p>拍照效果：<br/><br/></p>
                    <div class="photo" id="box">
                        <canvas id="canvas" width="400" height="300"></canvas>
```

```html
                    <div id="shade"></div>
                </div>
                <div>
                    <span id="reSnap" class="button_border">拍照</span>
                </div>
                拍照截图效果：<br />
                <div class="cutPhoto">
                    <canvas id="cutCanvas" width="200" height="200"></canvas>
                </div>
            </div>
        </form>
    </div>
</div>
<div class="footer">Copyright 2028 布谷鸟工作室 版权所有</div>
<script type="text/javascript">
    //获得 Canvas 对象
    var canvas = document.getElementById("canvas");
    var cutCanvas = document.getElementById("cutCanvas");
    var context = canvas.getContext("2d");
    var cutContext = cutCanvas.getContext("2d");
    //获得 video 摄像头区域
    var video = document.getElementById("video");
    var shade = document.getElementById("shade");
    var box = document.getElementById("box");
    var reSnap = document.getElementById("reSnap");
    //阴影区域左上角的 x、y 坐标
    var shadeX, shadeY;
    //当 DOM 树构建完成的时候就会执行 DOMContentLoaded 事件
    window.addEventListener("DOMContentLoaded",function(){
        //兼容各主流浏览器
        navigator.getMedia = navigator.getUserMedia
            ||navigator.webkitGetUserMedia||navigator.mozGetUserMedia
            ||navigator.msGetUserMedia;
        //从摄像头读取视频流,并在 video 元素中显示
        navigator.getMedia({
                video:true,
                audio:false
            },
            //读取成功,对视频流进行处理
            function(stream){
                if (navigator.mozGetUserMedia){
                    video.mozSrcObject = stream;
                }else{
                    var vendorURL = window.URL||window.webkitURL;
                    video.src = vendorURL.createObjectURL(stream);
                }
                video.play();
            },
            //读取失败时所调用的回调方法
            function(err){
```

```javascript
                console.log("错误信息: " + err);
            });
    },false);
    //从视频流中抓拍照片
    reSnap.onclick = function(){
        context.drawImage(video,0,0,400,300);
        init();
        shade.style.display = "none";
    }
    //绑定鼠标移动所触发的事件
    function init(){
        box.onmouseout = function(ev){
            document.body.style.cursor = "";
        }
        box.onmousemove = function(ev){
            //设定鼠标的样式
            document.body.style.cursor = "move";
            //获取box对象的左侧到浏览器窗口左侧的距离
            var boxX = getLeft(box);
            //获取box对象的顶部到浏览器窗口顶部的距离
            var boxY = getTop(box);
            //计算阴影区域的左上角的x坐标
            shadeX = ev.pageX - boxX - 100;
            //计算阴影区域的左上角的y坐标
            shadeY = ev.pageY - boxY - 100;
            //防止阴影区域移到图片之外
            if(shadeX < 0){
                shadeX = 0;
            }else if(shadeX > 200){
                shadeX = 200;
            }
            if(shadeY < 0){
                shadeY = 0;
            }else if(shadeY > 100){
                shadeY = 100;
            }
            shade.style.display = "block";
            shade.style.left = shadeX + "px";
            shade.style.top = shadeY + "px";
        }
    }
    init();
    box.onclick = function(){
        //将box的onmousemove事件清空
        box.onmousemove = function(){
        };
        cutContext.drawImage(canvas,shadeX, shadeY,200,200,0,0,200,200);
        shadeX = 0;
        shadeY = 0;
    }
```

```javascript
//获取元素的纵坐标(相对于body)
function getTop(e){
    var offset = e.offsetTop;
    if(e.offsetParent!= null){
        offset += getTop(e.offsetParent);
    }
    return offset;
}
//获取元素的横坐标(相对于body)
function getLeft(e){
    var offset = e.offsetLeft;
    if (e.offsetParent!= null) {
        offset += getLeft(e.offsetParent);
    }
    return offset;
}
//用于提交表单
function sendForm(){
    var data = cutCanvas.toDataURL();
    data = data.split(',')[1];
    data = window.atob(data);
    var ia = new Uint8Array(data.length);
    for(var i = 0;i<data.length;i++){
        ia[i] = data.charCodeAt(i);
    }
    //canvas.toDataURL 返回的默认格式是 image/png
    var blob = new Blob([ia],{
        type:"image/jpg"
    });
    //创建 FormData 对象,用于封装表单数据
    var formData = new FormData(document.getElementById('uploadForm'));
    formData.append('file',blob);
    var xhr = new XMLHttpRequest();
    xhr.open('POST','UploadServlet'); //请求 url
    xhr.responseType = "json";
    xhr.send(formData);
    xhr.onload = function(event){
        if(xhr.status == 200){
            var json = xhr.response;
            document.getElementById("uploadImage").src
                        = "upload/" + json.image;
            context.fillStyle = "#FFFFFF";
            context.fillRect(0,0,canvas.width,canvas.height);
            cutContext.fillStyle = "#FFFFFF";
            cutContext.fillRect(0,0,cutCanvas.width,cutCanvas.height);
            shade.style.display = "none";
        }else{
            alert('出错了');
        }
    };
```

```
                }
            //用于加载本地图像文件
            function changeHeadImage(){
                var file = document.getElementById("headImage");
                if(window.FileReader){
                    var fr = new FileReader();
                    fr.onloadend = function(e){
                        var image = new Image();
                        image.src = e.target.result;
                        image.onload = function(){
                            context.drawImage(image,0,0,400,300);
                        };
                    };
                    fr.readAsDataURL(file.files[0]);
                }
            }
        </script>
    </body>
</html>
```

上述代码运行时,通过摄像头获得视频流并在左侧 Canvas 中实时显示出来,如图 11-10 所示。单击"拍照"按钮时,对视频截图并在右侧 Canvas 中显示;在右侧 Canvas 中通过鼠标来移动选区,在确定选区位置后单击对图像进行截取并在第三个 Canvas 中显示。

图 11-10　个人空间更换头像

单击"保存"按钮时,使用 XMLHttpRequest Level 2 技术将用户最终头像和描述内容一起提交到服务端,服务端对请求数据处理完毕后返回一个包含用户头像和提示信息的

JSON 数据，在页面中通过 DOM 操作来完成用户头像的更换，效果如图 11-11 所示。

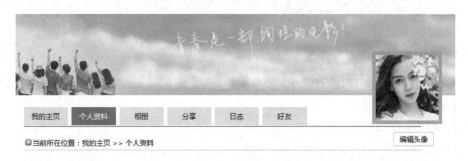

图 11-11　更换后的效果

在代码中，同时也实现了使用本地图像来更换个人空间的头像。通过 FileReader 将本地文件加载到 Canvas 中，然后对 Canvas 进行裁剪，从而实现头像的上传功能。

11.2.4　基于 Node.js 的拍照上传

本节对个人空间进行重构，采用 Node.js 作为服务端技术。首先创建项目的目录结构，如图 11-12 所示，其中 public 目录用于放置静态资源（如 css、images 等文件），uploadFolder 目录用于存放用户上传的文件。

图 11-12　项目的目录结构

在控制台中，使用 npm 命令对项目进行初始化，同时创建 package.json 文件，在 package.json 文件中配置项目所需的资源文件，代码如下所示。

【案例 11-8】　package.json

```
{
    "name":"upload-demo",
    "version":"1.0.0",
    "description":"",
    "main":"app.js",
    "scripts":{
        "test":"echo\"Error:no test specified\"&& exit 1"
    },
    "author":"jCuckoo",
    "license":"ISC",
    "devDependencies":{
        "body-parser":"^1.17.2",
```

```
        "connect-multiparty":"^2.0.0",
        "express":"^4.15.3"
    }
}
```

在项目的根目录下,创建一个 app.js 文件,作为项目的入口文件,其中包含路由配置等信息,代码如下所示。

【案例 11-9】 app.js

```
//express 使用的是@4 版本的
var express = require('express');
//connect-multiparty 组件用于解决文件上传问题
var mutipart = require('connect-multiparty');
var mutipartMiddeware = mutipart();
var app = express();
//将静态文件目录设置为"项目根目录+/public"
app.use(express.static('public'));
//修改临时文件的存储位置
app.use(mutipart({uploadDir:'./public/uploadFolder'}));
//设置 HTTP 服务监听的端口号
app.set('port',process.env.PORT||3000);
app.listen(app.get('port'),function(){
    console.log("Express started on http://localhost:" + app.get('port'));
});
//以下为路由配置
//1.当访问 http://localhost:3000/时,默认访问的页面
app.get('/',function (req,res){
    res.type('text/html');
    res.sendFile(__dirname + '/HTML5Camera&Upload.html');
});
//2.当用户使用 post 方式提交表单到/upload 服务时,读取表单内容并将文件上传
app.post('/upload',mutipartMiddeware,function(req,res){
    console.log(req.body.name + "\n == == == == =\n");
    //这里打印可以看到接收到文件的信息
    console.log(req.files.file.path + "\n == == == == =\n");
    var jsonObject = {};
    //默认的路径为:public\uploadFolder\aYm65V_EOZn1ho5lDd,需要将 public\部分去掉
    var path = req.files.file.path;
    path = path.substring(path.indexOf("\\"));
    console.log(path);
    jsonObject.image = path;
    jsonObject.msg = "文件上传成功!";
    //给浏览器返回一个成功提示
    res.send(jsonObject);
});
```

上述代码中,使用 require()方法来加载 express 和 connect-multiparty 两个框架,其中 express 框架作为服务端的路由,根据用户的 url 请求分配到对应的处理程序; connect-multiparty 框架用于实现用户的文件上传功能。通过 app.get() 和 app.post() 方法来定义服务端的路由,当用户以 get 方式访问项目的根路径("/"路径)时将自动跳转到/public/HTML5Camera&Upload.html 页面;当用户以 post 方式访问"/upload/"路径请求时,服务端将对用户提交的头像和描述信息进行处理,并返回一个 JSON 数据。

接下来,需要完成 HTML5Camera&Upload.html 页面的编写,该页面与案例 11-7 基本相同,此处仅对 sendForm() 方法进行修改,代码如下所示。

【案例 11-10】 HTML5Camera&Upload.html

```
…此处代码省略…
//用于提交表单
function sendForm(){
    var data = cutCanvas.toDataURL();
    data = data.split(',')[1];
    data = window.atob(data);
    var ia = new Uint8Array(data.length);
    for(var i = 0;i < data.length;i++){
        ia[i] = data.charCodeAt(i);
    }
    //canvas.toDataURL 返回的默认格式是 image/png
    var blob = new Blob([ia],{
        type:"image/jpg"
    });
    //创建 FormData 对象,用于封装表单数据
    var formData = new FormData(document.getElementById('uploadForm'));
    formData.append('file',blob);
    var xhr = new XMLHttpRequest();
    xhr.open('POST','upload'); //请求 url
    xhr.responseType = "json";
    xhr.send(formData);
    xhr.onload = function(event){
        if(xhr.status == 200){
            var json = xhr.response;
            document.getElementById("uploadImage").src = json.image;
            context.fillStyle = "#FFFFFF";
            context.fillRect(0,0,canvas.width,canvas.height);
            cutContext.fillStyle = "#FFFFFF";
            cutContext.fillRect(0,0,cutCanvas.width,cutCanvas.height);
            shade.style.display = "none";
        }else{
            alert('出错了');
        }
    };
}
…此处代码省略…
```

在控制台中,使用 node index.js 命令来启动 Node.js 服务器,然后在浏览器地址栏中输入 http://localhost:3000/ 进行测试即可,效果如图 11-10 和图 11-11 所示。

本章总结

- 离线 Web 应用程序是指当客户端与 Web 应用程序的服务器断开连接时，也能在客户端正常使用该应用程序，继续完成相应的操作。
- 在 Web 应用中允许为每个页面单独设置一个 manifest 文件，也可以对整个 Web 应用程序指定一个 manifest 文件。
- 在 manifest 文件中配置资源时，可以将资源文件分为 CACHE、NETWORK 和 FALLBACK 三种类型。
- applicationCache 对象代表本地缓存，当浏览器的本地缓存更新并载入新的资源文件时，将会触发 applicationCache 对象的 onupdateready 事件来通知页面本地缓存已经更新。
- HTML 5 规范提供了 NavigatorOnLine 接口，用于检测浏览器的联网状态。
- Ajax 技术的核心是 XMLHttpRequest 对象，XMLHttpRequest 中提供了客户端和服务端之间的交互接口。
- 在 HTML 5 之前，绝大多数浏览器只能通过 XMLHttpRequest 对象的 send() 方法向服务端发送字符串或 document 对象。
- HTML 5 规范对 XMLHttpRequest 对象的 send() 方法进行了改良，使其能够发送字符串、document 对象、表单数据、Blob 对象、文件以及 ArrayBuffer 对象。

本章练习

1. Web 应用程序的本地缓存是通过_____文件来管理的，该文件是一个简单的文本文件，文本内容以_____形式说明需要缓存或不需要被缓存的资源文件的 URL 路径和文件名称。

2. 在 manifest 文件中，第一行必须是_____，用于说明当前文件是对本地缓存资源的具体配置。文件中的注释说明行需要以_____开头，表示当前行用于提供说明，在文本解析时将忽略该行。

3. 在 manifest 配置资源文件中，可以将资源文件分为_____、_____和_____三种类型。

4. _____对象代表本地缓存，当浏览器对本地缓存更新并载入新的文件时，将会触发该对象的_____事件，来通知用户本地缓存已经被更新。

5. HTML 5 规范提供了_____接口，用于检测浏览器的联网状态，其中_____属性是一个只读属性，用于返回浏览器的当前联网状态。

6. _____对象作为 Ajax 的核心对象，为向服务端发送请求和解析服务器响应提供了接口。

7. 在 XMLHttpRequest Level 2 中对 send() 方法进行改进，使其可以发送_____、_____、_____、_____、_____以及_____对象。

第12章 Web Worker和地理位置

本章目标

- 了解 Web Worker 多线程概念。
- 熟悉 Worker 接口以及线程嵌套。
- 了解 SharedWorker 线程间的共享原理。
- 掌握 Geolocation 地理定位。
- 了解百度地图 API 和位置定位。

12.1 Web Worker 概述

在传统的页面中，所有的处理都在单线程中执行，当在页面中执行脚本时，页面处于无响应状态，直到脚本执行完毕，当脚本的执行过程较长时，页面便会处于长时间无响应状态，即假死状态。

HTML 5 规范中新增了 Web Worker 技术，为 JavaScript 提供了一种多线程解决方案。Web Worker 是一种能够在后台运行的 JavaScript 脚本，能够独立于其他脚本，在执行时不会干扰用户界面操作。当执行时间较长的业务处理时，可由 Web Worker 在后台进行处理，从而不影响用户的界面操作（如单击、内容选取等）。Web Worker 技术适用于以下场合。

- 大数据分析与计算处理；
- 预先抓取数据缓存到本地，以便后期使用；
- 本地数据库中的数据存储与计算处理；
- 后台 I/O 处理；
- Canvas 绘图中的图像数据的计算及生成处理。

12.1.1 Worker 接口

HTML 5 规范提供了 Worker、SharedWorker 和 AbstractWorker 接口，其中 Worker 和 SharedWorker 接口均继承自 AbstractWorker 接口。AbstractWorker 接口的语法格式如下。

【语法】

```
interface AbstractWorker:EventTarget{
    attribute EventHandler onerror;
};
```

其中：onerror 用于设置当前线程发生错误时所调用的事件处理方法。

Worker 接口继承了 AbstractWorker 接口，另外还提供了 terminate() 和 postMessage() 方法，Worker 接口语法格式如下。

【语法】

```
interface Worker:AbstractWorker{
    void terminate();
    void postMessage(any message,optional sequence<Transferable> transfer);
    attribute EventHandler onmessage;
};
```

其中：
- terminate() 方法用于终止当前 Web Worker 对象；
- postMessage() 方法用于在线程之间传递数据；
- onmessage 属性用于设置当前线程接收到数据时所调用的事件处理方法。

通过 Worker 的构造方法来创建一个 Web Worker 对象，语法格式如下。

【语法】

```
var worker = new Worker(URL);
```

其中，参数 URL 表示需要在后台线程中执行的脚本文件的 URL 地址。主页面与 Worker 之间只能通过 postMessage() 方法和 onmessage 事件来传递数据。

【示例】 创建一个 WebWorker 对象

```
var worker = new Worker('js/test.js');
worker.onmessage = function(e){
    var data = e.data;
    console.log(data);
}
```

下述代码使用 Worker 线程技术来实现随机洗牌效果。首先，为 Array 对象提供 shuffle() 方法，用于对数组中的数据随机排序，代码如下所示。

【案例 12-1】 array.js

```
Array.prototype.shuffle = function(){
    _this = this;
    this.result = [];
    this.num = this.length;
    for(var i = 0;i < this.num;i++){
        (function(i){
            var temp = _this;
            var m = Math.floor(Math.random() * temp.length);
            _this.result[i] = temp[m];
            _this.splice(m,1);
```

```
        })(i);
    }
    return this.result;
}
```

接下来,创建一个后台线程 dealNum.js,用于对前台所传递的纸牌数据进行随机排序,并随机将某一纸牌改为"红桃 A",代码如下所示。

【案例 12-2】 dealNum.js

```
//导入 JavaScript 脚本
importScripts('array.js');
onmessage = function(e){
    var data = e.data;
    data.shuffle();
    //num 和 result 属性是由 Array.prototype.shuffle 所产生的
    var num = parseInt(Math.random() * data.num);
    array = data['result'];
    array[num] = 1;        //红桃 A
    postMessage(array);
}
```

在页面中,默认按照从小到大的顺序来显示纸牌。当用户单击"随机洗牌"按钮时,页面主线程将纸牌数据发送到后台线程 dealNum.js,由后台线程对数组随机排序,并将处理结果返回给页面主线程,最后在页面中通过操作 DOM 对象将结果显示出来。

【案例 12-3】 randomShuffleCard.html

```
<!DOCTYPE html>
<html>
    <head>
        <meta charset = "UTF-8">
        <title>WebWorker-随机洗牌</title>
        <style>
            img{width:100px;margin:3px;}
        </style>
    </head>
    <body>
        <h1>随机洗牌</h1><hr/>
        <div id = "cardList"></div><hr/>
        <input type = "button" value = "随机洗牌" onclick = "shuffleCard()"/>
        <script type = "text/javascript">
            var arrayData = [8,9,10,11,12,13];
            var worker = new Worker('js/dealNum.js');
            worker.onmessage = function(e){
                var data = e.data;
                console.log(data)
                initCard(data);
            }
            function shuffleCard(){
```

```
                worker.postMessage(arrayData);
            }
            function initCard(array){
                var result = "";
                for(var i = 0;i < array.length;i++){
                    result += "< img src = 'images/card - " + array[i] + ".png'/>";
                }
                document.getElementById("cardList").innerHTML = result;
            }
            document.onload = initCard(arrayData);
        </script>
    </body>
</html>
```

上述代码中,使用 new Worker()方法来创建一个 WebWorker 实例,然后使用 worker.postMessage()方法将页面中的数据传递给后台线程,后台线程数据处理完毕后,将数据发送到页面主线程,同时触发 onmessage 消息接收事件,并调用对应的事件处理方法。代码运行结果如图 12-1 所示。

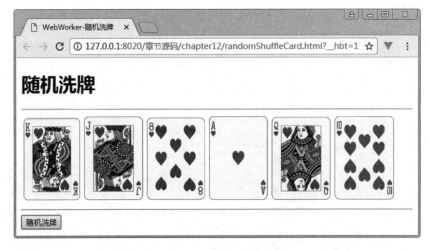

图 12-1 Worker 随机洗牌

12.1.2 Worker 线程嵌套

在 HTML 5 中,Worker 线程允许嵌套子线程,通过线程的嵌套可以将一个较大的任务切分成多个小任务,然后由多个子线程分别进行处理,以提高页面处理能力。

下述代码使用随机翻牌游戏来演示 Worker 线程的嵌套及线程之间的数据传递。首先,创建一个 Worker 子线程 randomArray.js,用于生成一个随机长度的数组(即扣牌数组),然后随机生成一组扣牌数据并保存到数组中,代码如下所示。

【案例 12-4】 randomArray.js

```
onmessage = function(event){
    var data = event.data;
```

```
    var num = parseInt(Math.random() * data);
    console.log(num)
    var randomArray = [];
    if(num == 0){
        randomArray.push(num);
    }else{
        for(var i = 0;i < num;i++){
            var randomNum = parseInt(Math.random() * data);
            randomArray.push(randomNum);
        }
    }
    postMessage(randomArray);
}
```

接下来,创建一个 Worker 子线程 dealCard.js,用于接收页面所传递的纸牌数据,并对数据随机排序,然后通过 randomArray.js 子线程来获得扣牌数据,代码如下所示。

【案例12-5】 dealCard.js

```
//导入 JavaScript 脚本
importScripts('array.js');
onmessage = function(event){
    var data = event.data;
    data.shuffle();
    var array = data['result'];
    var innerWorker = new Worker('randomArray.js');
    innerWorker.postMessage(array.length);
    innerWorker.onmessage = function(event){
        var randomData = event.data;
        console.log(randomData)
        for(var i = 0;i < randomData.length;i++){
            array[randomData[i]] = 15;
        }
        postMessage(array);
    }
}
```

在页面中,默认按照升序来显示纸牌的次序。当用户单击"随机翻牌"按钮时,页面主线程将需要的纸牌数据发送到子线程 dealCard.js,并由子线程对数据进行随机处理后将结果返回到页面主线程,最后通过 DOM 操作生成随机翻牌效果。

【案例12-6】 randomFlipCard.html

```
<!DOCTYPE html>
<html>
    <head>
        <meta charset = "UTF-8">
        <title>WebWorker-随机翻牌</title>
        <style>
            img{width:100px;margin:3px;}
```

```html
        </style>
    </head>
    <body>
        <h1>随机翻牌</h1><hr />
        <div id="cardList"></div><hr />
        <input type="button" value="随机翻牌" onclick="flipCard()"/>
        <script type="text/javascript">
            var arrayData = [8,9,10,11,12,13];
            var worker = new Worker('js/dealCard.js');
            function flipCard(){
                worker.postMessage(arrayData);
            }
            worker.onmessage = function(e){
                var data = e.data;
                console.log(data)
                initCard(data);
            }
            function initCard(array){
                var result = "";
                for(var i = 0;i<array.length;i++){
                    result += "<img src = 'images/card-" + array[i] + ".png'/>";
                }
                document.getElementById("cardList").innerHTML = result;
            }
            document.onload = initCard(arrayData);
        </script>
    </body>
</html>
```

上述代码中,在页面 randomFlipCard.html 中主线程将对纸牌数组初始化,然后发送给子线程 dealCard.js,再由该子线程调用 randomArray.js 子线程,实现数组排序以及扣牌数据的生成,代码运行结果如图 12-2 所示。单击"随机翻牌"按钮,会对扑克进行重新排序,并随机产生明牌和扣牌数据。

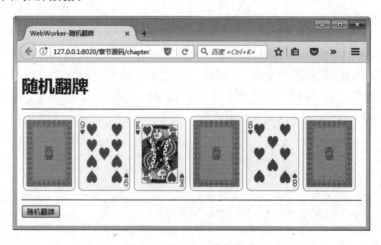

图 12-2　Worker 线程嵌套

截至目前，Chrome 浏览器暂不支持 Worker 嵌套，读者可以使用 Firefox 浏览器进行测试。

12.1.3 SharedWorker 接口

在页面主线程与 Worker 子线程之间传递数据时会对数据进行复制，主线程与 Worker 子线程不会共享同一个实例，而是在每次通信结束时生成一个副本数据。

HTML 5 规范提供了一个 SharedWorker（共享线程）接口，有效地解决了线程之间的数据共享问题。SharedWorker 接口继承了 AbstractWorker 接口，可以在浏览器和线程之间共享数据。SharedWorker 接口的语法格式如下。

【语法】

```
interface SharedWorker:AbstractWorker{
    readonly attribute MessagePort port;
};
```

其中：port 属性（只读）是一个 MessagePort 类型的对象，用于指定 SharedWorker 共享线程的通信端口。

SharedWorker 线程拥有一个 connect 事件，在每次获得请求连接时就会触发 connect 事件。在事件处理方法中，通过 ports 属性来获得连接 SharedWorker 的通信端口，使用该端口向连接请求者发送消息。

【示例】 共享子线程 SharedWorker

```
onconnect = function(event){
    var port = event.ports[0];
    port.postMeassge("这是一个共享 SharedWorker!");
}
```

下述代码演示了使用 SharedWorker 实现幸运抽奖。首先，创建一个 SharedWorker 共享线程 luckyNum.js，用于统计当前连接的次数、幸运抽奖次数以及本次幸运名单，代码如下所示。

【案例 12-7】 luckyNum.js

```
//接收父线程传递的数据
var count = 0;            //分会场计数
var luckyTime = 0;        //幸运抽奖次数
//当共享线程获得连接时触发该事件
onconnect = function(e){
    var port = e.ports[0];
    count += 1;
    port.postMessage({"count":count});
    //获得连接源
```

```
        var worker = e.source;
        worker.onmessage = function(e){
            luckyTime += 1;
            var luckyData = new Array(18);
            for(var i = 0;i < luckyData.length;i++){
                luckyData[i] = parseInt(Math.random() * 107);
            }
            var data = {'luckyTime':luckyTime,'luckyData':luckyData};
            worker.postMessage(data);
        }
    };
```

接下来,实现页面 sharedWorker.html,在页面中调用共享线程 luckyNum.js,并与之实现数据通信,代码如下所示。

【案例 12-8】 sharedWorker.html

```
<!DOCTYPE html>
<html>
<head>
    <meta charset = "UTF-8">
    <title>SharedWorker-幸运名单</title>
    <style>
        img{width:100px;height:100px;margin:3px; box-shadow:0 0 5px #0CC;}
        table{width:680px;}
        #container{width:700px;margin:0 auto;}
    </style>
</head>
<body>
    <div id = "container">
        <h3>幸运抽奖(第<span id = "part"></span>区)</h3>
        <div id = "resultDiv">
            <table>
                <tr><th colspan = "6" align = "right">
                    <span id = "luckyTime">暂无幸运用户</span></th></tr>
                <tbody id = "showBody"></tbody>
            </table>
        </div><hr />
        <input type = "button" value = "幸运名单" onclick = "getLuckyList()"/>
        <a href = "#" target = "_blank">其他幸运抽奖区</a>
    </div>
    <script type = "text/javascript">
        var worker = new SharedWorker('js/luckyNum.js');
        function getLuckyList(){
            worker.port.postMessage("test");
        }
        worker.port.onmessage = function(e){
            if(e.data.count!= null){
                var partDiv = document.getElementById("part");
```

```
                    partDiv.innerHTML = e.data.count;
                }else{
                    var luckyTimeDiv = document.getElementById("luckyTime");
                    luckyTimeDiv.innerHTML = "第" + e.data.luckyTime + "次获取的幸运用户";
                    var showBody = document.getElementById("showBody");
                    var luckyData = e.data.luckyData;
                    var dataRow = "";
                    //表格一行中的单元格数量
                    var size = 6;
                    for(var i = 0;i < luckyData.length;i++){
                        if(i % size == 0){
                            dataRow += "<tr>";
                        }
                        dataRow += "<td width = '40px'><img src = 'images/"
                            + (luckyData[i] + 1) + ".jpg'/></td>";
                        if(i % size == size - 1){
                            dataRow += "</tr>";
                        }
                    }
                    showBody.innerHTML = dataRow;
                }
            }
        </script>
    </body>
</html>
```

上述代码运行结果如图 12-3 所示,单击"其他幸运抽奖区"超链接将开启一个新窗口,使用 SharedWorker 实现两个页面线程之间的数据共享,对幸运抽奖区和幸运抽奖次数同步计数。当单击"幸运抽奖"按钮时将重新生成中奖名单,并且幸运抽奖次数加 1。

图 12-3　幸运抽奖

12.2 地理位置

地理位置(Geolocation)是 HTML 5 规范中的重要特性之一，其中提供了关于用户位置的地理定位功能，通过该特性可以实现基于位置信息的应用。HTML 5 中的 geolocation 对象用于获取客户端的当前经度和纬度，调用百度、谷歌或高德地图 API 接口，从而获得客户端所在的地理位置，包括省市区信息，甚至有街道、门牌号等详细的地理位置信息。

 Geolocation 特性可能侵犯用户的隐私，故在使用地理位置定位时需要得到用户授权许可，否则无法获得用户位置信息。

使用地理位置之前，首先需要检测一下浏览器是否支持 Geolocation 特性，代码如下所示。

【示例】 判断 Geolocation 是否可用

```
if(navigator.geolocation){
    console.log('geolocation is available');
}else{
    console.log('geolocation is not available');
}
```

在 window 对象中提供了一个 Navigator 类型的 navigator 对象，在 navigator 对象中，geolocation 属性用于返回一个 Geolocation 类型对象。Navigator 接口的语法格式如下。

【语法】

```
partial interface Navigator{
    readonly attribute Geolocation geolocation;
};
```

其中：geolocation 属性(只读)用于获得一个 Geolocation 类型的对象。

在 Geolocation 接口中提供了 getCurrentPosition()、watchPosition()和 clearWatch()三个方法，用于监视用户的地理位置，Geolocation 接口的语法格式如下。

【语法】

```
interface Geolocation{
    void getCurrentPosition(PositionCallback successCallback,
        optional PositionErrorCallback errorCallback,
        optional PositionOptions options);

    long watchPosition(PositionCallback successCallback,
        optional PositionErrorCallback errorCallback,
        optional PositionOptions options);
    void clearWatch(long watchId);
};
```

其中：
- getCurrentPosition()方法用于获得用户当前的地理位置信息，参数 successCallback 表示在成功获取地理信息时所调用的回调方法，参数 errorCallback 表示获取地理信息失败时所调用的回调方法，参数 options 是一个可选列表，用于设置地理位置信息的高精度、超时限制和位置缓存有效时间；
- watchPosition()方法用于持续跟踪用户的地理位置，参数与 getCurrentPosition()方法完全相同；
- clearWatch()方法用于停止对当前用户的地理位置的监视。

在 successCallback 回调方法中提供了一个 Position 类型的 position 参数，通过 position 参数来获得一个 Coordinates 坐标对象。Position 接口的语法格式如下。

【语法】

```
interface Position{
    readonly attribute Coordinates coords;
    readonly attribute DOMTimeStamp timestamp;
};
```

其中：
- coords 属性(只读)是一个坐标对象，其中包含当前位置的经纬度等信息；
- timestamp 属性(只读)是一个时间戳，表示获取地理位置对象的时间点。

在 Coordinates 接口中提供了当前地理位置的经度、纬度、海拔高度、海拔精度、设备的前进方向、前进速度等信息，语法格式如下。

【语法】

```
interface Coordinates{
    readonly attribute double latitude;
    readonly attribute double longitude;
    readonly attribute double altitude;
    readonly attribute double accuracy;
    readonly attribute double altitudeAccuracy;
    readonly attribute double heading;
    readonly attribute double speed;
};
```

其中：
- latitude 属性(只读)表示当前地理位置的纬度；
- longitude 属性(只读)表示当前地理位置的经度；
- altitude 属性(只读)表示当前地理位置的海拔高度，不能获取时返回 null；
- accuracy 属性(只读)表示纬度或经度的精度，以 m 为单位；
- altitudeAccuracy 属性(只读)表示海拔高度的精度，以 m 为单位；
- heading 属性(只读)表示设备的前进方向，使用面朝正北方向时的顺时针旋转角度来表示，不能获取时返回 null；
- speed 属性(只读)表示设备的前进速度，以 m/s 为单位，不能获取时返回 null。

下述代码演示了使用 Geolocation 接口的 successCallback()回调方法来获取用户地理位置的经纬度信息。

【示例】 获取当前位置的经纬度

```javascript
if(navigator.geolocation){
    console.log('geolocation is available');
    navigator.geolocation.getCurrentPosition(successCallback,errorCallback);
}else{
    console.log('geolocation is not available');
}
function successCallback(position){
    var lng = position.coords.longitude;
    var lat = position.coords.latitude;
    var timestamp = position.timestamp;
    console.log("经度:" + lng);
    console.log("纬度:" + lat);
    console.log("时间戳:" + timestamp);
}
function errorCallback(error){
    console.log(error);
}
```

12.3 百度地图 API

在获得当前位置的经度和纬度之后，可以借助百度、谷歌等地图服务来显示当前位置。本书以百度地图为例进行讲解，在百度地图开发平台中提供了 JavaScript、Android、iOS 等多种 API 接口。在 HTML 5 页面中，通过百度地图的 JavaScript API 实现用户的位置定位，百度地图 API 免费对外开放，且无使用次数限制。在使用百度地图 API 时，需要先去百度地图开发平台（http://lbsyun.baidu.com/apiconsole/key?application＝key）申请密钥。

申请密钥之后，通过以下几步实现在百度地图中进行定位。

(1) 在页面中引入百度地图 API 的脚本文件，导入方法如下：

```html
<script type = "text/javascript" src = "http://api.map.baidu.com/getscript?v = 2.0
    &ak = 8245d15353728837399a8cc78e314f74"></script>
```

上述代码中，参数 ak 的值是用户所申请的百度地图密钥，读者自行替换即可。

(2) 创建地图容器元素。

在页面中使用百度地图时，需要一个 HTML 元素（通常使用 div 元素）作为地图的容器，借助该容器将地图展现到页面中。

(3) 命名空间 API。

百度地图使用 BMap 作为命名空间，所有类均在该命名空间之下，如 BMap.Map、BMap.Control、BMap.Overlay 等类。

(4) 创建地图实例。

在 BMap 命名空间中,Map 类表示地图元素,通过 new 操作符来创建一个地图实例。BMap.Map()构造方法的参数可以是一个 HTML 元素的 ID,也可以是一个 DOM 对象。

```
var map = new BMap.Map("container");
```

(5) 创建点坐标。

在 BMap 命名空间中,Point 类用于描述一个地理坐标点,通过 BMap.Point()构造方法来创建一个坐标点,构造方法的第一个参数为经度,第二个参数为纬度。

```
var point = new BMap.Point(120.396,36.307);
```

上述代码中,参数 120.396 表示经度,参数 36.307 表示纬度。

(6) 地图初始化。

创建地图实例之后,需要对其进行初始化,地图经过初始化后才能执行其他操作。在百度地图 API 中提供了 BMap.Map.centerAndZoom()方法,用于设置地图中心点坐标和地图级别。

```
map.centerAndZoom(point,15);
```

(7) 启用滚轮放大缩小。

通过滚动鼠标滑轮来放大或缩小地图时,需要使用 BMap.Map.enableScrollWheelZoom()方法进行设置。

```
map.enableScrollWheelZoom();
```

(8) 添加位置标记点。

当需要在地图中添加位置标记点时,使用 BMap.Marker 类来创建一个位置点,然后使用 BMap.Map.addOverlay()方法将位置点添加到地图中。

```
var marker = new BMap.Marker(point);
map.addOverlay(marker);
```

下述代码演示了使用 Geolocation 对象来获得当前地理位置信息,然后调用百度地图 API 将当前位置在地图中显示出来。

【案例 12-9】 baidu01.html

```
<!DOCTYPE html>
<html>
    <head>
        <meta charset = "UTF - 8">
        <title>百度地图定位</title>
        <style type = "text/css">
```

案例视频讲解

```
        html{height:100%}
        body{height:100%;margin:0px;padding:0px}
        #container{height:100%}
    </style>
    <script type="text/javascript" src="http://api.map.baidu.com/
        getscript?v=2.0&ak=8245d15353728837399a8cc78e314f74"></script>
</head>
<body>
    <div id="container"></div>
    <script>
        if(navigator.geolocation){
            var options={
                enableHighAcuracy:true
            };
            navigator.geolocation.getCurrentPosition(successCallback,
                        errorCallback,options);
        }else{
            console.log('位置定位功能不可用!');
        }
        function successCallback(position){
            var longitude=position.coords.longitude;
            var latitude=position.coords.latitude;
            var map=new BMap.Map("container");
            var point=new BMap.Point(longitude,latitude);
            var marker=new BMap.Marker(point);
            map.addOverlay(marker);
            map.centerAndZoom(point,12);
            map.enableScrollWheelZoom();
        }
        function errorCallback(error){
            var errorType={
                1:"位置服务被拒绝",
                2:"获取不到位置信息",
                3:"获取信息超时",
                4:"未知错误"
            }
            console.log("不能定位您的当前地理位置:"+errorType[error.code]);
        }
    </script>
</body>
</html>
```

上述代码中,首先判断浏览器是否授权允许获取当前地理位置信息,当浏览器授权访问地理位置信息时,将调用successCallback()回调方法。在successCallback()方法中,使用BMap.Map()方法来创建一个Map地图对象,然后根据Geolocation地理位置进行定位,效果如图12-4所示。

除此之外,还可以在地图中添加控件、覆盖物、地图图层、工具、服务、用户数据图层、全景图展现、定制个性地图等功能。其中,控件是指在百度地图中负责与地图交互的UI元

图 12-4 地理位置定位

素,具体见表 12-1。

表 12-1 百度地图控件

类 型	描 述
Control	控件的抽象基类,所有控件均继承此类,通过此类可实现自定义控件
NavigationControl	地图平移缩放控件,PC 端默认位于地图左上方,它包含控制地图的平移和缩放的功能;移动端提供的缩放控件,默认位于地图右下方
OverviewMapControl	缩略地图控件,默认位于地图右下方,是一个可折叠的缩略地图
ScaleControl	比例尺控件,默认位于地图左下方,显示地图的比例关系
MapTypeControl	地图类型控件,默认位于地图右上方
CopyrightControl	版权控件,默认位于地图左下方
GeolocationControl	定位控件,针对移动端开发,默认位于地图左下方

下述代码演示了百度地图中控件的使用方法。

【示例】 向地图中添加控件

```
map.addControl(new BMap.NavigationControl());
map.addControl(new BMap.MapTypeControl());
map.addControl(new BMap.OverviewMapControl());
```

百度地图 API 可以将用户上传到 LBS 云里的位置数据实时渲染成图层,然后通过用户数据图层(CustomLayer)对象叠加到地图中。目前 LBS 云支持用户存储 poi 数据,存储的字段除经纬度、坐标外还包括名称、地址等属性信息。CustomLayer 类提供读取 LBS 云数据的接口,能够自动渲染用户数据并生成数据图层,同时提供单击叠加图层返回 poi 数据的功能。

除了展示用户自有数据外,利用 JavaScript API 检索接口还可以对用户数据进行检索,检索类型包括城市内检索、矩形区域检索和圆形区域检索。

下述代码演示了使用圆形区域检索 1000m 之内的酒店信息。

【示例】 创建圆形检索区域

```
//创建圆形检索区域,并设定其颜色以及透明度
var circle = new BMap.Circle(point,1000,{fillColor:"blue",strokeWeight:1,
            fillOpacity:0.08,strokeOpacity:0.5});
//向地图中添加圆形检索区域
map.addOverlay(circle);
//创建地图检索对象
var local = new BMap.LocalSearch(map,
            {renderOptions:{map:map, autoViewport:false}});
//添加检索条件
local.searchNearby('酒店',point,1000);
```

上述代码中,使用 BMap.Circle()方法来创建一个圆形检索区域,然后使用 addOverlay()将检索区域添加到百度地图中,接下来使用 BMap.LocalSearch()方法来创建一个检索对象 local,通过 local 对象的 searchNearby()方法来实现条件检索。

下述代码演示了在百度地图中添加缩放控件,并使用圆形区域检索酒店信息。

【案例 12-10】 baidu02.html

```
<!DOCTYPE html>
<html>
    <head>
        <meta charset = "UTF-8">
        <title>百度地图定位</title>
        <style type = "text/css">
            html{height:100%}
            body{height:100%;margin:0px;padding:0px}
            #container{height:100%}
        </style>
        <script type = "text/javascript" src = "http://api.map.baidu.com/getscript?
                v = 2.0&ak = 8245d15353728837399a8cc78e314f74"></script>
    </head>
    <body>
        <div id = "container"></div>
        <script>
            if(navigator.geolocation){
                var options = {
                    enableHighAcuracy:true
                };
                navigator.geolocation.getCurrentPosition(successCallback,
                            errorCallback, options);
            } else {
                console.log('位置定位功能不可用!');
            }
            function successCallback(position){
                var longitude = position.coords.longitude;
                var latitude = position.coords.latitude;
                var map = new BMap.Map("container");
```

```javascript
            var point = new BMap.Point(longitude,latitude);
            var marker = new BMap.Marker(point);
            map.addOverlay(marker);
            map.centerAndZoom(point,15);
            map.enableScrollWheelZoom();
            //向地图中添加控件
            map.addControl(new BMap.NavigationControl());
            map.addControl(new BMap.MapTypeControl());
            map.addControl(new BMap.OverviewMapControl());
            //创建圆形检索区域,并设定其颜色以及透明度
            var circle = new BMap.Circle(point,1000,{fillColor:"blue",
                    strokeWeight:1,fillOpacity:0.08,strokeOpacity:0.5});
            //向地图中添加圆形检索区域
            map.addOverlay(circle);
            //创建地图检索对象
            var local = new BMap.LocalSearch(map,
                    {renderOptions:{map:map,autoViewport:false}});
            //添加检索条件
            local.searchNearby('酒店',point,1000);
        }
        function errorCallback(error){
            var errorType = {
                1:"位置服务被拒绝",
                2:"获取不到位置信息",
                3:"获取信息超时",
                4:"未知错误"
            }
            console.log("不能定位您的当前地理位置:" + errorType[error.code]);
        }
    </script>
    </body>
</html>
```

上述代码中,使用 BMap.Map()方法来创建一个 Map 地图对象,通过 map.addControl()方法向地图中添加地图平移缩放控件、地图类型控件和缩略地图控件。BMap.Circle()方法用于创建一个圆形检索区域,通过 local.searchNearby()方法来设置检索条件。代码运行结果如图 12-5 所示。

除本节所讲述的功能外,百度地图还提供了丰富的 API 文档,更多功能请查阅 http://lbsyun.baidu.com/index.php?title=jspopular;百度地图还提供了大量的应用实例,读者可以查阅 http://developer.baidu.com/map/jsdemo.htm。

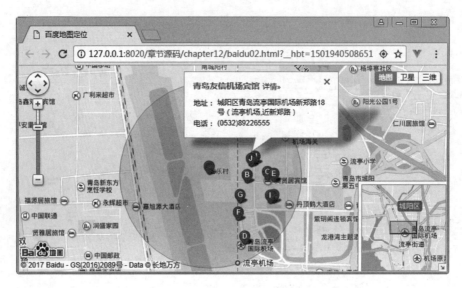

图 12-5　地图条件检索

本章总结

- HTML 5 规范中新增了 Web Worker 技术，为 JavaScript 提供了一种多线程解决方案。
- Worker 是一种能够在后台运行的 JavaScript 脚本，能够独立于其他脚本，在执行时不会干扰用户界面操作。
- Worker 和 SharedWorker 接口均继承自 AbstractWorker 接口。
- Worker 接口继承了 AbstractWorker 接口，并提供了 terminate()和 postMessage()方法。
- 在 HTML 5 中，Worker 线程允许嵌套子线程，通过线程的嵌套可以将一个较大的任务切分成多个小任务，然后由多个子线程分别进行处理，以提高页面处理能力。
- SharedWorker 线程拥有一个 connect 事件，在每次获得请求连接时就会触发 connect 事件，在事件处理方法中，通过 ports 属性来获得连接 SharedWorker 的通信端口，使用该端口向连接请求者发送消息。
- 地理位置（Geolocation）是 HTML 5 规范中的重要特性之一，其中提供了关于用户位置的地理定位功能，通过该特性可以实现基于位置信息的应用。
- HTML 5 中的 geolocation 对象用于获取客户端的当前经纬度，调用百度、谷歌或高德地图 API 接口，从而获得客户端所在的地理位置，包括省市区信息，甚至有街道、门牌号等详细的地理位置信息。

本章练习

1. HTML 5 中新增了 Web Worker 技术，为 JavaScript 提供了一种多线程解决方案，其中_____和_____接口均继承自 AbstractWorker 接口。

2. 在 Worker 接口中，_____方法用于终止当前的 Web Worker 对象，_____方法用于在线程之间传递信息。

3. _____是 HTML 5 的重要特性之一，提供了关于用户位置的地理定位功能。

4. 通过浏览器的_____对象来获得一个 Geolocation 对象。

5. 在 Geolocation 接口中，_____方法用于获得用户当前的地理位置信息，_____方法用于持续获取用户的当前地理位置信息。

6. _____接口提供了当前地理位置的经度、纬度、海拔高度、海拔精度、设备的前进方向、前进速度等信息。

7. 请简单描述一下 Web Worker 所使用的场景。

8. 请举例说明 Worker 线程与 SharedWorker 线程的区别。

HTML 5新增和弃用标签

HTML 5新增的标签见表A.1,弃用的标签见表A.2。

表A.1　HTML 5新增的标签

标签类型	标签名	说　明
结构标签	section	用于对文章的内容进行分块,如章节、页眉、页脚或其他部分
	article	文档、页面或应用程序中独立的、完整的、可以独自被外部引用的内容,内容可以是一篇文章、一篇短文、一个帖子或一个评论等
	aside	专门用于定义当前页面或当前文章的附属信息,可以包括当前页面或当前文章的相关引用、侧边栏、广告、导航等有别于主要内容的部分
	header	用于定义文章的页眉信息,可以包含多个标题、导航部分和普通内容
	hgroup	用于对标题进行分组
	footer	用于为文章定义脚注部分,包括文章的版权信息、作者授权信息等
	nav	用于定义页面上的各种导航
	figure	用于定义图像、图表、照片、代码等内容
	figcaption	用于定义figure元素的标题(caption)
多媒体标签	audio	用于定义音频,如音乐或其他音频流
	video	用于定义视频,如电影片段或其他视频流
	source	为媒介元素(如< video >或< audio >)定义媒介资源
	track	用于规定字幕文件或其他包含文本的文件;当媒介播放时,显示文件的内容
	embed	嵌入内容(包括各种媒体、插件等)
输入标签	input:email	用于输入Email地址的文本框
	input:url	用于输入URL地址的文本框
	input:number	用于输入数值的文本框
	input:range	用于生成一个数字滑动条
	input:color	用于生成一个颜色选择器
	input:search	用于搜索的文本框
	input:date	用于选取年、月、日
	input:month	用于选取年、月
	input:week	用于选取年、周
	input:time	用于选取时间(小时和分钟)
	input:datetime	用于选取年、月、日、时、分、秒

续表

标签类型	标签名	说　　明
其他页面标签	mark	用于定义突出显示或高亮显示的文字
	progress	用于定义任何类型的任务的进度
	meter	用来度量给定范围(gauge)内的数据
	time	定义一个公历时间,搜索引擎根据< time >标签可以更智能地搜索
	datalist	用于定义选项列表,与 input 元素配合使用
	datagrid	用于定义可选数据的列表,作为树列表来显示
	ruby	用于定义 ruby 注释(中文注音或字符)
	rt	用于定义字符(中文注音或字符)的解释或发音,与< ruby >一起使用
	rp	用于定义不支持< ruby >的浏览器所显示的内容
	wbr	用于规定在文本中的何处适合添加换行符
	details	用于描述文档或文档某个部分的细节
	summary	用于包含< details >的标题部分
	menu	用于定义命令的列表或菜单
	output	用于定义不同类型的输出,如脚本的输出
	canvas	用于定义图形画布
	dialog	用于定义对话框或窗口
	command	用于定义命令按钮,如单选按钮、复选框或按钮
	keygen	用于表单的密钥对生成器字段; 当提交表单时,私钥存储在本地,公钥发送到服务器

表 A.2　HTML 5 弃用的标签

标签类型	标签名	说　　明
框架标签	frameset	用于定义框架集
	frame	用于定义框架集的窗口或框架
	noframes	用于定义针对不支持框架的用户的替代内容
样式标签	basefont	用于定义页面中文本的默认字体、颜色或尺寸
	big	用于定义大号文本
	center	用于定义居中文本
	font	用于定义文字的字体、尺寸和颜色
	s	用于定义加删除线效果的文本,与 strike 功能相同,是其缩写形式
	strike	用于定义加删除线效果的文本
	tt	用于定义打字机文本
	u	用于定义下画线文本
其他页面标签	acronym	用于定义首字母缩写,可使用< abbr >标签代替
	applet	用于定义嵌入的 applet,可使用< embed >或< object >标签代替
	bgsound	用于设置页面背景音乐,可使用< audio >标签代替
	blink	用于设置文本闪烁效果
	dir	用于定义目录列表,可用< ul >标签替代
	marquee	用于设置页面的自动滚动效果,可由 JavaScript 编程实现
	isindex	用于定义与文档相关的可搜索索引
	listing	用于以固定字体渲染文本,可使用< pre >标签代替
	xmp	用于定义预格式文本,可使用< code >标签代替

附录 B NPM 工具

Node.js 是一个基于 Chrome V8 引擎的 JavaScript 运行环境,采用一种基于事件驱动、非阻塞式 I/O 的模型,使其轻量又高效。NPM(Node Package Manager,包管理器)是一个由 Node.js 官方(https://nodejs.org/en/)提供的第三方包管理工具,也是目前全球最大的开源库生态系统,NPM 工具适用于以下几种场景。

- 允许用户从 NPM 服务器中下载别人编写的第三方包到本地使用;
- 允许用户从 NPM 服务器中下载并安装别人编写的命令行程序到本地使用;
- 允许用户将自己编写的包或命令行程序上传到 NPM 服务器中供别人使用。

由于新版的 Node.js 已经集成了 npm 工具,故在安装 Node.js 时会将 npm 工具一起安装。可通过输入"npm -v"命令来测试 npm 工具是否成功安装,当显示版本提示时表示 npm 工具已经安装成功。

1. 使用 npm 命令安装模块

使用 npm 命令安装 Node.js 模块,语法格式如下。

【语法】

```
npm install <Module Name>
```

下述代码演示了使用 npm 命令来安装 express 框架。

【示例】 npm 安装 express 框架

```
npm install express
```

在安装框架模块时,通常将该模块放置到工程的 node_modules 目录中,在代码中只需通过 require() 方法来加载框架模块,无须指定模块的访问路径。

下述代码演示了使用 require() 方法来加载 express 框架。

【示例】 在代码中加载 express 框架

```
var express = require('express');
```

npm 的包安装分为本地安装(local)和全局安装(global)两种。本地(局部)安装是指将安装包放置到 ./node_modules 目录下(即运行 npm 命令时位于的目录),如果 node_modules 目录不存在,npm 命令会在当前目录下创建一个 node_modules 目录。全局安装是指将安装包放置到 /usr/local 目录下或者 Node.js 的安装目录下,使用全局安装的包能够在命令行中以控制台命令的形式来使用，如 gulp、webpack 等工具应以全局形式进行安装。

当 npm install 命令带有-g 参数时表示是全局安装，当 npm install 命令没有带-g 参数时表示是局部安装。下述代码演示包的全局安装和局部安装。

【示例】 全局安装和局部安装

```
# 全局安装
npm install gulp - g
# 局部安装
npm install express
```

2．查看安装信息

使用 npm 命令安装 Node.js 模块后，使用 npm list 命令来查看所安装的全局模块和局部模块的安装位置和版本信息。

【示例】 查看全局和局部安装信息

```
# 查看全局安装模块
npm list gulp - g
# 查看局部安装模块
npm list express
```

运行上述代码中的命令后，所显示的结果如下所示。

```
D:\VisualStudioCode\test > npm list gulp - g
C:\Users\Administrator\AppData\Roaming\npm
-- gulp@3.9.1
D:\VisualStudioCode\test > npm list express
test@1.0.0 D:\VisualStudioCode\test
-- express@4.15.4
```

3．更新模块

使用 npm update 命令实现安装包的更新操作，语法格式如下。

【语法】

```
npm update <Module Name>
```

【示例】 更新安装包

```
npm update gulp - g
npm update express
```

4．卸载模块

使用 npm uninstall 命令来卸载已经安装的 Node.js 模块。

【语法】

```
npm uninstall <Module Name>
```

【示例】 卸载安装包

```
npm uninstall express
```

5．项目初始化

使用 npm init 命令对项目进行初始化，并创建一个 package.json 文件来定义该项目中所需要的各种模块以及项目的配置信息（如名称、版本、许可证等元数据）。

【示例】 package.json

```
{
    "name":"test",
    "version":"1.0.0",
    "description":"project test",
    "main":"index.js",
    "scripts":{
        "test":"echo \"Error: no test specified\" && exit 1"
    },
    "keywords":[
        "project_test"
    ],
    "author":"jCuckoo",
    "license":"ISC"
}
```

使用 npm install 时，通过-save、--save-dev 等参数将项目所依赖的包配置到 package.json 文件中，当项目进行部署或迁移时，直接使用 npm install 命令完成资源包的安装，而不需要逐条进行安装。

参数--save 表示将安装包的信息配置为 dependencies（生产阶段的依赖）模式。

```
npm install express -- save
```

在 package.json 文件的 dependencies 位置，添加相应的配置。

```
"dependencies":{
    "express":"^4.15.4"
}
```

参数--save-dev 表示将安装包的信息配置为 devDependencies（开发阶段的依赖）模式，一般在开发阶段时使用。

```
npm install jade -- save-dev
```

在 package.json 文件的 devDependencies 字段添加相应的配置。

```
"devDependencies":{
    "jade":"^1.11.0"
}
```

安装 express 和 jade 模块之后的 package.json 文件代码如下所示。

【示例】 **package.json**

```json
{
    "name":"test",
    "version":"1.0.0",
    "description":"project test",
    "main":"index.js",
    "scripts":{
        "test":"echo \"Error: no test specified\" && exit 1"
    },
    "keywords":[
        "project_test"
    ],
    "author":"jCuckoo",
    "license":"ISC"
    "dependencies":{
        "express":"^4.15.4"
    }
    "devDependencies":{
        "jade":"^1.11.0"
    }
}
```

图书资源支持

感谢您一直以来对清华版图书的支持和爱护。为了配合本书的使用,本书提供配套的资源,有需求的读者请扫描下方的"书圈"微信公众号二维码,在图书专区下载,也可以拨打电话或发送电子邮件咨询。

如果您在使用本书的过程中遇到了什么问题,或者有相关图书出版计划,也请您发邮件告诉我们,以便我们更好地为您服务。

我们的联系方式:

地　　址:北京海淀区双清路学研大厦 A 座 707

邮　　编:100084

电　　话:010-62770175-4604

资源下载:http://www.tup.com.cn

电子邮件:weijj@tup.tsinghua.edu.cn

QQ:883604(请写明您的单位和姓名)

用微信扫一扫右边的二维码,即可关注清华大学出版社公众号"书圈"。

资源下载、样书申请

书圈